U0301114

可定制军用三维图形绘制引擎系统理论及运用

张 森 曾艳阳 刘 刚 著

科学出版社

北 京

内 容 简 介

本书全面地论述军用三维图形绘制引擎设计的系统理论和相关技术，并系统地总结作者在军用三维视景仿真引擎方面的研究经验和最新进展，给出视景仿真引擎系统的设计开发方法和采用 Vega Prime 视景仿真软件开发分布式对海作战视景仿真引擎系统的典型应用案例，既包括理论分析，又包括工程实现技术。本书选材广泛、内容新颖、研究思路独特、实用性强。

本书可供从事视景仿真尤其是对海作战视景仿真等领域研究和应用的广大科技工作者参考使用，也可以作为高等院校虚拟现实技术、计算机应用、武器系统仿真等专业的教师、研究生进行有关课题研究实践或课程学习时的参考书。

图书在版编目 CIP 数据

可定制军用三维图形绘制引擎系统理论及运用 / 张森，曾艳阳，刘刚著.—北京：科学出版社，2016.8
ISBN 978-7-03-049620-1

Ⅰ.①可…　Ⅱ.①张…②曾…③刘…　Ⅲ.①计算机图形学
Ⅳ.①TP391.411

中国版本图书馆 CIP 数据核字(2016)第 203726 号

责任编辑：杨向萍　张晓娟 / 责任校对：蒋　萍
责任印制：张　伟 / 封面设计：迷底书装

科 学 出 版 社 出版
北京东黄城根北街 16 号
邮政编码：100717
http://www.sciencep.com

北京厚诚则铭印刷科技有限公司 印刷
科学出版社发行　各地新华书店经销

*

2016 年 8 月第 一 版　　开本：720×1000 B5
2019 年 5 月第三次印刷　　印张：15
字数：303 000
定价：88.00 元
(如有印装质量问题，我社负责调换)

前　　言

三维图形绘制引擎是视景仿真软件的核心,它主要负责虚拟场景的图形绘制,其优劣直接决定显示效果。但是半开放式高级引擎对外屏蔽源代码,开放式高级引擎的架构比较臃肿,需要设计一套架构简洁、效率较高的三维图形绘制引擎。

本书总结近几年内三维图形绘制引擎技术的研究现状及存在问题,针对目前三维图形绘制引擎存在的不足,从军用三维图形绘制的多样化需求出发,深入论述并分析图形引擎的总体技术、绘制流水线技术、光场绘制技术、大规模战场地形实时绘制技术及引擎平台的接口技术。在这些技术的基础上,论述一套虚拟化装配可定制仿真算法组件的引擎平台设计方法,设计系统所需要的多个功能模块,突破多项图形引擎的底层支撑技术,为三维图形绘制引擎的军事化及通用化提供技术支持,使研发工作有据可循、易于开展。

本书共 8 章。第 1 章为概论,综述三维图形绘制引擎的发展历史及存在的问题。较全面地概括近年来国内外在三维图形绘制引擎开发方面的最新进展,主要包括引擎的总体技术、绘制流水线技术、光场渲染技术、大地形实时绘制技术及应用平台技术等。第 2 章为 MCGRE 的总体技术。针对引擎的功能需求进行分析,通过研究引擎的框架设计、可定制功能机制、仿真资源装配关系、数据流、扩展机制、各组成单元的模块设计及中间件等总体技术,提出一种可定制三维图形绘制引擎的结构模型,为底层关键技术的深入研究做铺垫。第 3 章为核心子系统开发-绘制流水线设计。针对图形绘制全过程中数据流交互复杂、模块间耦合强、新算法无法快速嵌入等难题,提出一种三段式绘制循环模式。第 4 章为光场绘制技术。由于动态海面影响太阳光在水中的干射、衍射现象,针对该现象的光照模型建模困难、动态光场难以渲染问题,搜集与整理引擎中常规光场绘制模型,分析风海波下光场的物理特性,建立水下光场绘制的数学模型,提出一种水下光场渲染方法。第 5 章为大规模战场地形实时绘制技术。针对地形拼接的过渡带存在缝隙、对比度强及地形失真等问题,提出一套军用大地形实时绘制数据处理技术。通过研究地形高程数据的组织方法、色彩空间的图像边界检测、像素特征点集对的提取与匹配等关键技术,建立一种基于视域的无缝拼接算法,实现过渡带的平滑处理。第 6 章为 MCGRE 接口技术。根据平台设计思想,讨论可定制功能策略和可定制人机接口封装方法,封装仿真组件,设计引擎平台的可定制功能引导界面,并对引导界面进行实例测试。第 7 章为军用视景仿真引擎系统设计与开发。从系统的模型需求分析出发,详细论述三维视景模型的建立方法、三维视景系统的一般开发流程及关键技术配置。第 8 章为分布式对海作战视景仿真引擎系统开发与应用。以对海作战视景仿真系统为例,介绍海战场的二三维规划与同步、作战想定规划与解析、推演规则动态建模、参战实体规划与建模、实体特效开发及大数据调度规则、场景图元的管理及视景仿真系统开发评估结果。

在本书的撰写过程中,张森负责第 1~5 章的撰写及全书的统稿工作,曾艳阳负责第 7 章、8 章的撰写,刘刚负责第 6 章的撰写。研究生尚根锋、张元亨、金超和杨婷婷负责校对,在此表示感谢!

由于作者水平有限,书中难免存在不当之处,恳请广大读者批评和指正。

作　者

2015 年 10 月

目　　录

第1章 概 论

1.1 三维图形绘制引擎技术概述

随着虚拟技术的推进,三维图形绘制引擎技术得到了长足的进步,在军用视景仿真行业中的应用也得到了迅速的推广和深入,并成为控制科学与工程领域最活跃的研究方向之一。从武器装备设计到武器系统作战效果评估虚拟展示,从作战指挥想定规划到作战指挥流程模拟,人们都感受到了图形引擎技术的独特魅力。

以往,绘制引擎技术研究注重算法的实时能力和更真实的图形输出效果(实时性与逼真度),而图形处理算法又具有很高的计算复杂度,且需要在一些大型工作站上实现;大众使用的个人电脑由于内存较低,只能得到相当少的 CPU 处理能力。因此,导致早期的视景仿真应用研究从低到高存在两种走向:一是基于现有的视景仿真软件开发应用系统;二是利用图形处理算法结合计算机底层硬件提高运行效率。随着计算机硬件的不断更新与升级,高速发展的图形硬件技术促进了图形学的发展。大众电脑开始具备强大的计算能力和强劲的内存,开发人员也开始使用高级语言开发图形应用软件,并且从计算机图形学研究领域获得理论支持和应用拓展。但同时也产生了日益增长的用户需求与软件开发难度大、开发速度缓慢、维护困难和功能较少之间的矛盾,尤其表现在需求多样化与软件单一化。针对该问题出现了绘制引擎的概念。基于此,视景仿真又分化成两种走向:一是基于经典模板开发自己的底层三维图形绘制引擎软件;二是基于已有的引擎开发自己的军用模块进而封装成具有特定军事功能的视景仿真软件。

在开发三维图形应用程序的过程中,为了确保核心算法模块的通用性与扩展性,并尽可能地降低开发成本,通常把与核心技术密切相关的内容提取出来进行独立开发。而三维图形引擎正是这样的一个独立模块,相当于程序开发人员的工具包,提供了一系列初始化、图形处理、碰撞检测等相关的 API 函数或者 DLL 形式。它像汽车引擎一样,向上层图形应用提供驱动力,驱动视景数据实现绘制。目前,计算机图形学已进入三维时代,三维图形无处不在。三维图形引擎作为上层图形应用的核心,决定着三维图形的表现、稳定性、速度和真实感等特性,这些特性都与三维图形引擎密切相关,并建立在引擎基础之上。

通过对三维图形绘制引擎关键技术的突破,使底层图形绘制引擎的设计方法流程化。根据用户开发需求,设计一个可定制的三维图形绘制引擎。用户在此引擎基础上,能够快速组建一个自己的三维图形绘制引擎,为深刻理解引擎行为及指导其理论设计提供坚实的技术支撑,为军用视景仿真软件的工程化、实用化奠定基础。

1.2　引擎系统简介

1.2.1　游戏引擎

1. 游戏引擎的概念

游戏引擎是指一些已编写好的可编辑电脑游戏系统或者一些交互式实时图像应用程序的核心组件。这些系统为游戏设计者提供编写游戏所需的各种工具,目的在于让游戏设计者能容易和快速地做出游戏程式而不用从零开始。简单地说,游戏引擎就是“用于控制所有游戏功能的主程序”,从计算碰撞、物理系统和物体的相对位置到接受玩家的输入以及声音的输出等功能,都是游戏引擎需要负责的事情。它扮演着中场发动机的角色,把游戏中的所有元素捆绑在一起,在后台指挥它们有序地工作。无论 2D 游戏还是 3D 游戏,无论角色扮演类游戏、即时策略游戏、冒险解谜游戏还是动作射击游戏,哪怕是再小的一个游戏,都是由一段控制代码来控制的。经过不断地进化,如今的游戏引擎已经发展为由多个子系统共同构成的复杂系统,从建模、动画到光影、粒子特效,从物理系统、碰撞检测到文件管理、网络特性,还有专业的编辑工具和插件,几乎涵盖了开发过程中的所有重要环节。游戏引擎大部分都支持多种操作平台,如 Linux、Mac OSX、微软 Windows。一个典型的游戏引擎一般包含以下几个组件:

(1)光影计算。它决定了场景中的光源对处于其中的人和物的影响方式。游戏的光影效果完全是由引擎控制的,折射、反射等基本的光学原理以及动态光源、彩色光源等高级效果都是通过引擎技术实现的。

(2)动画技术。目前游戏所采用的动画系统可以分为两种:一种是骨骼动画系统,另一种是模型动画系统。前者用内置的骨骼带动物体产生运动,比较常见;后者则是在模型的基础上直接进行变形。

(3)物理系统。它可以使游戏世界中的物体运动遵循客观世界规律。例如,当游戏人物跳起的时候,系统内定的重力值将决定他能跳多高,以及他下落的速度有多快,子弹的飞行轨迹、车辆的颠簸方式等也都是由物理系统决定的。另外,碰撞检测也是物理系统的另一个核心部分,它可以检测游戏中各物体的动态交互情况。

(4)实时渲染。它是引擎最重要的功能之一,也是引擎所有部件中最复杂的,它的强大与否直接决定着最终的游戏画面质量。

(5)人机交互。它负责玩家与电脑之间的沟通,处理来自键盘、摇杆和其他外设的信号。

(6)网络接口。对网络游戏引擎来说,网络代码则会被集成在引擎中,用于客户端与服务器之间通信的管理。

游戏引擎相当于游戏的框架,只要搭好了这个框架,剩下的工作就是由关卡设计师、建模师、动画师往里填充内容了。

2. 世界游戏引擎发展概况

曾经有一段时期,开发游戏的技术人员关注的重点仅仅是怎样尽量多地开发出新的游戏并将它们推销给玩家。虽然那个时候的游戏大多是一些简单粗糙的类型,但是每款游戏的平均开发周期也都在 8~10 个月以上,产生这种情况一方面是技术的原因,另一方面则是因为几乎每款游戏的代码都要从头编写,这就会造成大量的重复劳动。渐渐地,一些有经验的开发者摸索出了一种偷懒的方法,他们借用上一款类似题材游戏中的部分代码作为新游戏的基本框架,以节省开发时间和开发费用。这样,游戏引擎的雏形就初步显现出来了。

现在,已经找不到每开发一款游戏就从头编写一遍代码的开发商了,在游戏商业化的驱使下,游戏开发的周期成了开发商关注的主要问题,而游戏引擎恰恰能大大缩短游戏的开发周期,几乎每款游戏都有自己的引擎,但真正的优秀引擎屈指可数。好的游戏引擎和游戏开发之间的关系就相当于性能出色的发动机和赛车之间的关系,只有在好的游戏引擎的基础上,开发商才能开发出惊世的游戏大作。纵观世界上游戏引擎十多年的发展历程,我们会发现游戏引擎最大的驱动力来自 3D 游戏,尤其是 3D 射击游戏,动作射击游戏和 3D 游戏引擎之间的关系就像是战略合作伙伴一样,它们相互促进,相互发展。接下来将围绕动作射击游戏的变迁来对引擎历史进行回顾。

1)引擎的诞生(1992~1993 年)

1992 年,3D Realms 公司/Apogee 公司发布了一款只有 2M 多的 3D 小游戏——《德军司令部》(*Wolfenstein 3D*),稍有资历的玩家可能都还记得初接触它时的兴奋心情,用"革命"这一极富煽动色彩的词语也无法形容它在整个电脑游戏发展史上占据的重要地位。这部游戏开创了第一人称射击游戏的先河,更重要的是,它在 X 轴和 Y 轴的基础上增加了一根 Z 轴,在由宽度和高度构成的平面上增加了一个向前向后的纵深空间,这根 Z 轴对那些看惯了 2D 游戏的玩家造成的巨大视觉冲击可想而知。

Wolfenstein 3D 引擎的作者是大名鼎鼎的约翰·卡马克,这位 Id Software 公司的首席程序师正是凭借这款 Wolfenstein 3D 引擎在游戏圈里站稳了脚跟。事实上,《德军司令部》并非第一款采用第一人称视角的游戏,在它发售前的几个月,

Origin 公司就已经推出了一款第一人称视角的角色扮演游戏——《创世纪：地下世界》(*Ultima Underworld*)，这款视角游戏采用了类似的技术，但它与 *Wolfenstein 3D* 引擎之间有着相当大的差别。例如，《地下世界》的引擎支持斜坡，地板和天花板可以有不同的高度，分出不同的层次，玩家可以在游戏中跳跃，可以抬头、低头，这些特性 Wolfenstein 3D 引擎都无法做到，而且从画面上看，《德军司令部》更接近漫画风格而不是传统的像素画面。

尽管从技术细节上看，Wolfenstein 3D 引擎比不上《创世纪：地下世界》的引擎，但它却更好地利用了第一人称视角的特点，快速火爆的游戏节奏使人们一下子记住了"第一人称射击游戏"这个单词，而不是"第一人称角色扮演游戏"。《德军司令部》后来还发布过一款名义上的续集——《三元的崛起》(*Rise of the Triad*)，这款游戏在 Wolfenstein 3D 引擎的基础上增加了许多重要特性，包括跳跃和抬头低头等动作。

引擎诞生初期的另一部重要游戏同样是出自 Id Software 公司的一款非常成功的第一人称射击游戏——《毁灭战士》(*Doom*)。Doom 引擎在技术上大大超越了 Wolfenstein 3D 引擎，《德军司令部》中的所有物体大小都是固定的，所有路径之间的角度都是直角，也就是说你只能笔直地前进或后退，这些局限在《毁灭战士》中都得到了突破。尽管游戏的关卡还是维持在 2D 平面上进行制作，没有"楼上楼"的概念，但墙壁的厚度可以为任意，并且路径之间的角度也可以为任意，这使得楼梯、升降平台、塔楼和户外等各种场景成为可能。

由于 Doom 引擎本质上依然是二维的，因此可以做到同时在屏幕上显示大量角色而不影响游戏的运行速度，这一特点为游戏创造出了一种疯狂刺激的动作风格，迄今为止，在这方面大约只有《英雄萨姆》(*Serious Sam*)系列能与之相比，除此之外，还没有哪款 3D 引擎能在大批敌人向你涌来的时候依然保持游戏的流畅，这也是为什么如今市面上的大部分第一人称射击游戏都在积极地培养玩家的战术运用能力、提高玩家的射击准确率而拒绝滥砍滥杀的主要原因之一。值得一提的是，尽管 Doom 引擎缺乏足够的细节度，但开发者仍然在《毁灭战士》中表现出了惊人的环境效果，其纯熟的设计技巧实在令人赞叹。

不过更值得纪念的是，Doom 引擎是第一个被用于授权的引擎。1993 年底，Raven 公司采用改进后的 Doom 引擎开发了一款名为《投影者》(*Shadow Caster*)的游戏，这是游戏史上第一例成功的嫁接手术。1994 年，Raven 公司采用 Doom 引擎开发《异教徒》(*Heretic*)，为引擎增加了飞行的特性，成为跳跃动作的前身。1995 年，Raven 公司采用 Doom 引擎开发《毁灭巫师》(*Hexen*)，加入了新的音效技术、脚本技术以及一种类似集线器的关卡设计，使玩家可以在不同关卡之间自由移动。Raven 公司与 Id Software 公司之间的一系列合作充分说明，引擎的授权无论对使用者还是开发者来说都是大有裨益的，只有把自己的引擎交给更多的人去使用,才能使引擎不断地成熟起来。

《毁灭战士》系列本身就相当成功,大约卖了 350 万套,而授权费又为 Id Software 公司带来了一笔可观的收入。在此之前,引擎只是作为一种自产自销的开发工具,从来没有哪家游戏商考虑过依靠引擎赚钱,Doom 引擎的成功无疑为人们打开了一片新的市场。

2)引擎的转变(1994~1997 年)

在引擎的进化过程中,1994 年肯·西尔弗曼为 3D Realms 公司开发的 Build 引擎是一个重要的里程碑,Build 引擎的"肉身"就是那款家喻户晓的《毁灭公爵》(*Duke Nukem 3D*)。《毁灭公爵》已经具备了今天第一人称射击游戏的所有标准内容,如跳跃、360°环视以及下蹲和游泳等特性,此外还把《异教徒》里的飞行换成了喷气背包,甚至加入了角色缩小等令人耳目一新的内容。在 Build 引擎的基础上先后诞生过 14 款游戏,如《农夫也疯狂》(*Redneck Rampage*)、《阴影武士》(*Shadow Warrior*)和《血兆》(*Blood*)等,还有台湾艾生资讯开发的《七侠五义》,这是当时(至今依然是)国内不多的几款 3D 射击游戏之一。Build 引擎的授权业务为 3D Realms 公司带来了约一百多万美元的额外收入,3D Realms 公司也由此而成为了引擎授权市场上的第一个"暴发户"。不过从总体来看,Build 引擎并没有为 3D 引擎的发展带来任何质的变化,突破的任务最终由 Id Software 公司的《雷神之锤》(*Quake*)完成。

《雷神之锤》紧跟在《毁灭公爵》之后发售,一时之间,两者孰优孰劣成为玩家的热门话题。从内容的精彩程度来看,《毁灭公爵》超过《雷神之锤》不少,但从技术的先进与否来看,《雷神之锤》是毫无疑问的赢家。Quake 引擎是当时第一款完全支持多边形模型、动画和粒子特效的真正意义上的 3D 引擎,而不是 Doom、Build 那样的 2.5D 引擎。此外,Quake 引擎还是连线游戏最先使用的引擎,尽管几年前的《毁灭战士》也能通过调制解调器连线对战,但最终把网络游戏带入大众视野之中的是《雷神之锤》,是它促成了电子竞技产业的发展。

一年之后,Id Software 公司推出《雷神之锤 2》,一举确定了自己在 3D 引擎市场上的霸主地位。《雷神之锤 2》采用了一套全新的引擎,可以更充分地利用 3D 加速和 Open GL 技术,在图像和网络方面与前作相比有了质的飞跃,Raven 公司的《异教徒 2》(*Heretic Ⅱ*)和《军事冒险家》(*Soldier of Fortune*)、Ritual 公司的《原罪》(*Sin*)、Xatrix 娱乐公司的《首脑:犯罪生涯》(*Kingpin:Life of Crime*)以及离子风暴工作室去年夏天刚刚发布的《安纳克朗诺克斯》(*Anachronox*)都采用了 Quake Ⅱ引擎。

Quake Ⅱ引擎的授权模式大致如下:基本许可费从 40 万美元到 100 万美元不等,版税金视基本许可费的多少而定,40 万美元的许可费大约需提取 10% 以上的版税金,100 万美元的许可费则提取很少一部分版税金。这样算下来,《雷神之锤 2》通过引擎授权所获得的收入至少有 1000 万美元,尽管游戏本身的销售业绩比起《毁灭战士》来要差很多,大约卖了 110 多万套,收入在 4500 万美元左右,但在授权金这一块它所获得的盈利显然要远远高于《毁灭战士》。

俗话说"一个巴掌拍不响",没有实力相当的竞争者,任何市场都是无法发展起来的。正当 Quake Ⅱ 独霸整个引擎市场的时候,Epic Megagames 公司(现在的 Epic 游戏公司)的《虚幻》(Unreal)问世了。可以这么说,第一次运行这款游戏的时候,很多人会被眼前的画面所惊呆,尽管当时只是在 300×200 的分辨率下运行的(四大悲事之一:玩游戏机器不够劲)。除了精致的建筑物外,游戏中的许多特效即便在今天看来依然很出色,荡漾的水波,美丽的天空,庞大的关卡,逼真的火焰、烟雾和力场等效果。从单纯的画面效果来看,《虚幻》是当之无愧的佼佼者,其震撼力完全可以与人们第一次见到《德军司令部》时的感受相比。

Unreal 引擎可能是使用最广的一款引擎,在推出后的两年之内就有 18 款游戏与 Epic 公司签订了许可协议,这还不包括 Epic 公司自己开发的《虚幻》资料片《重返纳帕利》,其中,比较近的几部作品如第三人称动作游戏《北欧神符》(Rune)、角色扮演游戏《杀出重围》(Deus Ex)以及永不上市的第一人称射击游戏《永远的毁灭公爵》(Duke Nukem Forever),这些游戏都曾经或将要获得不少好评。

Unreal 引擎的应用范围不限于游戏制作,还涵盖了教育、建筑等其他领域。Digital Design 公司曾与联合国教科文组织的世界文化遗产分部合作,采用 Unreal 引擎制作过巴黎圣母院的内部虚拟演示,Zen Tao 公司采用 Unreal 引擎为空手道选手制作过武术训练软件,另一家软件开发商 Vito Miliano 公司也采用 Unreal 引擎开发了一套名为"Unrealty"的建筑设计软件,用于房地产的演示。

这款与《雷神之锤 2》同时代的引擎经过不断地更新,至今依然活跃在游戏市场上,丝毫没有显出老迈的迹象,实属难得。

3)引擎的革命(1998~2000 年)

游戏的图像发展到《虚幻》已经达到了一个天花板的高度,接下去的发展方向很明显不可能再朝着视觉方面进行下去。前面说过,引擎技术对于游戏的作用并不仅局限于画面,它还影响到游戏的整体风格。例如,所有采用 Doom 引擎制作的游戏,无论《异教徒》还是《毁灭巫师》,都有着相似的内容,甚至连情节设定都如出一辙。玩家开始对端着枪跑来跑去的单调模式感到厌倦,开发者不得不从其他方面寻求突破,由此掀起了第一人称射击游戏的一个新的高潮。

两部划时代的作品同时出现在 1998 年——Valve 公司的《半条命》(Half-Life)和 Looking Glass 工作室的《神偷:暗黑计划》(Thief:The Dark Project),尽管此前的《系统震撼》(System Shock)等游戏也为引擎技术带来过许多新的特性,但没有哪款游戏能像《半条命》和《神偷》那样对后来的作品以及引擎技术的进化产生如此深远的影响。

曾获得无数大奖的《半条命》采用的是 Quake 和 Quake Ⅱ 引擎的混合体，Valve 公司在这两部引擎的基础上加入了两个很重要的特性：一是脚本序列技术，这一技术可以令游戏以合乎情理的节奏通过触动事件的方式让玩家真实地体验到情节的发展，这对诞生以来就很少注重情节的第一人称射击游戏来说无疑是一次伟大的革命；二是对人工智能引擎的改进，与以往相比，敌人的行动明显有了更多的狡诈，不再是单纯地扑向枪口。这两个特点赋予了《半条命》引擎鲜明的个性，在此基础上诞生的《要塞小分队》《反恐精英》和《毁灭之日》等优秀作品又通过加入网络代码，使《半条命》引擎焕发出了更为夺目的光芒。

在人工智能方面真正取得突破的游戏是 Looking Glass 工作室的《神偷：暗黑计划》，游戏的故事发生在中古年代，玩家扮演一名盗贼，任务是进入不同的场所，在尽量不引起别人注意的情况下窃取物品。《神偷》采用的是 Looking Glass 工作室自行开发的 Dark 引擎，Dark 引擎在图像方面比不上《雷神之锤 2》或《虚幻》，但在人工智能方面它的水准却远远高于后两者，游戏中的敌人懂得根据声音辨认你的方位，能够分辨出不同地面上的脚步声，在不同的光照环境下有不同的目力，发现同伴的尸体后会进入警戒状态，还会针对你的行动做出各种合理的反应，你必须躲在暗处不被敌人发现才有可能完成任务，这在以往那些纯粹的杀戮游戏中是根本见不到的。如今的绝大部分第一人称射击游戏都或多或少地采用了这种隐秘的风格，包括新近发布的《荣誉勋章：盟军进攻》(*Medal of Honor：Allied Assault*)。遗憾的是，由于 Looking Glass 工作室的过早倒闭，Dark 引擎未能发扬光大，除了《神偷：暗黑计划》外，采用这一引擎的只有《神偷 2：金属时代》(*Thief 2：The Metal Age*)和《系统震撼 2》等少数几款游戏。

受《半条命》和《神偷：暗黑计划》两款游戏的启发，越来越多的开发者开始把注意力从单纯的视觉效果转向更具变化的游戏内容，其中比较值得一提的是离子风暴工作室出品的《杀出重围》，《杀出重围》采用的是 Unreal 引擎，尽管画面效果十分出众，但在个体的人工智能方面它无法达到《神偷》系列的水准，游戏中的敌人更多的是依靠预先设定的场景脚本做出反应，例如，砸碎弹药盒可能会引起附近敌人的警惕，但这并不代表他听到了什么，打死敌人后周围的同伙可能会朝你站立的位置奔过来也可能会无动于衷，这些不真实的行为即便在《荣誉勋章：盟军进攻》里也依然存在。图像的品质抵消了人工智能方面的缺陷，而真正帮助《杀出重围》在众多射击游戏中脱颖而出的则是它的独特风格，游戏含有浓重的角色扮演成分，人物可以积累经验、提高技能，还有丰富的对话和曲折的情节。同《半条命》一样，《杀出重围》的成功说明了叙事对第一人称射击游戏的重要性，能否更好地支持游戏的叙事能力成为衡量引擎的一个新标准。

从 2000 年开始，3D 引擎朝着两个不同的方向分化，一是如《半条命》《神偷》和《杀出重围》那样通过融入更多的叙事成分和角色扮演成分以及加强游戏的人工智能来提高游戏的可玩性,二是朝着纯粹的网络模式发展,在这一方面,Id Software 公司再次走到了整个行业的最前沿,他们意识到与人斗才是其乐无穷,于是在 Quake Ⅱ 出色的图像引擎的基础上加入更多的网络成分,破天荒地推出了一款完全没有单人过关模式的纯粹的网络游戏——《雷神之锤 3 竞技场》(*Quake Ⅲ Arena*),它与 Epic 公司稍后推出的《虚幻竞技场》(*Unreal Tournament*)一同成为引擎发展史上的一个转折点。

随着 Quake Ⅲ 引擎的大获成功,Id Software 公司在引擎授权市场上也大赚了一笔。Raven 公司再次同 Id Software 公司合作,采用 Quake Ⅲ 引擎制作了第一人称射击游戏《星际迷航:精英部队》(*Star Trek Voyager: Elite Force*),此外这部引擎还被用于制作第三人称动作游戏《重金属 F. A. K. K. 2》(*Heavy Metal F. A. K. K 2*)和《艾丽丝漫游魔境》(*American McGee's Alice*)、最近的两款第二次世界大战题材的射击游戏《重返德军总部》(*Return to Castle Wolfenstein*)和《荣誉勋章:盟军进攻》,以及开发中的《绝地放逐者:绝地武士 2》(*Jedi Outcast: Jedi Knight Ⅱ*)。从地牢到外太空,从童话世界到第二次世界大战,从第一人称视角到第三人称视角,充分显示了 Quake Ⅲ 引擎的强大潜力。

Epic 公司的《虚幻竞技场》虽然比《雷神之锤 3 竞技场》落后了一步,但如果仔细比较一下,就会发现它的表现要略高后者一筹。从画面方面看,两者差不多打成平手,但在联网模式上,它不仅提供有死亡竞赛模式,还提供团队合作等多种激烈火爆的对战模式,而且 Unreal Tournament 引擎不仅可以应用在动作射击游戏中,还可以为大型多人游戏、即时策略游戏和角色扮演游戏提供强有力的 3D 支持。Unreal Tournament 引擎在许可业务方面的表现也超过了 Quake Ⅲ,迄今为止,采用 Unreal Tournament 引擎制作的游戏已经有 20 多款,其中包括《星际迷航深度空间九:坠落》(*Star Trek Deep Space Nine: The Fallen*)、《新传说》(*New Legend*)和《塞拉菲姆》(*Seraphim*)等。

在 1998～2000 年迅速崛起的另一款引擎是 Monolith 公司的 LithTech 引擎,这款引擎最初是用在机甲射击游戏《升刚》(*Shogo*)上的。前面说过,LithTech 引擎的开发花了整整五年时间,耗资 700 万美元,经过多批技术人员的攻关,1998 年 LithTech 引擎的第一个版本推出之后立即引起了业界的注意,为当时处于白热化状态下的《雷神之锤 2》和《虚幻》之争泼了一盆冷水。

正是由于过于高昂的开发代价,2002 年,Monolith 公司决定单独成立一个 LithTech 公司,以 LithTech 引擎的授权许可作为主要业务,希望借此赚回一些成本。采用 LithTech 第一代引擎制作的游戏包括《血祭 2》(*Blood 2*)和《清醒》(*Sanity*)等。2000 年,LithTech 公司推出了引擎的 2.0 版本和 2.5 版本,加入了骨骼动画和高级地形系统,给人留下深刻印象的《无人永生》(*No One Lives Forever*)以及即将上市的《全球行动》(*Global Operations*)采用的就是 LithTech 2.5 引擎,此时的 LithTech 已经从一名有益的补充者变成了一款同 Quake Ⅲ 和 Unreal Tournament 平起平坐的引擎。如今,LithTech 引擎的 3.0 版本也已经发布,并且衍生出了"木星"(Jupiter)、"鹰爪"(Talon)、"深蓝"(Cobalt)和"探索"(Discovery)四大系统,其中,"鹰爪"被用于开发《异形大战掠夺者 2》(*Alien Vs. Predator 2*),"木星"将用于《无人永生 2》的开发,"深蓝"用于开发 PS2 版《无人永生》,"探索"则将被用来制作一款尚未公布的大型网络游戏。

LithTech 引擎除了本身的强大性能外,最大的卖点在于详尽的服务,除了 LithTech 引擎的源代码和编辑器外,购买者还可以获得免费的升级、迅捷的电子邮件和电话技术支持,LithTech 公司甚至还会把购买者请到公司进行手把手的培训。而且 LithTech 引擎的平均价格也不算很高,大约在 25 万美元,同 Quake Ⅲ 引擎的 70 万美元相比已经是相当低廉了。

4)引擎的明天(2001 年至今)

2001 年有许多优秀的 3D 射击游戏陆续发布,其中一部分采用的是 Quake Ⅲ 和 Unreal Tournament 等现成引擎,如《星际迷航深度空间九:坠落》《重返德军总部》和《荣誉勋章:盟军进攻》,而更多的则采用的是自己开发的引擎,比较有代表性的包括网络射击游戏《部落 2》(*Tribes 2*)、第一人称射击游戏《马科斯·佩恩》《红色派系》(*Red Faction*)和《英雄萨姆》等。

《部落 2》采用的是 V12 引擎,这款引擎虽然无法同 Quake Ⅲ 和 Unreal Tournament 相提并论,但开发者为它制定的许可模式却相当新颖,你只需花上 100 美元就可以获得引擎的使用权,不过天下没有免费的午餐,随之而来的一系列规定相当苛刻。例如,开发者不能把该引擎用于为其他游戏发行商、其他商业游戏站点等竞争对手制作游戏,开发出来的游戏必须在发行前交给 Garage Games 公司(V12 引擎的所有者),不能交给任何第三方,Garage Games 公司将拥有这些游戏五年的独家发行权等。尽管如此,对那些规模较小的独立开发者来说,这个超低价引擎仍然具有非常大的吸引力。

《马科斯·佩恩》采用的是 MAX-FX 引擎,这是第一款支持辐射光影渲染技术(radiosity lighting)的引擎,这种技术以往只在一些高级的建筑设计软件中出现过,它能够结合物体表面的所有光源效果,根据材质的物理属性及其几何特性,准确地计算出每个点的折射率和反射率,让光线以更自然的方式传播过去,为物体营造出十分逼真的光影效果。MAX-FX 引擎的另一个特点是所谓的"子弹时间"(bullet time),这是一种《黑客帝国》风格的慢动镜头,在这种状态下连子弹的飞行轨迹都可以看得一清二楚。MAX-FX 引擎的问世把游戏的视觉效果推向了一个新的高峰。

《红色派系》采用的是 Geo-Mod 引擎,这是第一款可任意改变几何体形状的 3D 引擎,也就是说,你可以使用武器在墙壁、建筑物或任何坚固的物体上炸开一个缺口,穿墙而过,或者在平地上炸出一个弹坑躲进去。Geo-Mod 引擎的另一个特点是高超的人工智能,敌人不仅在看见同伴的尸体或听见爆炸声后才会做出反应,当他们发现你留在周围物体上的痕迹(如弹孔)时也会警觉起来,他们懂得远离那些可能对自己造成伤害而自己又无法做出还击的场合,受伤的时候他们会没命地逃跑,而不会冒着生命危险继续作战。

《英雄萨姆》采用的是 Serious 引擎,这款引擎最大的特点在于异常强大的渲染能力,面对大批涌来的敌人和一望无际的开阔场景,你丝毫不会感觉到画面的停滞,而且游戏的画面效果也相当出色。此外,值得一提的还有《海底惊魂》(*Aqua Nox*)所用的 Krass 引擎,这款引擎被作为 GeForce 3 的官方指定引擎,专门用于宣传、演示 GeForce 3 的效果,视觉方面的表现无可挑剔。

可以看出,2001 年问世的几部引擎依旧延续了两年多来的发展趋势,一方面不断地追求真实的效果,如 MAX-FX 引擎追求画面的真实,Geo-Mod 引擎追求内容的真实,《军事冒险家》(*Soldier of Fortune*)的 Ghoul 引擎追求死亡的真实;另一方面则继续朝着网络的方向探索,如《部落 2》《要塞小分队 2》(*Team Fortress 2*)以及 Monolith 公司那款尚未公布的大型网络游戏。

不过,由于受到技术方面的限制,把第一人称射击游戏放入大型网络环境中的构想至少在目前还很难实现。众所周知,一般的大型网络游戏多为节奏较慢的角色扮演游戏,这些游戏所使用的引擎,无论《卡米洛特的黑暗年代》(*Dark Age of Camelot*)使用的 NetImmerse 引擎,还是《地平线:伊斯塔里亚大陆》(*Horizons: Empires of Istaria*)使用的 Horizons 引擎,或是"据说可以保证 50 万人在同一虚拟世界中尽情游戏而不会有任何滞后感"的 Big World 引擎,都无法支持一个供数百名玩家同时战斗的大型团队动态环境。正是基于这样的考虑,Id Software 公司重新把目光放在了单人模式上,2005 年年底公布的《雷神之锤 4》和《毁灭战士 3》将重新建构一个以单人游戏为主的引擎。与此同时,老对手 Epic 游戏公司也在紧锣密鼓地开发新一代 Unreal 引擎和《虚幻竞技场 2》的引擎。尽管目前关于这几款引擎的具体资料并不多,但从已展示的几段采用新引擎实时渲染的动画片段来看,它们的确完全超越了市面上的其他引擎,预示着一个新的引擎时代的到来。

许多优秀的游戏开发者正在退出游戏开发市场,转而进入引擎授权市场,仅靠开发引擎吃饭,这是个危险的信号。尽管引擎的不断进化使游戏的技术含量越来越高,但最终决定一款游戏是否优秀的因素在于使用技术的人而不是技术本身。如前所述,引擎相当于游戏的框架,框架打好后,你只需往里填充内容即可,在这里,框架只是提供了一种可能性,游戏的精彩与否取决于内容如何而非框架如何。正如《无人永生》开发小组所说:"所有问题最终都会归结为一点——你的游戏是否好玩。"

3. 国内游戏引擎发展概况

国内游戏产品的研发相比国外一直处于一种落后的状态。由于研发游戏引擎前期投入高、风险大,因此相比国外数十年的游戏引擎发展历史,国内的游戏引擎发展还处于初级阶段。

2000 年左右发布的风魂引擎算是最早走红的游戏引擎之一了,国内的很多 2D游戏都在使用这个引擎,其中就包括大名鼎鼎的《大话西游》系列和《梦幻西游》。但准确地说,风魂并不能算是一个游戏引擎,它只是一个 2D 图形引擎,并不具备物理、AI 属性及方便的编辑工具。

同一时期的引擎还有可乐吧的 FancyBox。FancyBox 是一个基于浏览器技术的游戏开发平台,它解决了如何在浏览器中无缝运行程序,如联网、脚本语言、下载的自动管理等技术,以及怎样去解释游戏这种复杂应用的思想。第一款用 Fancy-Box 开发的游戏是可乐吧的"打雪仗",这个游戏获得了初步的成功。此后,可乐吧着手开发大型网络游戏"奇城"。于是,FancyBox 开发平台开始简化网络游戏的编写代码、维护、运营的全部过程,并逐步完善;同时,对网络游戏中涉及的图形图像技术、网络技术、客户端服务器技术等底层全部封装,形成标准化设计。

风魂和 FancyBox 都不能算是 3D 游戏引擎,国产 3D 游戏引擎的真正始祖是涂鸦软件公司发布的起点引擎(Origin Engine)。正如其名,此款引擎希望可以成为中国本土化引擎的一个起点。起点引擎无论在画面效果还是渲染性能上,都有着出色的表现,初步具备了同国外游戏引擎相抗衡的能力。在内容创建工具上,起点引擎也提供了强大的集成式编辑工具——起点编辑器,可以满足各种类型游戏的内容创建工作。

虽然国内的游戏引擎有了一定的发展,但与国外相比依然差距巨大,尤其体现在对先进技术的运用上以及市场的推广上。由于中国游戏引擎开发的落后现状,不少计划进入自主游戏研发领域的中国公司纷纷做出了从国外购买游戏引擎的决策,其中不乏 Unreal 等价格昂贵的知名大作。然而,从国外购买引擎的弊端同时也令国内厂家痛苦不堪。第一,成本昂贵,价格是大多数中小型游戏开发商所无法承受的;第二,国外厂商对国内的市场不够重视,导致很难获得良好的售后服务;第三,人员之间沟通不便,一旦出现技术问题,无法及时有效地解决。因此,国内游戏业的蓬勃发展还是需要本土的游戏引擎技术。

4. 知名游戏引擎介绍

游戏引擎能够制定游戏的总体结构并且运行,它使得制作人可以将离散的游戏元素汇聚在一起形成一个全新的合集。从渲染到物理系统、声音框体、脚本、人工智能和网络组件,游戏引擎既可以强化游戏的方方面面,也允许其余的中间件加入游戏的框本中来,游戏引擎是当今世界游戏开发的重要环节。

目前,世界上知名的游戏引擎有 Rage Engine、Frostbite Engine、Unreal Engine、Cry Engine、The Dead Engine、Avalanche Engine、Anvil Engine、Source Engine、Red Engine 等。

Rage Engine 的代表作有《GTA4》《午夜俱乐部:洛杉矶》《荒野大镖客》等。《GTA3 罪恶之城》、*San Andreas* 以及《恶霸 Bully》并非使用的 R 星自己的技术,而是使用了 Criterion 的 Renderware 引擎。但由于 GTA 系列始终没有自己的引擎可用,R 星的圣地亚哥工作室于 2004 年开始着手 RAGE 引擎的制作。RAGE 引擎的扩展用途很多。它的能力主要体现在世界地图流缓冲技术、复杂人工智能管理、天气特效、快速网络代码与众多游戏方式,这些在 GTA4 中表现得都很明显,而且它对合作插件兼容性非常好。Euphoria 是 NaturalMotion 的一个动态动画引擎,和 Rage 引擎非常贴合,同样,Rage 和 Erwin Coumans 的子弹物理引擎也结合得非常完美。

Frostbite Engine 的代表作有《战地:叛逆连队》《战地 1943》《荣誉勋章》等。早期的寒霜引擎是为 DICE 旗下产品《战地:叛逆连队》量身定做的,其基础特性均迎合了《战地:叛逆连队》的特点。同时,DICE 考虑到长远的利益,在设计寒霜引擎时注重引擎的灵活性,使得引擎稍加修改就可以满足不同的需要。寒霜引擎制作工具设计得较为人性化。游戏制作者可以在工具中进行简便的图形化操作,不同格式的文件导出和导入工作也可以在工具中自动完成。工具提供丰富的实时生成和调节内容。引擎可以自动生成高精细度的流畅、自然的平原或是庞大的山脉,山脉的积雪厚度还可以通过调节温度轻而易举地进行控制。

Unreal Engine 的代表作有《战争机器》《质量效应》《生化奇兵》《兄弟连》《无主之地》等。自 1998 年初具雏形以来,Epic Games 的虚幻引擎就一直是各大游戏公司的第一引擎或辅助引擎。连一些你觉得根本不会是虚幻引擎的游戏都是用虚幻引擎开发的,有一些开发商甚至在虚幻引擎的基础上开发了自己的新技术,如制作质量效应的 Bioware。Epic Games 在不间断地改进虚幻引擎以产生高质量的游戏,并且虚幻引擎最诱人的地方在于:你用虚幻引擎开发游戏前前后后的开销相当于你自己从头做一个引擎的开销,虚幻订立了次世代画面的标杆。

Cry Engine 的代表作有《孤岛惊魂》《孤岛危机》《弹头》《永恒之塔》等。2004 年《孤岛惊魂》的初次尝试并不仅仅只是昙花一现,那是人们都引颈期待《半条命 2》《DOOM3》和《潜行者》带给人们次世代的体验,Crytek 却用这款设计游戏将他的对手都打懵了,而幕后推手就是这款神奇的 Cry 引擎。三年后,历史再次重演,使用 Cry2 代引擎的《孤岛惊魂》直接就制订了新的游戏画面标准,而且,当《孤岛惊魂 2》出来的时候就是 Cry3 代引擎大显身手的时候了。根据 Crytek 的说法,"Cry3 引擎是第一款集 360°、PS3、多人在线游戏、DX9、DX10 于一体的次世代游戏开发解决方案,使用的是弹性计算和图像处理。"与其他引擎不同,Cry3 不需要第三方插件,自身就可以支持物理、声音还有动画,以及制作出业界顶级的画面。正因如此,Cry3 代才显得很保守,对外界兼容性比较差,众多插件无法与之合作。不然,如果 Cry3 成为第三方插件的解决方案,会给虚幻 3 带来很大的影响,但是会给玩家带来很大的好处。

The Dead Engine 的代表作有《死亡空间》《但丁的地狱》。《死亡空间》是一部震撼业界的作品,连原来叫做红木海岸(Redwood shores)的 EA 元老级制作组都在游戏发售之后专门申请改名,现在叫做 Visceral Games。为的就是"更好地体现小组文化、身份,以及专注于创造惊悚类动作游戏的特质"。虽然并没有给 Dead 引擎(媒体和玩家所命名,官方没有命名)注册商标,但是制作组的领头人在前段日子的澳大利亚"恐怖宴"上大谈了对该引擎的期望。

自 2006 年发行了教父游戏版之后,红木海岸的一部分成员就转而带着"教父引擎"去开发死亡空间了。不过之后,引擎几乎完全重制,为的就是要营造出死亡空间的"科幻恐怖"体验,最终,这个引擎转化为了"内脏小组"的传家宝。死亡空间在每个部门都让人震撼,不过,Dead 引擎最出色的地方要数操作性以及音效和光照的执行程序。DS 轻轻松松地就成为了历史上最恐怖的游戏之一,并且这一次制作组承诺将带我们去游览地狱:但丁的地狱。

Avalanche Engine 的代表作有 *Just Cause*、*Just Cause 2*、*The Hunter*。初代 JC 在 21 世纪早期带给了大家一次有好有坏的体验。制作组 Avalanche Studios 利用四年时间将一代雪崩引擎完完全全地剥开,并且基本上从头开始重制了大部分的组件。估计新生的 2.0 雪崩才能将 JC 一代没有展现出来的潜力在 2 代中表现出来吧。当你看到 JC2 运动起来的时候,很难不被其中的雪崩 2.0 所能达到的效果感动。许多游戏方式的无缝混合(跳伞、潜水、第三人称战斗、游泳、探索……),大量的屏间爆炸与战斗,新物理特效下的抓钩新特性,更强的人工智能……当然还有强大的血性效果。在广大的世界中完全体现了这些特性,无论白雪皑皑的山峰还是炎热的海滩,都将会使这个引擎成为一款伟大的游戏引擎。

Anvil Engine 的代表作有《刺客信条》《刺客信条 2》《波斯王子 4》等。也许育碧已经烦透了总用别人的技术来做游戏,最近他用别人的引擎可谓用的五花八门:孤岛惊魂 2——Dunia,分裂细胞断罪——LEAD,火影破碎友情——Fox,超越善恶 2——LyN……不过这么多引擎中没有哪个和 Anvil 有的一拼,刺客信条也算是游戏史上一个非常伟大的原创作品了。在刺客信条和波斯王子中,Anvil 引擎使得动态效果和环境的互动显得非常的柔和优雅,并且该引擎很善于在游戏世界中填充 AI。在下一版的引擎中,育碧蒙特利尔小组打算要对如下方面进行一些必要的改进:光照、反射、动态画布、增强型 AI、与环境的互动、更远距离的图像绘制、昼夜循环机制。有趣的是孤岛惊魂 2 里面给人印象深刻的草木系统也被加入到了 Anvil,

只是貌似现在还没见到。

Source Engine 的代表作有《传送门 2》《半条命 2》。Source 引擎可以说是 Valve 为玩家带来的礼物。Source 引擎于 2004 年借《反恐精英：起源》初次登场，在过去的几年间，这一"模组化"引擎一直随着科技发展稳步改进，主要包括多核处理器支持、物理动画效果改进、AI 寻路系统的增强以及一系列的光照和阴影选项。

在 2011 年，我们看到了用该引擎制作的《传送门 2》。《传送门 2》使用的 Source 引擎为 2010 改进版，玩家进入游戏后发现起源引擎首次支持了多光源即时阴影，和 Valve 的上一部作品《求生之路 2》比起来画质有很大的提升。同时，新的水面代码使得水可以很好地反映室内场景。和以往的起源引擎游戏比起来，《传送门 2》在光影上有很大的突破。另外，Valve 开发的三缓冲垂直同步让《传送门 2》的游戏眩晕感降低很多，适合所有玩家，避免了 3D 眩晕的发生。同时，新的光圈科技基地将会展现给玩家新的剧情，并为玩家展现更宏伟、更深妙的半条命世界观。

Red Engine 的代表作有《巫师 2》。《巫师 2：国王刺客》的游戏引擎被称为 Red 引擎。Red 引擎最初是被设计成一个多平台引擎，因此在开发时，制作组必须确保该引擎能符合现代大部分控制台的需求。当制作组开始开发 Red 引擎的时候，他们脑中就有几个目标。其中一个就是让该引擎尽可能地平民化，而无需次世代硬件的支持，新的游戏引擎为《巫师 2》带来了更华丽的画面和更成熟的游戏机制，让玩家置身于 RPG 游戏史上最真实的世界中。

5. 游戏引擎的未来

游戏引擎在经历了数十年的发展之后，现已形成了一种"百家争鸣"的局面，在游戏引擎开发商中，有走大而全发展路线的，也有走小而精发展路线的。虽然占据市场大部分份额的仅仅是那几个大公司的游戏引擎，但市场上陆续出现了一些好的游戏引擎，并且有"青出于蓝而胜于蓝"的势头。这个局势下，在我国这个刚刚起步的大市场里，机遇还是相当多的。也许，我们现在的技术还相对落后，但后发优势不容忽视；也许因为种种原因无法走大而全的发展路线，但可以试着朝小而精的方向发展。

虽然游戏引擎的不断发展使游戏的技术含量越来越高，但决定一款游戏是否优秀的主要因素在于人而不是技术本身，"内容为王"是每个游戏开发人员应铭记在心的金科玉律。

1.2.2 仿真引擎

游戏引擎和仿真引擎针对不同的应用需求有着各自的侧重点。游戏引擎更注重画面的表现效果和游戏框架的搭建,使得开发商能更高效地开发出令人震撼的产品,而仿真引擎更注重仿真的内容和各种仿真分析工具,对画面的要求没有游戏引擎高。目前国内外著名的仿真引擎有 OpenGL Performer、Vega、Vega Prime、OpenGVS、VTree、VRML、DirectX、Virtools、VRMap、China 3D、3DVRI、VR-Platform、DVENET 等。

1. OpenGL Performer 简介

IRIS Performer 是 SGI 第二代三维图形和虚拟现实仿真的开发软件包,它具有仿真可视化应用开发库、高性能渲染库、数据载入器和其他面向实时图形的功能库。它运行于 SGI 工作站上,从而限制了 IRIS Performer 的推广,现已更名为 OpenGL Performer。OpenGL Performer 是 SGI 公司开发的一个可扩展的高性能实时三维视景开发软件包。它基于 GL 图形库,为用户提供了一组与标准 C 语言或 C++语言绑定的程序接口,并通过一个三维图形工具集提供高性能渲染能力。相对于 OpenGL 而言,它功能更强大,又不失灵活性,而且可以在程序中调用 OpenGL 的函数指令。

OpenGL Performer 开发软件环境为 SGI 的 IRIX 操作系统和标准的 C 语言或 C++语言,硬件环境为 SGI 图形工作站。

OpenGL Performer 工具包主要由 4 个动态共享对象 DSO(dynamic shared objects)形式的图形库、相应的支持文件和例程源代码构成。除这 4 个核心库外,OpenGL Performer 还以 DSO 的形式提供了一组数据载入器,可读入相应的以一定格式组织的数据文件或数据流,并将其转化为一个 OpenGL Performer 视景图形。当前绝大多数的三维数据文件格式如 .3ds、.fit 和 .obi 等,都能在 OpenGL Performer 中找到相应载入器的库文件,只需通过 pfdLoadFile() 函数就可以调入视景中,该函数根据被载入文件的扩展名,使用特殊的 DSO 来定位相应的载入器,甚至还允许用户使用自己定义的文件格式。这样就可以用其他的建模软件进行建模,然后导入 OpenGL Performer 中,再转换成 OpenGL Performer 统一的数据格式,并且无需更改纹理和材质的相关属性,这就减少了建模及指定纹理材质的工作量,缩短了开发周期。

OpenGL Performer 的视景是通过节点组成的图像表示的。从功能上说,OpenGL Performer 定义了 16 种节点,这些节点可归属为 3 个基本的类:根节点、分支节点和叶节点。其中,pfScence 是整个场景的根节点,场景中所有其他的节点都在它下面,当对 pfScence 进行操作时就是对整个场景(包括灯光、纹理、物体等)进行操作;pfGroup 节点可以将零个或几个节点编成一个组进行访问和操作,被包含的节点可以是除 pfScence 以外的任何节点类型;pfSCS 是代表静态坐标系统的节点,一旦它被建立,它所包含的转换矩阵不能更改;pfDCS 是代表动态坐标系统的节点，在它建立后，可以更改其所包含的转换矩阵，一般可以用来描述物体的运动和相对位移等。

OpenGL Performer 的库封装了 Fly、Drive、Trackball 和 Path 这 4 种漫游方式，用 3 键鼠标可以很方便地进行漫游。Fly 方式多用于对大地形的鸟瞰漫游，如同坐在飞机上从天空观看地面的景象；Drive 方式多用于对城市景观的漫游，用户就像坐在汽车里在城市中穿行；Trackball 方式多用于对小物体的全方位观察，用户感觉就像把被观测物体拿在手中，可任意翻转，从各种不同的角度察看；Path 方式比较灵活，它允许用户自己定义一条漫游路径，多用于旅游景观的漫游。

2. Vega 简介

Vega 主要用于实时视景仿真、声音仿真及科学计算可视化等领域。Vega 是在 SGI Performer 基础上发展起来的软件环境，为 Performer 增加了许多重要的特性。它把常用的软件工具和高级仿真功能结合起来，可使用户以简单的操作迅速地创建、编辑和运行复杂的仿真程序。由于 Vega 大幅度地减少了源代码，从而大大提高了工作效率，可以迅速创建各种实时交互的三维环境，以满足各种用户的需要。Vega 软件具有友好的图形环境界面、完整的 C 语言应用程序接口、丰富的使用库函数及大量的功能模块，可满足多种仿真的要求。Vega 支持多种数据输入格式，允许不同数据格式的显示，同时提供高效的 CAD 数据转换工具，大大减少开发时间。Vega 的另一大优点是可选模块的通用性和跨平台的兼容性。Vega 及相关模块支持 UNIX 和 NT 平台。用 Vega 写的应用可以兼容跨平台使用。用户可以在高档 Pc 和 Windows 平台上开发和运行视景仿真系统。但是，对专业的开发视景仿真系统的程序员而言，使用 Vega 反而觉得很多基本的功能难以实现，与某些软件相比，缺少系统支持的强大的图形库。

Vega 主要包括两个部分：一个是 Lynx 的图形用户界面的工具箱，这是一套可以提供最充分的软件控制和最大程度灵活性的完整的应用编程接口；另一个则是基于 C 语言的 Vega 函数调用库。其可选模块进一步增强了在特定应用中的功能。Vega 及其可选模块能运行在视窗 NT 操作系统和 SGI IRIX 操作系统下，并支持大量种类的数据库加载器，允许很多种不同数据库的交互应用和单进程或多进程应用的开发。为了满足美国军方的要求，MuhiGen-Paradiam 公司还提供和Vega 紧密结合的特殊应用模块，这些模块很容易满足特殊模拟要求，如航海、红外线、雷达、高级照明系统、动画人物、大面积地形数据库管理、CAD 数据输入、DIS 等。

Vega 的 Lynx 图形用户界面是独一无二的，在 Lynx 图形用户界面中只需利用鼠标单击就可配置/驱动图形，在一般的仿真应用中，几乎不用编写任何源代码就可以实现三维场景漫游。Lynx 可以在不需要编写程序代码或重新编译的情况下,通过改变应用的重要参数来对场景进行预览,从而大大提高了工作效率。应用的功能、视景通道、多 CPU 的分配、视点、观察者、特殊效果、时间、系统配置、数据库模型等,都可以根据具体的应用在 Lynx 中加以改变。Lynx 支持非编程者在系统交付时,针对最终用户的要求,对系统进行重新配置。

Lynx 提供了几种工具来帮助用户定义其仿真应用,包括如下:

(1)对象观察器用于检查在对象面板中引用的各个对象。

(2)对象属性编辑器用于观察和设置对象组件的属性。

(3)场景预览器可以对 Vega 场景以正交或投射的方式进行观察,检查场景相应的坐标值。

(4)输入设备工具用于测试和设置在输入设备面板中定义的输入设备的特性。

(5)路径工具可以定义和编辑对象或观察者移动的路线,同时明确对象或观察者在这些路径上的速度和方位。

Vega 包括 AudioWorks2 模块,它能够针对多个对象、多个听点和其物理特性,连续、实时地处理声音波形,在开阔地带提供空间感极强的三维声音。它提供了一个基于物理特性,包括距离衰减、多普勒漂移和传输延迟的无回声声音生成模型。它可以结合场景内对象的变化,自动跟踪其位置的变化、触发、释放和相应的物理特性变化。AudioWorks2 自动对各种声音的优先级排序,重新计算模型的参数,向声音生成硬件发布相应的生成命令,把用户从这些底层的声音处理工作中解放出来。结合 Lynx 和 Vega,它为快速地在任何视景仿真环境增加声音提供了一种简单但功能强大的手段。AudioWorks2 在 IRIX 和 NT 操作系统中,和 Vega 和 Lynx 捆绑在一起,在 IRIX 操作系统中,可以作为一个单独的配置。基于 Windows NT 操作系统的 AudioWorks2,使用 Microsoft 的 DirectSound,也可以在视觉和听觉环境之间提供无缝的结合。

任何一个 Vega 应用程序在开始运行时都要对各种参数提供初始值,在运行期间要保持或不断修改参数值,这些数据信息都存放在一个应用程序定义的 ADF(application definition files)文件中。Lynx 界面实际上是创建和修改 ADF 文件的一个编辑器,应用程序就可以通过调用 Vega 的 C 语言函数库来对已建好的三维场景进行渲染驱动。

对于 Windows NT 平台上的 Vega 应用,主要有 3 种类型:控制台程序、传统的 Windows 应用程序和基于 MFC(Microsoft foundation classes)的应用。建立 Vega 应用的 3 个必需的步骤如下:

(1)初始化。这一步初始化 Vega 系统并创建共享内存及信号量等。

(2)定义。通过 ADF 应用定义文件创建三维模型或是通过显式的函数调用来创建三维模型。

(3)配置。通过调用配置函数来完成配置设置完 Vega 系统后,就开始了 Vega

应用的主循环,主循环的作用是对三维视景进行渲染驱动。它主要分两步:①对于给定的帧速率进行帧同步;②对当前的显示帧进行必要的处理。

Vega 函数是用 C++语言编写的,如果直接在 Windows 平台上进行开发,一般将 VC++作为首选开发工具。在 VC++中的 MFC 类库已是一个相当成熟的类库,特别是其基于文档/视结构的应用程序框架,已成为开发 Windows 应用程序的主流框架结构。

3. Vega Prime 简介

Vega Prime 是 MuhiGen-Paradigm 公司最新开发的跨平台实时工具,专门应用于实时视景仿真、声音仿真和虚拟现实等领域。它构建在 VSG(vega scene graph)框架之上,是 VSG 的扩展 API,包括了一个图形用户界面 Lynx 和一系列可调用的、用 C++实现的库文件、头文件。Vega Prime 在不同层次上进行了抽象,并根据功能不同开发了不同的模块,每个应用程序由多个模块组合而成。它们都由 VSG 提供底层的支持。

VSG 是一种 Scene Graph,与 VSG 相同重量级的 Scene Graph 比较常见的有 Open Performer、Open GVS、Open Scene Graph 等。Scene Graph 并不是完整的仿真引擎,当然它可以成为这些引擎的主要部分。Scene Graph 的主要目标是表述三维世界、相关的高效渲染、物理模型、碰撞检验等,而声音部分则留给用户用其他集成的开发库去处理了。Scene Graph 提供了与客户的应用程序和工具的互操作,这样 Scene Graph 就能在游戏、虚拟仿真、虚拟现实、科学可视化、模拟游戏训练中大展宏图。

Vega Prime 支持 Windows、SGI IRIX、Linux、Sun Microsystems Solaris 等操作系统,并且用户的应用程序也具有跨平台特性,用户可在任意一种平台上开发应用程序,而且无需修改就能在另一个平台上运行。

Vega Prime 支持可定制用户界面和可扩展模块。Vega Prime 可扩展的插件式体系结构采用了最复杂的技术,提供了最简单的使用方法,它可进行最大可能的定制,用户可根据自己的需求来调整三维应用程序,能快速设计并实现视景仿真应用程序,用最低的硬件配置获得高性能的运行效果。此外,用户还可以开发自己的模块,并生成定制的类。

通过使用 Vega Prime,用户能把时间和精力集中于解决应用领域内的问题,而无需过多考虑三维编程的实现。Vega Prime 是对普通视景仿真应用的高级抽象,它提供了许多高级功能,能满足现今绝大部分视景仿真应用的需要,同时还具有简单、易用的特性,因此具有高效的生产率。

Vega Prime 支持 MetaFlight 文件格式。MetaFlight 是 MuhiGen-Paradigm 公司基于 XML 的数据描述规范,它使运行数据库能与简单或复杂的场景数据库相关联。MetaFlight 极大地扩展了 OpenFlight 的应用范围。

Vega Prime 还包括许多有利于减少开发时间的特性,使其成为现今最高级的商业的实时三维应用开发环境。这些特性包括自动的异步数据库调用、碰撞检测与处理、对延时更新的控制和代码的自动生成。此外,Vega Prime 还具有可扩展、可定制的文件加载机制、对平面或球体的地球坐标系统的支持、对应用中每个对象进行优化定位与更新的能力、星象模型、各种运动模式、环境效果、模板、多角度观察对象的能力、上下文相关帮助和设备输入/输出支持等。

Vega Prime 是较为先进的架构,它的一个很大的优势在于 plug in 架构;几乎比较好的实时三维方面的软件,都很容易作为一个模块和 Vega Prime 集成在一起,并且几乎都有这样的模块,这样开发一个比较好的应用不会费很大力气,如动态地形、物理引擎等,都是其他软件所没有的。

1)Vega Prime 的应用组成

(1)应用程序。应用程序控制场景、模型在场景中的移动和场景中其他大量的动态模型。实时应用程序包括汽车驾驶、动态模型的飞行、碰撞检测和特殊效果。

(2)应用配置文件。应用配置文件包含了 VP 应用在初始化和运行时所需的一切信息。通过编译不同的 ACF 文件,一个 VP 能够生成不同种类的应用。ACF 文件为扩展 Mark-up 语言(XML)格式。

(3)模型包。以前,通常是通过计算机辅助设计系统或几何学来创建单个模型,但这些方法在实时应用中很难进行编码。现在,可以使用 MulitGen Creator 和 ModelBuilder 3D,以 OpenFlight 的格式来创建实时 3D 应用中所有独立的模型。可以使用 Creator Terrain Studio(CTS),以 MetaFlight 格式来生成大面积地形文件,并可以使用这两种格式在 VP 中增加模型文件。

2)Vega Prime 的基本模块

Vega Prime 包括 Lynx Prime 图形用户界面配置工具和 VSG 高级跨平台场景渲染 API。此外,Vega Prime 还提供了多个针对不同应用领域的可选模块,使其能满足特殊行业仿真的需要,还提供了用户开发自己模块的功能。

(1)Lynx Prime 图形环境。Lynx Prime 是一种可扩展的跨平台的单一的 GUI 工具,为用户提供了一个简单的直接明了的开发界面,可根据仿真需要快速开发出合乎要求的视景仿真应用程序。Lynx Prime 基本上继承了 Lynx 的功能,同时又增加了一些新功能。它具有向导功能,能对 Vega Prime 的应用程序进行快速创建、修改和配置,从而大大提高了生产效率;它基于工业标准的 XML 数据交换格式,能与其他应用领域进行最大程度的数据交换;它可以把 ACF(application configuration file)自动转换为 C++代码。

(2)VSG 应用程序接口。VSG 是高级的跨平台的场景渲染 API,是 Vega Prime 的基础,Vega Prime 包括了 VSG 提供的所有功能,并在易用性和生产效率上做了相应的改进。在为视景仿真和可视化应用提供的各种低成本商业开发软件中，VSG 具有最强大的功能，它为仿真、训练和可视化等高级三维应用开发人员提供了最佳的可扩展的基础。VSG 具有最大限度的高效性、优化性和可定制性，无论用户有何需求，都能在 VSG 基础上快速、高效地开发出满足需要的视景仿真应用程序，VSG 是开发三维应用程序的最佳基础。

VSG 分为 3 个部分：①VSGU(Utlity library)，提供内存分配等功能；②VSGR(Rendenring library)，底层的图形库抽象，如 OpenGL 或 Direct3D；③VSGS(Scene graph library)。在内核中，Vega Prime 使用 VSGS，VSGS 使用 VSGR，它们都使用 VSGU。

VSG 具有以下特性：①帧频率控制；②内存分配；③内存泄漏跟踪；④基于帧的纹理调用；⑤异步光线点处理；⑥优化的分布式渲染；⑦跨平台可扩展的开发环境，支持 Windows、IRIX、Linux 和 Solaris；⑧与 C＋＋STL 相兼容的体系结构；⑨强大的可扩展性，允许最大程度的定制，使得用户可调整 VSG 来满足应用的需求，而不是根据产品的限制来调整应用需求；⑩支持多处理器、多线程的定制与配置；⑪应用程序也具有跨平台性，用户在任意一种平台上开发的应用程序无需修改就能在另一个平台上运行；⑫支持 OpenGL 和 Direct3D 的优化的渲染功能，应用程序能基于 OpenGL 或 Direct3D 运行，其间无需改动程序代码；⑬支持双精度浮点数，使几何物体和地形在场景中精确地放置与表示；⑭支持虚拟纹理、软件实现图像的动态查阅，使高级功能与平台无关。

3)Vega Prime 的可选模块

Vega Prime 为了满足特定应用开发的需求，除了上述的基本模块之外，还提供了功能丰富的可选模块。Vega Prime 的可选模块基本上覆盖了 Vega 的可选模块，包括如下：

(1)Vega Prime FX，爆炸、烟雾、弹道轨迹、转轮等。

(2)Vega Prime，分布式渲染。

(3)Vega Prime LADBM，非常大的数据库支持。

(4)DIS/HLA，分布交互仿真。

(5)Blueberry，三维开发环境。

(6)DI-GUY，三维人体。

(7)GL-Studio，仪表。

(8)Vega Prime IR Scene，传感器图像仿真。

(9)Vega Prime IR Sensor，传感器图像实际效果仿真。

(10)Vega Prime RadarWorks，基于物理机制的雷达图像仿真。

(11)Vega Prime Vortex，刚体动力学模拟。

(12)Vega Prime Marine，三维动态海洋。

4. OpenGVS 简介

OpenGVS 是 Quantum3D 公司高级三维图形卡的捆绑软件，它的前身是
GVS。OpenGVS 是实时三维场景驱动软件，为 3D 软件开发者提供了高级的
API。OpenGVS API 由许多强大的函数组成，开发人员可迅速开发出高质量的
3D 应用软件。OpenGL 通常描述低级生成要素，如如何用用户定义的属性（颜色、
纹理图）绘制多边形，对象对模拟光源如何反应等。而 OpenGVS 是一个场景管理
器，它的功能就是从低级生成 API 功能结束的地方开始的。在开发实时三维图形
应用方面，OpenGVS 提供给开发者领先、成熟、方便的视景管理系统。它是世界上
第一个通用工作站平台的视景管理软件。在 1990 年推出的 SGI 工作站 IRIS GL
版本上的 GVS 是 OpenGVS 的早期产品。OpenGVS 不仅基于 OpenGL 图形标
准，而且它可以被应用于所有图形平台标准。一旦你编写好你的应用程序，它可以
运行在从高端图形工作站到 PC 的任何系统上。

OpenGVS 基于 OpenGL V1.2，但是可以操作于任何版本的 OpenGL、Glide
或者 Direct3D 硬件。开发者编写的应用程序可以在 Quantum3D 的 SGI、PC-IG 和
其他的多实时运行环境下运行。OpenGVS 的最新版本支持 Windows 和 Linux 等
操作系统。OpenGVS 的运行环境如下：

(1)系统平台，PC、工作站。

(2)操作系统，UNIX、Linux、Windows。

(3)图形系统，OpenGL、Glide、Direct3D、Real3D Pro。

(4)模型格式，FLT、3DS、OBJ、GVM（内部加密的 OpenGVS 数据库文件）。

OpenGVS 提供了各种软件资源，利用资源自身提供的 API 可以很好地以接
近自然和面向对象的方式组织视景元素和进行编程，来模拟视景仿真的各个要素。
开发人员可以用系统提供的对象引入工具，引入在其他标准建模工具（如 Muhi-
Gen Creater、3D StudioMAX）中已经建好的三维几何模型，用系统提供的场景工
具、光源工具、雾工具、相机工具、通道工具、帧缓存工具等创建场景，控制场景中实
体的运动，也可以用 OpenGVS 提供的底层函数实现自己的算法，以满足特殊应用
的需要。

OpenGVS 包含了一组高层次的、面向对象的 C＋＋应用程序接口，它们直接
架构于世界领先的三维图形引擎（包括 OpenGL、Glide 和 Direct3D）上。OpenGVS
的 API 分为相机、通道、烟雾、帧缓冲、几何、光源、对象、场景、工具、特效等各组资
源，可以按照应用的需要调用这些资源来驱动硬件实时产生所需的图形和效果。
OpenGVS API 的主要软件资源如下：

(1)System Facility，系统对初始化、运行 GVS 的支持部分。

(2)Command Facility，定义和支持命令行。

(3)User Facility,开发人员定义初始化 GV_user_init()、实时运行 GV_user_roc()等。

(4)Object Facility,管理场景中的所有对象。

(5)Scene Facility,管理所有对象显示的场景。

(6)Camera Facility,动态控制 OpenGVS 的视点。

(7)Channel Facility,管理 OpenGVS 的多通道工具。

(8)Frame Buffer Facility,实现图像硬件帧缓存与 GVS 之间的交互。

(9)Fog Facility,实现雾的效果。

(10)Light Source Facility,控制场景的灯光效果。

(11)Material Facility,在动态光照下物体的材质效果。

(12)Texture Facility,提供纹理的加载和运用的工具。

(13)Geometry Facility,从地形数据库中获得信息的函数。

(14)Generics,系统单位、时间、向量与矩阵、内存分配等函数。

(15)Environment Facility,帮助管理环境变量。

(16)Utilities,动画、烟、尾迹、天地、运动路线、映像纹理等工具。

OpenGVS 程序框架包括以下几个主要部分:主程序模块、用户程序模块、事件响应模块等。主程序模块提供程序入口。用户程序模块主要包括两个函数:用户初始化函数(GV_user_init)和用户运行时处理函数(GV_user_proc)。GV_user_init 仅在系统初始化时调用一次,完成初始化工作,如创建视觉通道、创建场景、定义光源、定义实体等。GV_user_proc 在系统运行时,每帧调用一次,用以完成运行过程控制,如实体的运行控制等。事件响应模块负责响应外部事件,如来自键盘和鼠标等的事件、对系统运行进行实时操控。

5. VTree 简介

不管在战场上飞行漫游还是在火星表面探险,VTree 都会使想象力得到充分的发挥。VTree 是强大的实时三维图形开发工具,可以节省开发时间,并跨平台使用。通过 VTree 的图形工具 SpliceTree 和 Audition 可以方便地实现视觉仿真、实时场景生成、娱乐冒险环境模拟、任务训练、事件重现等应用。

CG2 公司成立于 1995 年,在实时三维图形可视化、三维模型开发、仿真应用开发等领域为客户提供先进、高性能、低价格的软件产品和服务。CG2 产品包括 FACETS、VTree SDK、VTree Pro SDK 和 Mantis。

1)VTree SDK

VTree SDK 是开发交互式仿真应用的首选开发包。VTree 包含一系列的配套 C++ 类库,适用于开发高品质、高效的 VTree 应用。VTree 提供的扩展功能成功地兼容并融合了复杂的 OpenGL API 接口。VTree 应用可运行于支持 OpenGL

的 Windows 95/98/NT 和 UNIX 类型的平台。

VTree SDK 所支持的 C++类库和函数集使开发丰富、动态、图形视景成为可能。用户可方便地导入符合 3D 工业标准的模型。VTree 基于 OpenGL 可自动调用 OpenGL 函数及最新发布的 OpenGL 版本。

VTree SDK 是功能强大的开发工具,节省开发时间,获得高性能的仿真应用。利用此工具包开发者可充分展开想象力,置身于鲜活的虚拟世界中,如战场战术的实现、探索火星表面的过程等。若希望得到跨平台、高性能、低成本、可实时响应的虚拟仿真应用,VTree 无疑是最佳选择。

VTree 是目前市场上唯一跨平台的三维图形软件开发工具,为实时视景仿真应用提供快速、方便、节省经费的方案。VTree 是全方位面向对象的开发工具,能够极大地缩短开发时间,提高三维实时图形应用的性能。VTree 简化了实时系统视景生成、作战模拟、虚拟训练系统的开发工作。用 C++开发的 VTree API 系统视景对象可以通过 SpliceTree 等工具方便地加以组合与调用。

(1)VTree 的优势。为什么开发者喜欢选择 VTree 作为跨平台的高性能视觉仿真开发方案,原因是它有优越的实时性能(生成的代码运行的效率最高,硬件成本最低),不需要为运行环境付许可证费用。

多年来,视觉仿真需要专用的图形硬件和昂贵的开发软件,软件还需许多付费的附加模块和在每台机器上的运行版本费用,这阻碍了视觉仿真的大面积推广和复合大系统的搭建。VTree 可以为开发者提供所有的功能模块而只需付较少的费用。VTree 的基本版包括声音效果、特殊效果、实时模型库、高保真的地形数据库,以及其他视觉仿真所需要的附加工具,这些在其他仿真软件中都是需另外收费的。

(2)支持 OpenGL 编程。基于 OpenGL 的 VTree,具有 OpenGL 的所有优点。选择了 VTree 就可以和最新的 OpenGL 版本同步,VTree 简化了 OpenGL 的编程,例如,开发者控制的是物体而不是图形元素。

(3)三种层次的开发功能。VTree 有三种层次的开发功能。

最高层:使用图形排列工具来制作窗口、视角、地形、场景、实体、运动、光源等。除此之外,光源、特殊效果以及运动控制可以通过 Gwiz 编辑器调整参数来实时地改变。

中间层:通过高级 API 来直接控制所有由 Gwiz 创建的对象,如物体的运动规律、烟火、水花等,特效或动画行为可以由用户定义的函数直接触发。

最底层:使用底层的 API 来支配单个的视景和图形软件及硬件之间的交互。为了实现最大限度的性能和灵活性,VTree 允许开发者在任何时候调用它的底层函数。

(4)支持高保真分页地形数据。当今的视景仿真往往需要大规模的地形数据库,如此高密度的数据早已超出计算机内存的容量。VTree 支持高保真实时动态分页地形数据格式,如 TERREX TerraPage,智能的分页实时渲染工具。VTree 支持超大范围的地形和纹理数据,包括矢量数据和比例尺。

(5)三维图形应用开发。VTree 是一个适用于三维视觉仿真应用的软件,是面向对象的图像应用程序接口,通过基于 C++类和库封装的 VTree 函数,可以顺利地建立丰富、动态的视觉仿真。对要求满足最高性能和开发灵活的人员来讲,VTree API 可以扩充并提供不同层面的调用,允许开发人员把 VTree 作为第三方软件接口并入原先做好的程序,并被已有的程序调用。

VTree 面向对象的、可跨平台移植的图形 API 提供一套强大的 C++类库和函数帮助创建丰富的动态可视化应用。使用可扩展的 C++类,开发人员能够从 VTree 中得到自己新生成的面向对象的类。

VTree 提供了一个建立在 OpenGL 之上的 API 层,因而不必调用复杂难用的标准 OpenGL。通过使用高级的 C++类,VTree 将 OpenGL 函数集成优化,极大地简化了编程和维护工作。使用 VTree 后,OpenGL 的状态信息就嵌在每个实体的树状结构中。VTree 的"树"提供了一种处理几何图形的机制,用于控制和操纵有关节的活动部件,如复杂的多自由度的机器人手臂或飞机的控制面(副翼、襟翼、升降舵、方向舵、扰流片、配平片)。

2)VTree Pro SDK

VTree Pro SDK 在 VTree 的基础上增加了一些高级功能模块:MultiVis、vtRenderCapture、vtLightLobes 和 vtPage。

(1)用 MultiVis 实现多路输出。MultiVis 可提供无缝地输出多路三维图形显示,而且不限制输出的数量。MultiVis 将多个计算机通过网络连接起来,通过画面同步技术实现任意范围的视野,共同营造沉浸式仿真系统用于仿真、训练、娱乐等。

(2)用 vtRenderCapture 在实时仿真时抓帧。利用 VTree Pro 的时间函数,将实时仿真的过程用图像的方式记录下来,存储为动画格式,用于回放分析。

(3)vrLightLobes 为用户提供光源和光束效果来模拟白天和黑夜,光照的颜色、定位、亮度和光束的衰减都是实时可调的,而且不限制视场中光源的数量。

(4)vtPage 用于在实时运行时动态调用巨大的数据库,包括 OpenFlight 和 DTED 格式。

6. VRML 简介

VRML 是一种专为万维网而设计的三维图像标准语言。其全称是虚拟现实建模语言,是由 VRML 协会设计的。VRML 标准中既定义了描述三维模型的编码格式,又定义了描述交互或脚本的编码及行为模式。VRML 协会现已更名为 Web3D 联盟,VRML 标准现在也已经升级为 X3D 标准。

VRML 最初版为 1994 年的 VRML 1.0,然后是 VRML97,最近新版为 X3D

标准,三者都是 ISO 认可的国际标准。VRML 1.0 最初只是一个模型格式,后来经过扩展和改写,形成了 VRML97。VRML97 通过原型定义、路由、javascript 和一系列的传感器节点完成动画和交互。在 VRML97 上又发展了骨骼动画和地理坐标等功能扩展。

VRML 有数次跟随显卡硬件发展的升级,现阶段多数的 Direct3D 9.0 和 OpenGL 2.0 GLSL 的功能特效都可以实现。VRML 为支持显卡硬件的功能,添加了从底层的渲染节点,支持三角形、三角形扇、三角形条带等基本渲染元素;支持设置显卡的混合模式和设置帧缓存、深度缓存、模板缓存的功能;节点能支持多纹理和多遍绘制、支持 Shader 着色、支持多渲染目标(multiple render targets,MRT)、支持几何实例(geometry instance)、支持粒子系统。2010 年已经可以在 X3D 和 VRML 中使用延迟着色技术。现在的特效包括 SSAO 和 CSM 阴影、实时环境反射和折射、基于实时环境和天光的光照、HDR、运动模糊、景深。VRML 导出插件支持对应 3ds MAX 标准材质的多种贴图/多纹理。

VRML 通过 H-anim 组件支持骨骼动画和蒙皮,也可以通过原型扩展支持角色 AI 和动作混合。VRML 通过 DIS 组件或 Networking 组件多支持多用户场景和事件共享。现阶段有几个 VRML 引擎能支持 ODE 物理引擎或 PhysX 物理引擎。VRML 浏览器可以通过插件的形式支持 Wii 控制器、Kinect 体感识别、DirectInput、XInput 等外设。VRML 浏览器可通过插件的支持进行语音识别和 TTS 文本朗读。

多数三维软件都可以导入或导出 VRML 格式,部分的三维引擎能够直接载入 VRML 格式的模型,浏览器可以调用 Java applet 来提供简单的 VRML 体验。要体验完整的视觉和交互效果,需要单独安装浏览器插件或独立程序。

1)虚拟世界构造器

虚拟世界构造器可分为三种类型:A. 艺术家使用型;B. 业余爱好使用型;C. 专业编程人员使用型。A 类构造器具有最好的可视环境,通过简单的鼠标点击即可完成虚拟现实的构造工作。这种构造器的优点是为多媒体、图形设计方面的工作者提供了更多的想象与即兴发挥的创作环境,缺点是天生的文件过于庞大。B 类构造器在功能和使用性上比 A 类构造器略差,但拥有价格上的优势,比较适合入门及业余者使用。C 类构造器不仅可通过可视环境来构造虚拟现实,还可手工编辑 VRML 文件。C 类构造器生成的 .wrl 文件最紧凑。A 类与 C 类构造器一般还提供 API 接口,如 OpenGL 等,进一步增强了构造虚拟现实的能力。对于爱好虚拟世界的构造者或者编程人员,可以选择适合自己的构造工具来创造充满魅力的虚拟世界。

2)虚拟现实浏览器

为了使虚拟现实构造器创造的三维世界可见,虚拟现实浏览器是必不可少的工具。它的作用是解释 VRML(*. wrl)文件的数据,将其还原成图像,并使漫游者参与到虚拟现实世界中。由于 VRML 实际上就是符合 HTTP 协议的三维描述语言,所以通常是通过 Web 网页进入 VRML 所描述的虚拟现实世界中。

一般将虚拟现实浏览器分为三种类型:独立型浏览器(Stand-alone Viewer/Brower)、辅助型浏览器(Helper Viewer/Brower)、插件型浏览器(Plug-in Viewer/Brower)。

独立型浏览器可直接从 Internet 上下载*. wrl 文件,并且将其图像展现出来,而不需要 Web 浏览器的支持。这种浏览器不仅能解释 VRML 语法,而且本身就具有 Web 浏览器功能。例如,SGI 公司的 Web Space Navigator 就是这种类型的产品。辅助型浏览器必须和其他应用软件结合起来才能使用。这种类型的浏览器为 Web 浏览器增加 VRML 功能,如 Netscape Navigator 中的 VRML 浏览器。插件型浏览器综合了前两者的特点,虽然没有 Web 浏览器的功能,但可作为一项应用程序插件并入 Web 浏览器中,为其提供 VRML 能力。同时相对于辅助型浏览器而言,它又具有相当大的配置灵活性,可随时插入另一种 Web 浏览器中,为其提供服务。当今市面上流行的浏览器虽有不同的界面和浏览功能,但一般都支持行走、飞行等漫游模式,并且还可以激活三维图像中的超链接。

和最流行的 Web3D 引擎相比,VRML 和 X3D 的市场占有率都不高,这并不是因为技术本身的缺陷,而主要是 VRML 的制作工具和开发环境相对落后。以前的支持所见即所得的 VRML 实时开发环境 Cosmo Worlds、ISA、Avatar Studio 都因为开发公司的转向而没有继续发展,而后面开发的 BS Editor、Flux Studio 等还没有完善。另外,VRML 也没有提供完善的功能包,而 Quest3D、Unit3D、3DVIA Virtools 都提供了完善的功能包。

7. DirectX 简介

DirectX 是微软开发出的一套主要用在多媒体、2D 游戏、3D 游戏的 API,其中包含了各类与制作多媒体功能相关的组件,各个组件提供了许多处理多媒体的接口与方法。从 DirectX 1.0 到 DirectX 11.0,微软使其 DirectX 开始在图形领域树立起 3D 的标杆,尽管当时的 3D 还很粗糙,但是已经初具雏形。自 DirectX 7.0 开始,随着 OpenGL 和 Glide 实力渐衰,DirectX 的优势初显,至 DirectX 8.0 发布后,DirectX 已经在 3D 领域树立起它的权威地位,新的 DirectX 版本的地位更加明显。微软最新公布的 DirectX 中包含 Direct Graphics、Direct3D、DirectDraw、Direct-Show、DirectInput、DirectPlay、DirectSound、Dire-ctX Media Objects、DirectMusic 等多个组件,它提供了一整套的多媒体接口方案。

DirectX 在三维视景仿真中主要应用的是 Direct3D。Direct3D 是微软公司 DirectX SDK 集成开发包的重要组成部分,适合于多媒体、娱乐、实时 3D 动画等领域的 3D 图形计算。自 1996 年发布以来, Direct3D 以其良好的兼容性和友好的编程方式很快得到了广泛的认可, 现在几乎所有的具有 3D 图形加速功能的显卡都对 Direct3D 提供良好的支持。Direct3D 也随着 DirectX 的升级而不断更新, 同时在微软的全力扶持下, Direct3D 技术发展极快, Direct X 7.0 中 Direct3D 就正式支持硬件光影变换, Direct X 8.0 中 Direct3D 对 Pixel Shader(像素着色器)提供了支持, Direct X 9.0 中 Direct3D 提供 2.0 版本的可编程顶点和像素着色模式。

固定流水线功能是指几何体所要进行的变化引擎。在流水线开始前, 所有模型的顶点是相对于局部坐标系, 即模型的坐标系是建模时定义的, 是模型自己的坐标系。世界变换是将所有模型使用的局部坐标系变换为一个统一的坐标系, 新的坐标系空间成为世界空间, 变换后模型的顶点用世界坐标表示。世界变换之后将进行观察变换, 它以摄像机为原点、观察方向为 Z 轴将三维世界的顶点进行重新定位, 世界空间中的坐标被重新定位并围绕摄像机的视线旋转。投影变换一般采用透视投影, 根据物体与观察者之间的距离对它们进行缩放, 使近的物体显得比远处的物体大一些。通过裁剪将一些不可见的多边形顶点去除掉, 以节省计算机的绘制或显示时间。经过裁剪后, 剩下的顶点根据视区的参数进行缩放并转换到屏幕坐标。

Direct X 8.0 和 Direct X 9.0 给出了顶点着色器和像素着色器, 提供了可编程流水线的处理功能。在 Direct X 8.0 之前, Microsoft 的 Direct3D 以固定功能流水线的方式运作, 把三维几何体渲染到屏幕上的像素。用户设置流水线的属性, 用以控制 Direct3D 变换、光照和渲染像素的方式。固定功能顶点格式用来确定输入顶点的格式, 在编译时定义。一旦定义, 用户就无法在运行的时候控制流水线的改变。

可编程流水线允许在运行的时候进行变换、光照和渲染的功能, 可编程着色器将图形流水线带入了一个新的高度。着色器是在运行的时候定义的, 但是在完成以后, 用户可以改变或者激活着色器。这在渲染像素的方法上, 给用户提供了更高的灵活性。

现今流行的 3D 文件有多种格式, 如*.ads、*.max、*.cof 等, 它们包含了很多信息, 但是在实时交互的虚拟环境中, 由于数据量太大或者结构复杂, 很难满足实时性的要求, Direct3D 应用的文件格式是*.X。在 Direct3D 中, DirectX 文件主要是用来存储网格数据的, 同时它还用来存储纹理、动画及用户定义的对象的一些数据。DirectX 文件格式具有结构自由、内容丰富、易应用、可移植、性高等优点。

8. Virtools 简介

法国拥有许多技术上尖端的小型三维游戏引擎或平台公司。Virtools 是由法国达索公司 Virtools 所开发, 其三维引擎已经成为微软 XBox 认可系统, 特点是方便易用、应用领域广。Virtools 全系列的 3D/VR 完整解决方案, 能辅助企业创造出如同游戏般高质量的三维互动内容。Virtools 本质上首先是一款创作工具,然后才是一款游戏引擎。

Virtools 技术核心是 3D/VR 开发平台 Virtools Dev。Virtools Dev 是一套整合软件,可以将现有的常用文件格式整合在一起,如三维的模型、二维图形或音效等。Virtools Dev 不只是三维引擎,也是一套具备丰富的互动行为模块的实时三维环境虚拟视景编辑软件,可以制作出许多不同用途的三维产品,如 Internet、计算机游戏、多媒体、建筑设计、交互式电视、教育训练、仿真与产品展示等。Virtools Dev 在图形用户接口(GUI)、行为引擎、管理系统与渲染引擎等方面均具有相当高的水平。

Virtools Dev 的架构体系,支持多种三维文件格式。Virtools 提供的三维内容转换插件,支持主流的数字内容创建软件格式(3D studio MAX、Maya、XSI、Lightwave、Collada),Virtools 还可以直接导入和输出 3DXML(达索系统标准的工业文件格式),从而使实时三维作品的技术制作变得更加高效和方便。Virtools 可以兼容图像文件格式(JPG、PNG、TGA、PCX、BMP、TIFF)和声音文件格式(WMA、MP3、MIDI、WAV)。

Virtools 独特的开发系统,考虑到三维对象作为单独的组件,并可以使与三维对象相关联的数据同样分离出来作为单独的组件,进行制作任务的分配和重复使用。Virtools 开放灵活的架构允许开发者使用模块的脚本,方便、有效地进行对象的交互设计和管理。普通的开发者可以用鼠标拖放脚本的方式,通过人机交互图形化用户界面,同样可以制作目前市场上顶级游戏中高品质图形效果和互动内容的作品。作为高端的开发者,利用 SDK 和 VSL(Virtools 专用脚本语言),通过相应的 API 接口,可以创建自定义的交互行为脚本和应用程序。通过 Virtools 的可视化流程图式脚本制作界面,在不使用第三方技术的情况下,用户同样可以进行高级互动模块的熟练使用,如物理属性、人工智能和多用户制作及执行环境。Virtools 平台中集成的强大渲染引擎,可以让开发者制作更多令人震撼的视觉特效,使用更多高级的画面渲染技术。

Virtools 包含以下 5 个关键组件:

(1)图形化用户界面(GUI)。Virtools Dev 的用户界面让用户以可视化的编辑方式、流程图的思维模式,进行对象和脚本设计工作,可有效缩减制作周期。

(2)VSL 脚本语言(Virtools Scripting Language)。除了用于脚本互动部分的撰写与运行,VSL 还可以用于创作模式下的操作功能与扩展,提升 Virtools 本身开发环境的制作效能。VSL 提供完整的 Debug 调试功能,支持脚本运行的断点、变量和数值编辑的监测,以及步进脚本的测试。

(3)行为引擎(Behavior)。用来运行内置或者自定义的行为脚本。Virtools4 标准的行为脚本包括类别有摄像机、角色、碰撞、控制器、栅格、界面、灯光、逻辑、材质和纹理、模型结构的修改、叙事、优化、粒子、声音、着色器、视觉特效、Web 网页、虚拟环境。利用 VirtoolsSDK 的 Behavior Pack 脚本源代码文件包或者第三方脚本，可以对 Behavior 脚本库进行功能扩充。

（4）渲染引擎。以实时渲染的方式来显示图形图像、用来提供高品质、实时渲染的三维图像和角色动作。它支持国际工业标准 DirectX 和 OpenGL，支持可编程顶点和像素的着色技术，支持三维模型对象和动作，提供和渲染引擎相关的源代码。

（5）软件开发工具包（SDK）。用来创建自定义的脚本和应用程序，以及对 Virtools 本身的功能进行扩充。Virtools 的 SDK 包含有库文件、DLLs 文件和头文件，提供 Virtools 软件的所有底层函数。开发者可以使用它开发自己定义的可执行应用程序，对 Virtools 引擎进行功能扩充。

Virtools 还有五个可选模块，分别如下：

（1）网络服务器（Virtools Server）。Virtools Server 利用高效率的网络联机引擎协助用户开发因特网或局域网的三维多人联机数字内容，可以轻松地完成与数据库整合、多人联机及数据串流等功能。Virtools Server 提供两种多人联机服务器，包括独立网络服务器与点对点局域网络服务器，用户不需要解决网络联机本身的问题，只要通过其提供简单易用的行为模块就可完成所有所需的功能。Virtools Server 亦可将所需的互动原件在尚未开始正式执行档案前，通过标准外挂模块的方式事先下载到使用者的计算机，大幅增加在线播放的弹性和客户定制的功能。

Virtools Server 提供下列四大模块：多人在线互动模块；用户化外挂程序模块；媒体数据下载、上传模块；交互式数据库模块。总之，Virtools Server 是实现分布式虚拟现实的理想方案。

（2）物理属性模块（Virtools Physics Pack）。整合了 Havok 公司顶尖的物理属性引擎，使得 Virtools 的使用者在制作三维互动场景的过程中更加便利。用其中的行为模块（Building Locks）可实现诸如重力、质量、摩擦力、弹力、物体间的物理限制、浮力、力场和车辆的动态物理属性等功能，处理复杂的物理仿真模型。

（3）人工智能模块（Virtools AI Pack）。AI Pack 技术在研发的过程中通过 Virtools Dev "直觉式图形开发界面"直接体验人工智能的独特魅力。AI Pack 内含两种行为模块，首先赋予角色人物经由眼睛与耳朵对于环境的观察建立独特的性格，即视觉与听觉的特性；然后再发展出更高阶的第二阶段的反应，如跟踪、躲藏。行为模块在建立过程中为了加速流程通常都会伴随着几项工具，主要是为了计算主角人物对环境做出反应时所需要的计算机数据。

（4）Xbox 游戏开发模块（Virtools Xbox Kit）。该模块是 Virtools 最新的外挂模块。Xbox Kit 的接口能在 Virtools 与 Xbox 之间作档案数据的沟通与转换，运用 Virtools Dev 所制作的游戏，能通过 Xbox Kit 简便的数据转换达到流畅的立即呈现。Xbox Kit 还支持所有标准的 Dev 功能,也可和所有外挂模块搭配使用。

(5)沉浸式平台。为集群式 PC 提供完整的虚拟实境解决方案,使用者可以直接透过虚拟实境的环境去体验真实世界。Virtools VR Pack 是一个附属于 Virtools Dev 的数据片,其目的在于方便研发人员为使用工业标准化的虚拟实境外围设备以及集群式 PC 为基础配备的企业而开发的沉浸式虚拟环境的完全体验。

9. VRMap 简介

VRMap 产品系列是北京灵图软件技术有限公司拥有完全自主知识版权的核心技术,是国际领先的三维地理信息系统平台。它可以在三维地理信息系统与虚拟现实领域提供从底层引擎到专业应用的全面解决方案,其海量信息处理能力、高级仿真效果、跨平台通信、数据库驱动、二次开发支持等关键技术指标均全面领先于国内外其他同类产品。与国内外同类产品相比,VRMap 能够为政府部门、企业、专业领域用户提供性能更优、持有与维护成本更低、扩展性更好的三维地理信息和虚拟现实应用解决方案,是"数字城市"建设最佳的基础软件平台之一。目前 VRMap 产品系列已在数字城市、军事作战指挥、电子沙盘及地形仿真、智能大厦、房地产展示、水利与自然灾害等专题分析与仿真、遥感测绘与土地管理、环保、气象、地质、石油化工、电信基站管理等领域获得广泛应用。

凭借 VRMap 的卓越性能和高度的客户满意度,VRMap 2.X 曾被列入 2001 年度国家重点新产品计划,并获得了科技部国家遥感中心国产软件测评优秀奖,中国软件协会 2000 年度、2001 年度、2002 年度优秀推荐软件产品奖,第三届中国北京高新技术产业周十大 IT 创新产品等一系列荣誉和奖项。

VRMap 2.X 具有海量数据处理能力、全 COM 体系结构等一系列令人振奋的特性,凭借这些不同之处,VRMap 才能为用户提供更优越的解决方案。

1)海量数据处理能力

目前,在很多 GIS 行业应用中,用户都对系统提出了海量数据处理的要求。在三维地理信息系统领域,海量数据大致可分为两类,即地域广度意义上的和细节精细程度上的。

在广度意义上,VRMap 采用了金字塔数据结构来组织数据,用户在任一时刻浏览的数据都只是金字塔中的一个小角,从这个意义上来说,无论整体的广度数据多么庞大,都不会影响到 VRMap 在客户端的浏览速度。

在细度意义上,VRMap 采用了多种高级的图形技术来加速复杂结构的渲染,这其中包括多种 LOD 技术、全自动遮挡排除技术、快速模型生成技术等。

由于三维 GIS 数据极端复杂,且数据量庞大,除了几何数据外,还包括大量纹理贴图数据。如此大的数据量,从载入到开始进入显示状态,常常要花很长的时间,有时甚至长达数十分钟。VRMap 的金字塔海量数据引擎则采用了全新的动态载入架构,在大幅提高浏览速度的同时也提高了载入速度。并实现了并行载入,即浏览和载入同时进行。并行载入使用户察觉不到载入所导致的任何停顿,因此也可称为"零时间载入"。海量数据的处理能力不仅仅只是浏览和查询,数据的编辑与更新也是一个必须解决的问题。由于 VRMap 采用了数据分布式存储技术,元数据信息在客户端动态组装,这样用户对数据的编辑和更新就变得特别灵活,而无需考虑局部编辑之后再与总数据组装。同时也在底层架构好了和空间数据库的接口,为空间数据的统一管理打好了基础。

2)出色的仿真效果与 GIS 的结合

三维 GIS 与传统二维 GIS 相比,它表现世界的方式要丰富得多,真实得多,具体得多,这是二者之间的一个明显区别。VRMap 采用了多种最新的图形技术,包括凸凹映射技术、环境映射技术、粒子系统技术、基于辐射度的光影技术等来生成各类基于辐射度的光影效果、阴影效果、室内光影效果、环境映射、镜面效果、火焰效果、爆炸效果、喷泉效果、烟雾效果、尾迹效果等三维仿真效果。

3)组件式三维 GIS 平台与二次开发支持

VRMap 从其 2.0 版本就实现了全组件式体系结构。VRMap 将系统分为驱动层、应用层、核心层、扩充集层,用户可以在任何一个层面进行二次开发。VR-Map 2.X 在核心层、驱动层增加的海量数据处理能力、高级图形效果都可以方便地提供给用户使用。VRMap 2.X 支持的二次开发方式包括界面自定义、VBA 开发、自定义节点、插件开发、SDK 开发、控件开发等。

VRMap 2.X 专业版提供了具有工业标准的 Microsoft Visual Basic for Application(VBA)开发环境,用于脚本编程和定制工作。如果在 Microsoft Office 系列产品下做过二次开发或者熟悉 Microsoft Visual Basic 的用户,均能通过简单的方法获得想要得到的结果。VRMap 2.X 的插件标准遵循 Microsoft Visual Basic 插件标准,任何熟悉 Microsoft Visual Basic 开发工具的开发人员均可快捷地开发出自己想要的插件功能模块。同时,VRMap 2.X 的很多功能也是用插件来实现的,可以通过插件管理器对插件进行装载或者卸载。VRMap 2.X 为专业版用户提供了在 Microsoft 的 Visual Basic 及 Visual C++开发环境下的插件工程向导,使得用户可以非常方便地开发自己的插件。由于 VRMap 2.X 整个平台层以及所用到的核心层都遵循 COM 标准,任何兼容 COM 的编程语言,如 Microsoft Visual C++、Visual Basic、Borland Delhpi、C++ Builder,都能用于制定和扩展 VRMap 插件。

4)完整的空间数据描述体系

VRMap 将各类对象进行归类,并且针对某一类对象定义数学模型,形成一类节点。任何节点对象均可以成为另一个节点的子节点。父、子节点之间的关系通常为空间关系上的绑定关系。例如,被大家熟悉的 DEM 就是一种数学模型,利用这种数学模型创建了地形节点,依附于地形上的道路、河流等都可以作为其子节点。这样,对于人、天空、飞机、汽车等都可以通过定义一类节点用于描述。每个节点都有自己的参考系,自己的空间信息和属性信息,并归属于其父坐标,所有节点通过世界坐标统一。

利用这种空间描述模型,VRMap 先后扩展出了矢量地物、曲面模型、粒子系统、洪水、气象场、水流场、地质体等节点。对于三维空间的描述日益完善,并且所有的 SDK 二次开发用户都可以通过自定义节点的方法加入自己的模型。而且一旦有一种成熟的空间描述模型,就可以将其加入 VRMap 节点体系中来。这样 VRMap 可以描述各种各样的客观对象,而不仅是建筑场景。

5)三维矢量数据解决方案

从三维 GIS 诞生开始,如何从传统 GIS 数据动态生成三维景观就成为三维 GIS 首要解决的问题之一。例如,从数字线划图自动地生成城市景观、楼宇、公路、河流,这些在二维 GIS 中仅仅是简单的线段和多边形,而在三维中却要赋予它们真实的表现形式。

在传统地理信息系统中,采用矢量的点、线、面表示各类地物、自然现象,并且积累了大量针对三维地形的快速生成,VRMap 提供的导入器可以根据原始的离散高程点数据、等高线数据、DEM、DOM 数据,快速建立三维地形。对于数字线划图三维可视化问题,目前国内外同类产品一般采用栅格化方法,即将矢量数据通过预处理生成一张栅格图,并与底图叠合。这种方式在技术上实现简单,但其致命的缺点在于无法编辑,并且贴近观察时会出现马赛克。VRMap 自行研发了多种三维矢量数据表达方式,其最大突出之处在于其动态性,即动态生成、动态编辑和动态更新。这些新技术的出现大大地弥补了传统三维矢量解决方法只能作展示的不足之处,使得直接在三维数据上进行查询、分析及编辑成为可能。

6)良好的人机交互

(1)二、三维信息表现无缝整合。由于视觉习惯原因,人们一方面需要体会在三维环境中漫游的沉浸感,另一方面又要以传统平面方式概览信息。VRMap 2. X 将二维方式和三维方式进行了完全的整合,创建了二维界面元素,可以从属于三维场景。通过二维节点,用户可以将鹰眼、图片、媒体、图表等任何二维信息进行展示,并且可以根据需要随意调出。例如,可以调出一个建筑的顶视图,摆放到屏幕的任意位置,可以通过单击调出物体的属性图表信息,也可以走近一个电视机,按下打开按钮播放一段电影或者精美的 FLASH 动画。

(2)人性化浏览操作。VRMap 从其诞生起就提供了方便的键盘＋鼠标的漫游操作。在广大用户的使用中,不断提出各类需求,目前 VRMap 2. X 提供了多种漫游方式,包括步行模式、飞行模式、自动沿线飞行、游戏杆、立体眼镜等。

(3)"事件-触发"机制。VRMap 的"事件-触发"机制,提供了一种可视化定制人机交互操作的功能。"事件-触发"机制通过协调"事件模块"和"触发模块",使虚拟场景编辑者可为场景中的任何触发源指定执行任何事件,这就相当于赋予了这个虚拟物体(触发源)"生命",用户浏览时,该物体就会自动对用户的操作做出反应,整个虚拟事件活了起来。例如,走进房子,可以留意一下墙上,也许有个开关可以把室内的灯打开;走到一栋大楼门前,也许会惊奇地发现它的电动门自动为你打开等。VRMap 场景的创建者只需点点鼠标即可实现,无需编程。

7)跨平台通信

Microsoft 的分布式 COM(DCOM)扩展了组件对象模型技术(COM),使其能够支持在局域网、广域网甚至 Internet 上不同计算机的对象之间的通信。使用 DCOM,应用程序就可以在位置上达到分布性,从而满足客户和应用的需求。

DCOM 是世界上领先的组件技术 COM 的无缝扩展,所以对基于 COM 的应用、组件、工具以及知识转移到标准化的分布式计算领域中来。在做分布式计算时,DCOM 处理网络协议的低层次的细节问题,从而能够集中精力解决用户所要求的问题。VRMap 本身是组件式平台,能够很好地支持 DCOM 通信,从而实现跨平台通信这一特性,使 VRMap 可以在各类监控系统、远程控制、军事作战指挥系统中发挥作用。

8)强大的数据库驱动引擎

VRMap 可以通过标准商用数据库来管理海量三维数据。三维数据的数据库管理与传统 GIS 数据不同的是,三维数据的数据量远远超过了传统 GIS,用于描述真实复杂结构的精细模型和材质贴图使得数据量成倍地增长;另一方面,三维 GIS 系统所要求的实时性对数据库系统的性能提出了很高的要求。如何使用现行的商业数据库来满足这些苛刻的要求,成为三维 GIS 系统需要解决的问题。

VRMap 通过基于节点的属性绑定、分层管理技术和 R 树技术管理空间数据及属性数据。另外采用了皮肤+骨架技术,并借助分布式存储、分布式运算技术解决了海量数据的存储与动态载入、显示的问题。

VRMap 将数据按照空间关系划分成多个块,每个块由多个节点构成。在 VRMap 中任何场景对象均可以描述成为节点,地形、摄像机、灯光、媒体、控制器、触发器、粒子系统等均为节点对象。任何节点对象均可以成为另一个节点的子节点。父、子节点之间的关系通常为空间关系上的绑定关系。基于节点的空间描述模型使得在描述真实空间时变得简单和易于理解,同时很好地解决了空间场景与数据库的绑定问题。节点在 VRMap 中是一个数据单元,对应于数据库中的一条记录,VRMap 的每个图层都可以和数据库表进行绑定,通过绑定,用户可以在图形数据和属性数据间进行双向查询,如查询指定点位的属性信息或查询符合某个属性特征对象的空间位置。只要是支持 ODBC 的数据源就可以绑定到场景对象中。数据属性记录与节点的绑定是一种非常灵活的绑定方式。用户可以根据自己的要求通过使用 VBA 宏编制更适合自己需求的数据库绑定方式。绑定数据库记录后,用户在数据库属性窗口中就可以察看到绑定的记录。

VRMap 的数据库技术建立在工业标准之上,使用 Microsoft 的 ADO/OLEDB 的万能数据访问标准(UDA)来访问和管理数据。二次开发用户可以通过工业标准的访问方式 SQL 语言来操作数据。VRMap 通过多层数据缓冲来实现从服务端到客户端的数据过渡,这种机制与基于金字塔的渲染引擎紧密结合在一起,解决了浏览速度要求与传输瓶颈之间的矛盾。

10. China 3D 简介

China 3D,简称 C3D。随着计算机的快速发展,三维虚拟现实视景仿真系统已由单一的应用系统向系统集成方向发展。C3D 平台旨在解决海量三维数据的建库、管理、调度与发布问题。同时系统以集成各种功能模块的方式向各个行业提供专向解决方案。三维数据引擎平台,采用了虚拟纹理、分块调度、金字塔索引等关键技术,解决了海量三维数据的建库、管理、调度与发布问题,使得三维虚拟现实系统以由单一的应用系统向系统集成方向发展成为可能。产品广泛地应用于城市规划、国土资源、军事指挥、铁路、公路、水利、电力、能源、环保、农业、海洋、电信、林业等众多应用领域。

1)C3D 引擎平台系统基本功能模块介绍

(1)C3DSceneEditTool。海量三维数据的创建、编辑、建库、管理工具。①通过鼠标、键盘对三维场景进行漫游;②通过定义的三维路径对三维场景进行浏览与回放;③可以任意录制当前浏览画面,如 AVI 或系列帧文件;④三维模型转化、压缩与空间定位;⑤对二维矢量数据进行符号化;⑥配置三维数据库的属性信息;⑦对海量三维场景数据库动态加载数据环境配置进行优化。

(2)C3DDataServer。海量三维数据库网络发布引擎。C3DDataServer 对三维数据以数据流加密与压缩的方式传输,对三维模型和其他数据,可以通过设置是否将三维数据下载到客户端来有效地保护数据的安全。①对三维数据以数据流加密与压缩的方式进行传输,大大地节约了网络资源;②使用通用的 TCP/IP 协议;③可以发布大型数据,目前可以支持的数据量为全球 0.2 影像数据量。

(3)C3DWebView。用户客户端浏览工具。通过网络快速浏览服务器三维数据库,同时提供各种查询与分析功能。

(4)C3DWebActive。网络发布三维场景 ActiveX 控件。C3DWebActive 以 ActiveX 控件形式提供丰富的二次开发接口功能,开发人员可通过 C3DSceneEditTool 配置好三维数据库,通过 C3DDataServer 对三维数据进行发布,用户还可以在 Web 上通过 OCX 接口对二维矢量数据、标记、符号,以及三维模型的加载、上传等进行嵌入式开发。

(5)C3DData。方便、安全、快捷地维护三维数据库。C3DData 通过权限管理的办法来登录数据库、实时编辑数据库,实现三维数据的批量导入与导出。

(6)C3DTerrainBuild。创建与转换三维地形数据库。C3DTerrainBuild 通过叠加遥感影像、数字高程模型,创建海量的三维地形数据库,支持多种数据格式,能实现不同分辨率数据的融合。①支持常用的地景生成软件 CTS 的格式;②支持 Orcal Special GeoRaster 构建的金字塔栅格数据库;③强大的三维地形数据的预浏览功能;④通过压缩格式降低数据的存储量;⑤对生成的金字塔栅格数据入库。

(7)C3DActive。三维场景数据库二次开发 ActiveX 控件。C3DActive 以 ActiveX 控件的形式提供丰富的二次开发接口功能,开发人员可以通过此控件开发与定制三维数据库调度、浏览、入库等功能,也可以直接调用 C3DSceneEditTool 配置好三维数据库。系统开发接口遵循微软的 COM 接口标准,用户可以通过 VC、VB、C♯等通用工具与开发语言进行二次开发。

2)C3D 的其他功能模块介绍

(1)云景模块。该模块可对 GPU 进行编程,实现三维立体云,支持多种云层的细致表现。

(2)海浪模块。该模块可对海面以及海底效果,船与海上漂浮物体进行动态模拟。

(3)自然环境模块。该模块可模拟自然环境变化,如经纬度、时间、天气变化等及下雨、下雪。

(4)气象要素仿真模块。该模块可以叠加各种气象要素,实现气象要素的三维可视化。

(5)案例脚本编辑器模块。该模块可对三维场景中的三维实体模型以及特效按照时间轴的顺序定制运动模式与路径,用户可以自行控制回放等操作。

(6)多通道渲染模块。该模块可通过网络实现三台 PC 同步渲染,实现三通道的无缝编接。

(7)虚拟装配模块。这是专门为设备零部件或大型的设备安装制造而定制的专用模块,可以模拟设备的拆、装、实时碰撞检查等功能。

(8)通用符号库设计与管理模块。系统提供方便易用的符号库拓展功能,参照国家相关行业标准,提供多个行业的三维模型符号库。

(9)纹理库设计与管理模块。该模块可通过纹理库所搭建的三维场景,具备网络下载快、存储空间小、系统浏览速度快等特点,系统支持用户拓展自己纹理库的功能。

(10)复杂电磁环境设计模块。它是可以解决复杂电磁环境下各辐射单元辐射半径、雷达扫描半径以及通信链等要素的可视化功能模块。

(11)三维军标设计与管理模块。系统能够根据相关标准拓展三维军标库,可以与传统的二维军标相互对应,同时系统也支持设计与录入相关设备的属性。

3)C3D 与其他进口软件的优劣对比分析

(1)C3D 支持海量的遥感数据,其测试数据量已达到 10TB,可以在 PC 级计算机上流畅运行,甚至在软显卡的 UMPC 上也能流畅运行。Vega 等工具对硬件要求过高,支持数据量有限,目前还没看到数据量超过 2GB 的三维场景。

(2)C3D 不仅可以实现 API 和 MFC 及数据库相关功能结合,还支持 B/S 模式的运用,大大提高了分布式能力,扩展了应用的环境。Vega 只是本机模式,不支持 C/S 与 B/S 模式。

(3)C3D 通过数据库管理所有的三维场景信息,包括三维模型与遥感影像数据,数据管理与维护方便,数据存储安全性高。Vega 三维模型通过文件的方式本机加载,数据管理与维护不方便,而且数据存储安全性低。

(4)C3D 三维场景信息都是以数据流的方式加载,数据易于加密与压缩。Vega 三维场景信息通过文件的方式本机加载,不能对文件加密与压缩,数据在网络上传输安全性高。

(5)C3D 具备 API 开发的同时,具备 ActiveX 控件的嵌入开发,接口简单。Vega 没有 ActiveX 控件开发功能。

(6)C3D 是完全国内自主知识产权,对于国防军事领域的需要可以提供定制服务。这是 C3D 的根本优势。

(7)C3D 是基于 DirectX 开发,Vega 是基于 OpenGL 开发,DirectX 相对于 OpenGL 在特效表达方面有着明显的优势。

11. 3DVRI 简介

3DVRI 交互式虚拟现实仿真系统是一款由西安虹影科技独立开发的具有完全自主知识产权的三维虚拟现实平台软件。该软件简单易学、适用性强、操作简便、功能强大、可视化高,可广泛地应用于城市规划、室内设计、建筑设计、产品设计、园林规划、工业仿真、军事模拟、古迹复原、桥梁道路设计等行业。该软件平台具有处理以城市为单位的海量三维模型的能力,同时能够提供各类数据的实时查询和各类现成的数据库系统的接口功能,适合城市规划等大规模场景。

由于该平台能够良好地动态表现高细节度的建筑和模拟阳光、雾、建筑材料、水面等效果,因而适合对房地产项目进行展示,可将尚未建好的楼盘与室内环境等在电脑中呈现给客户,并能够让客户动态地进行材料测试和互动的操作,也适合用于房地产项目的全程开发。

该平台除了具有核心的功能外,也提供了良好的外部应用接口,只要与外部硬件设备平台接口进行挂接,就能构成极具实用价值的各类仿真装备。该平台为自主开发,因为拥有所有底层的源代码,可以通过修改最底层的代码来满足一些非常苛刻的工业性要求。该平台能够处理高精度和复杂的三维模型,可对古建筑之类的结构与模型进行实物的再现。由于该软件能够处理地形地貌、各类运动物体和大量模型,因而可应用于交通的设计与各类交通方案的电脑动态模拟,可以在该平台的支持下,将各种数目和类型的交通工具按不同的规划方案在电脑中模拟运行。该平台通过内置式支持 NURBS 高阶曲面和曲面的多 CPU 的动态降解,为对于曲面造型要求严格的工业产品虚拟设计提供了良好的支持,可用于汽车等工业产品的造型设计、零件装配等领域。

3DVRI 的技术特性如下:

(1)具备百万级多边形及 100M 贴图总量场景的数据转换及实时显示绘制的功能。

(2)具备多重动画数据的转入功能(骨骼、动态、运动捕捉)。

(3)具备光照及阴影效果数据的转入功能。

(4)具备对场景内任意物体的隐藏、置换功能。

(5)具备对场景内任意纹理、物体、材质替换功能。

(6)具备多视点选择、多路径设定漫游功能。

(7)具备实时运动图像输出成动态或静帧功能。

(8)具备实时过程化纹理、光线追踪材质计算功能。

(9)具备粒子系统、镜头光斑。

12. VR-Platform 简介

VR-Platform 是一款由中视典数字科技开发并拥有独立自主知识产权的三维虚拟现实平台软件,可广泛地应用于城市规划、室内设计、工业仿真、古迹复原、桥梁道路设计、军事模拟等行业。该软件适用性强、操作简单、功能强大、高度可视化、所见即所得,它的出现将给正在发展的 VR 产业注入新的活力。

VR-Platform 简称 VRP,VRP 的设计目标是低成本、高性能,让 VR 从高端走向低端,从神坛走向平民。让每一个 CG 人都能够从 VR 中发掘出计算机三维艺术的新乐趣。VR-Platform 有着诸多突出的优点:

(1)简单易用、快捷高效。VRP 具有合理的框架、高度可视化的编辑环境,可调整的参数也非常丰富,用户几乎不用学习,不用看帮助,马上就能上手。VRP 直接面向的就是美工,用户不需要任何程序方面的知识,使得 CG 公司应用 VR 项目的门槛和制作成本大大降低。使用 VRP,将无需再纠缠于各种实现方法的技术细节,而可以将精力完全投入到最终的效果制作上来。

(2)高真实感实时画质。VRP 对烘焙贴图有非常好的支持,支持的渲染器包括 scanline、radiosity、lighttracer、finalrender、vray,导出流程也异常简单。这些都为制作高画质的实时演示打下了良好的基础。VRP 具有强大的贴图控制能力,可以方便地实现对贴图的压缩、总量控制、批量转格式、内部色彩调整等。

(3)具有高效渲染引擎。用 VRP 制作的场景,在大规模数据的处理能力上明显优于某些基于 PC 平台的同类软件,经过试验,某些 VR 软件需要更高硬件平台才能运行的场景,用 VRP 只需要普通硬件即可流畅地运行。而且 VRP 在 CPU 占用率上进行了优化,当在运行 VRP 演示时,仍然可以在电脑上做其他事情,不会导致机器响应缓慢。

(4)良好的硬件兼容性。用 VRP 制作的演示可以广泛地运行在各种档次的硬件平台,尤其适用于 NVidia Geforce 和 ATI Radeon 以上显卡,也可在大量配备了 GeforceGo 和 Radeon 显卡的普通笔记本上运行,实现"移动"VR(VRP 所有范例均可在一台配备了 ATI9200 显卡的万元笔记本上流畅运行)。

(5)良好的交互特性。用 VRP 制作的演示,可以实现与 FPS 游戏一样的行走和精确物理碰撞。VRP 自己带有界面编辑器,用户可方便地制作各式各样的演示界面。

(6)良好的接口。VRP 具有 ActiveX 插件,可以无缝地嵌入包括 IE、Director、Flash、Authoware、VC、VB、Word、Powerpoint 等所有支持 ActiveX 的地方。针对高端客户,VRP 可以提供 C++ 源码级的 SDK,用户在此基础之上可以开发出自己所需要的高效仿真软件(共享版无此功能)。

13. DVENET 简介

DVENET(distributed virtual environment network)是在国家高技术研究发展计划(863 计划)支持下开发的一个分布式虚拟环境基础信息平台,为我国研究分布式虚拟环境提供了必要的网络平台和软硬件基础环境。它主要包含了一个专用计算机网络,以及支持分布式虚拟环境研究与应用开发的各种标准、开发工具和基础数据(如三维逼真地形)。应用 DVENET 开发的一个分布式虚拟战场环境,将分布在不同地域的若干仿真器联合在一起,并应用虚拟现实技术研制了一些虚拟仿真平台,构成了一个进行异地协同与对抗战术仿真演练的分布式虚拟环境。DVENET 主要包含以下内容:

(1)一个用于分布式虚拟环境研究的包含远程节点的专用网络。在北京航空航天大学内建成了一个 100Mb/s 快速交换以太主干网,通过 64kb/s DDN 专线与远程的杭州大学链接,通过 PSTN 与装甲兵工程学院、中国科学院计算所、中国科学院软件所等单位链接。

(2)一块 110km×150km 地形数据、初步具有逼真地表文化特征和自然景象的虚拟战场环境。

(3)具有真实交互设备的歼击机和坦克仿真应用程序,5 种可参与分布式虚拟战场环境训练的虚拟的武器仿真平台,3 种网络监控与管理器。

应用 DVENET,可以实现包含远程节点的数十个武器平台在同一块逼真地形下进行协同作业或对抗演练。参演人员（用户）可以用交互方式控制虚拟仿真平台在虚拟场景中漫游,感受云、雾等特殊效果及昼夜的变化。用户通过虚拟仿真平台的视景可以观察到其他仿真实体,并可以使用炮火攻击对方。当炮弹击中目标,如其他仿真实体、建筑物、树木时,可以将目标摧毁,并伴有一定的爆炸效果。另外,系统还可以检测出仿真实体之间发生的碰撞,仿真实体与建筑物、CGF 或树木之间发生的碰撞,并进行碰撞响应。例如,坦克碰撞到建筑物时会弹回,遇到树木会将其压倒,飞机起飞后碰到地面会坠毁等。

1.2.3　引擎的底层绘制编程语言

　　C++语言是常用的三维图形绘制编程语言之一,这种编程语言是在 C 语言的基础上发展而来的一种面向对象的程序设计语言,应用广泛。C++这个名字是 Rick Mascitti 于 1983 年所建议的,并于 1983 年 12 月首次使用。更早以前,尚在研究阶段的发展中语言被称为“new C”,之后是“C with Class”。在计算机科学中,C++仍被称为 C 语言的上层结构。它最后得名于 C 语言的“++”操作符(其对变量的值进行递增)。而且在共同的命名约定中,使用“+”以表示增强的程序。C++支持多种编程范式,如面向对象编程、泛型编程和过程化编程。其编程领域众广,常用于系统开发、引擎开发等应用领域,是用处最广最受欢迎的强大编程语言之一,支持类:类、封装、重载等。C++首先要考虑的是如何构造一个对象模型,让这个模型能够契合与之对应的问题域,这样就可以通过获取对象的状态信息得到输出或实现过程控制。所以 C++和 C 语言的最大不同在于它们解决问题的思想方法不一样。作为一种面向对象的编程语言,C++用来编写三维图形绘制引擎的时候,优点突出。C++语言灵活,运算符的数据结构丰富,具有结构化控制语句,程序执行效率高,而且同时具有高级语言与汇编语言的优点,与其他语言相比,可以直接访问物理地址,与汇编语言相比又具有良好的可读性与可移植性。总的来说,C++语言的主要特点表现在两个方面,一是尽量兼容 C,二是支持面向对象的方法。它操持了 C 的简洁、高效的接近汇编语言等特点,对 C 的类型系统进行了改革的扩充,因此,C++比 C 更安全,C++的编译系统能够检查出更多的类型错误。另外,由于 C 语言的广泛使用,极大地促进了 C++的普及和推广。C++语言最有意义的方面是支持面向对象的特征。虽然与 C 的兼容使得 C++具有双重特点,但它在概念上完全与 C 不同,更具面向对象的特征。出于保证语言的简洁和运行高效等方面的考虑,C++的很多特性都是以库或其他的形式提供的,而没有直接添加到语言本身里。C++引入了面向对象的概念,使得开发人机交互类型的应用程序更为简单、快捷。很多优秀的程序框架包括 Boost、Qt、MFC、OWL、wxWidgets、WTL 就是使用的 C++。

　　还有一种常用的引擎底层绘制编程语言是 Python,这是一种面向对象、解释型计算机程序设计语言,由 Guido van Rossum 于 1989 年年底发明,第一个公开发行版发行于 1991 年,Python 源代码同样遵循 GPL 协议。Python 语法简洁而清晰,具有丰富和强大的类库。它常被昵称为胶水语言,能够把用其他语言制作的模块很轻松地联结在一起。常见的一种应用情形是,使用 Python 快速生成程序的原型,然后对其中有特别要求的部分,用更合适的语言改写,如 3D 游戏中的图形渲染模块,性能要求特别高,就可以用 C 或 C++重写,而后封装为 Python 可以调用的扩展类库。需要注意的是,在使用扩展类库的时候可能需要考虑平台问题,某些可能不提供跨平台的实现。

1.3　三维图形绘制引擎核心技术

纵观三维图形绘制引擎的各种核心技术,本节总结并分析几种三维图形绘制引擎核心技术的研究现状与存在问题,具体内容包括引擎总体技术、绘制流水线技术、水下光场渲染技术、大地形实时绘制技术及其他技术等。

1.3.1　三维图形绘制引擎总体技术

近年来,随着军用仿真技术和娱乐产业的发展,人们对计算机图形表现的真实感不断提出更高的要求。在这个需求刺激下,图形硬件和软件发展迅猛,图形软件发展的核心是三维图形绘制引擎技术。三维图形绘制引擎的总体技术是引擎设计的前提,它以不同的设计模板、设计流程、软件架构及总体规划的形式进行更新。主要表现为新的三维图形绘制引擎平台及三维图形可视化支撑软件版本的开发上。目前国内外很多单位都开展了这方面的研究,出现了很多三维图形绘制引擎平台及可视化仿真支撑软件。国外在可视化仿真支撑平台的研究方面处于领先水平,商业三维图形绘制引擎模板或软件比较多,常见的软件有 OpenGL Performer、OpenGVS、Vega Prime、Vega、OSG、Vtree、Web3D 等。此外也出现了一些 VR 可视化开发平台,如目前流行的法国达索公司的 Virtools Dev、EON 公司的 EON Studio 和 Act3D 公司的 Quest3D 等。一些游戏公司开发的游戏开发编辑器也具有类似的一些特性。在这些仿真支撑平台下,可以通过 GUI 配置和编辑实现大部分常规功能的 VR 应用系统,降低了开发的技术门槛和要求。

美国的三维图形可视化支撑平台开发起步较早,Sense8 公司在 OpenGL 和 DirectX 基础上开发了三维图形开发库 WTK。WTK 可在 Windows 和 Linux 等操作系统上运行,并提供了基于 C/C++的函数库,用户可以方便地建立和管理虚拟场景,实现与场景的交互。Web3D 的浏览器图形插件也是一种实时图形绘制引擎,它是解释场景模型文件的语法或解释模型文件格式,在用户的网页浏览器中实时地绘制从服务器传来的场景模型数据。

　　目前行业内应用最为广泛的视景仿真平台是 Multigen-paradigm 公司开发的专门应用于实时视景仿真、声音仿真和虚拟现实等领域的渲染软件——Vega Prime。它的绘制引擎模板是 VSG，VSG 本意是 Vega 场景图形的跨平台 API。该绘制引擎在不同层次上进行了抽象，并根据功能不同开发了不同的模块，每个模块都由 VSG 提供底层支持。VSG 把函数库分为三个部分：vsgu、vsgr 和 vsgs。vsgu 是 Utility Library，负责提供内存分配功能；vsgr 是 Rendering Library，负责对底层的图形库抽象；vsgs 是 Scene Graph Library，负责提供场景渲染功能。上层用户使用 vsgs 进行渲染，vsgs 又使用 vsgr 操作底层图形的软硬件资源，而 vsgs 和 vsgr 又都使用 vsgu 进行分配内存。Vega Prime 就是构建于 VSG 框架之上，是 VSG 的扩展 API。

　　OpenGL Performer 是一个可扩展的实时三维视景开发软件包，在 OpenGL 图形库基础上构建并提供了一组标准 C 或 C++语言绑定的编程接口，通过一个使用灵活的三维图形工具集提供高性能绘制能力，Performer 支持多 CPU 系统，可实现图形的并行绘制。

　　OpenGVS 构建于 OpenGL、Glide 和 Direct3X 等三维图形绘制引擎之上，包含一组面向对象的 C++API，封装了繁杂的底层图形驱动函数，这些 API 包括相机、通道、帧缓存、烟雾、对象、场景、特效工具等各种资源，开发人员可以根据需要调用这些资源来驱动硬件实时产生三维图形。

　　Vega 是在引擎 Performer 基础上构建的一个视景仿真软件。它支持多种数据调入，并提供 CAD 数据转换。Vega 提供了很多可选择模块，支持航海、红外、雷达、照明、动画任务、大规模地形数据库管理、CAD 数据输入和 DIS/HLA 分布式应用等仿真需求。

　　OSG 是一个基于 OpenGL 的开源三维图形开发库，提供了一套 C++的 API，具有较完整的三维图形开发功能，通过状态转换实现绘图向导和自定制等操作，还可以进行绘制性能优化。OSG 主要包括场景图形核心、Producer 库、OpenThread 库以及用户插件四个部分。

　　Vtree 是一个面向对象的三维图形开发库，包括一系列 C++类和有关函数。Vtree 生成并连接不同节点到一个附属于景物实体的可视化树形结构，该树形结构定义了对实体进行绘制和处理的方法。

　　Virtools Dev 由开发环境程序、行为引擎、绘制引擎、Web 播放器和 SDK 等部件组成。摄像机、灯光、曲线、接口元件等都能简单地通过单击图表创建。其行为引擎提供了许多可重用的行为模块，同时还提供了 VSL 语言接口。通过进行 SDK 开发，作为图形编辑器的补充。

　　EON Studio 和 Quest3D、Virtools 类似，提供了一批可重用的功能模块和编辑器，拥有丰富的仿真物理模块，开发者只需进行选择和配置就可以快速建立一个应用系统。

国外视景仿真软件在图形绘制引擎和平台工具软件方面都有很多应用非常成熟的产品成果，但是，国外视景仿真软件的突出问题是价格昂贵、版本升级快、内部数据结构和核心算法封闭，这使得国内一些科研单位近年来开始探索其设计思路，个别单位还取得了相应成果。在"十五"国家科技攻关计划、国家高技术研究发展计划(863 计划)、国家自然科学基金委员会等都把视景仿真支撑技术的研究列入了资助范围。

北京航空航天大学计算机系是国内最早进行 VR 研究、最具权威的单位之一，他们首先进行了一些基础知识方面的研究，并着重研究了虚拟环境中物体物理特性的表示和处理；在虚拟现实中的视觉接口，开发出了部分硬件并提出了有关算法及实现方法；实现了分布式虚拟环境网格设计，建立了网上虚拟现实研究论坛，可以提供实时三维动态数据库，提供开发虚拟现实演示环境，提供用于飞行员训练的虚拟现实系统，提供开发虚拟现实应用系统的开发平台，并将要实现与有关单位的远程连接。近期，北京航空航天大学虚拟现实与可视化新技术研究室开发了 BH-Graph 三维图形平台。2010 年该平台获得了"国家科技进步奖一等奖"和"2010 年高校十大进展之一"荣誉。

浙江大学 CAD&CG 国家重点实验室开发了一套桌面型虚拟建筑环境实时漫游系统。该系统采用了层面叠加的绘制技术和预消隐技术，实现了立体视觉，同时还提供了方便的交互工具，使整个系统的实时性和画面的真实感都达到了较高的水平。另外，他们还提出了一种虚拟环境中的快速漫游算法，该算法是一种符号递进网格的快速生成算法。浙江大学开发的虚拟紫禁城项目就是虚拟环境漫游的研究成果。

四川大学计算机学院开发了一套基于 OpenGL 的三维图形引擎 Object-3D，该系统在微机上使用 VisualC++5.0 语言实现，其主要特征是：采用了面向对象机制；与建模工具如 3DMAX、Multigen Paradigm Creator 相结合；对用户屏蔽了一些底层图形操作；支持常用三维图形显示技术，如 LOD 等；支持动态裁剪技术；保持高效率绘制。

中国地质大学分析了基于微机的三维应用程序的结构特点，提出了一个基于 OpenGL 和 Direct3D 两种 3DAPI 的三维图形绘制引擎结构框架。该框架已经成功应用到其开发的系统"三维城市景观浏览器 Map3DViewer"中，收到了较好的效果。

南京理工大学分解了分布式仿真系统中的虚拟环境快速生成技术。在虚拟环境的构建中，结合复杂电磁环境仿真和电力系统仿真等具体应用，深入研究了场景绘制加速算法、多分辨率层次细节建模、分布式仿真支撑工具、基于硬件的加速绘制、开发和应用集成框架等关键技术。

中国科学院计算技术研究所对分布式虚拟现实技术和各类典型的实时绘制技

术进行综合研究,主要针对虚拟场景中场景复杂、难以实时的问题,给出了多种新算法,如适于室外场景快速可见性裁剪的算法、基于 Client/Server 结构的分布式并行绘制方法。这些技术成果在虚拟战场 3D 场景生成与显示系统 OADS 中得到了实现,并取得了满意的测试效果。

国防科学技术大学作为主要成员单位参与了国家高技术研究发展计划(863计划)中的分布式虚拟现实系统 DVENET 的开发。同时也开发了自己的虚拟仿真环境支撑工具 KD_VSE。研究了大规模地形的 LOD、纹理映射、分页调度策略和大地形数据库管理等技术,研究成果应用到科研项目中并收到了良好的绘制效果。

北京理工大学研究了三维虚拟场景中的大规模人群行为仿真模型,开发了大型广场文艺表演的虚拟编排原型系统。"十五"期间制作大规模复杂战场地形的电子沙盘,应用到多次军事虚拟战场模拟中。对粒子系统进行深入研究,其成果在深浅海水体仿真中得到了应用验证。

华中科技大学在地形可视化模型、海量地形数据管理、可视化交互三个方面进行了深入研究。结合海量地形的复杂特点,采用基于网格分块的 LOD 模型,针对网格分块 LOD 模型的显示和海量地形存储问题,提出了一套优化显示的数据压缩算法及数据传输和数据调度策略。给出非中心对称的 Geometry Clipmap 算法,该算法已应用到相关的课题项目中,并取得了较好的可视化效果。

西北工业大学航海学院对三维图形绘制引擎的总体技术研究较早。在"九五"、"十五"与"十一五"期间都承担了三维图形绘制引擎的相关课题。研究了海战场中水下空间虚拟环境,填补了国内在虚拟海战场实时绘制技术的空白,为以后的水下战及水面战的视景仿真系统的搭建提供了通用化的软件模板。利用软件工程化思想,从底层绘制描述语言抽象层开发,提出了一套专业化、标准的视景仿真软件体系设计方法,实现了模型组件化、场景处理方法的高效性与可扩展性。

综上所述,国外在三维图形绘制引擎总体技术上领先于我国,且一直占据着军用仿真领域的应用市场。而国内虽有不少单位进行了相关工具软件的开发,但是一直未能得到大面积的推广应用。究其原因主要有:①国外起步早,技术先进性和实用性逐渐得到巩固和加强,在世界范围内的应用中不断积累经验,不断推出新版本,进一步巩固其市场地位;②国内基础研究薄弱,技术上大多处于跟踪状态,缺乏广泛的先进性,形成的引擎工具软件实用性也相对较差。

总之,我国需要在已有研究成果的基础上,尽快开发出一套适用于多样化军事需求的可定制军用三维图形绘制引擎软件,改变目前这种技术落后的被动局面,实现军用视景仿真软件平台研究的跨越式发展。

1.3.2　绘制流水线技术

无论引擎技术的绘制还是真实感渲染技术的展示都需要 GPU(图形处理单

元)来完成,而 GPU 是图形显示卡的核心。GPU 可编程的思想使得 GPU 的架构和功能都发生了巨大的改变,特别是三维图形绘制流水线,经历了固定功能到强大的可编程功能管线的革命性演变。目前的三维图形绘制引擎大都是采用可编程绘制流水线进行设计的,绘制流水线是引擎内核绘制的中央管线。很多研究三维图形绘制引擎的科研单位都需要开发自己的绘制流水线。近年来,因绘制流水线中使用了 GPU 高度并行处理数值计算功能,使得很多学者都习惯采用该技术实现一些复杂的并行计算。绘制流水线往往是在 GPU 加速下实现数据组织和优化的。梁承志等[1]采用八叉树组织提数据,利用平行处理能力改进了单步光线投射算法。张怡等[2]、何晶等[3]、储憬骏等[4]利用光线投射算法实现生成高质量的可视化图像。郑杰[5]和李冠华[6]分别使用直接体绘制技术构建了可交互式透视可视化系统,此外 GPU 和优化算法的结合也有很多应用,如 Moreland 等[7]将图像处理从时域空间转换到频域空间,利用 GPU 实现快速傅里叶变换;而 Lefohn 等[8,9]提出的基于 GPU 的图像分割算法性能相比 CPU 提高了 10 倍以上,GPU 还在其他领域如碰撞检测[10]、粒子跟踪[11]、数据库管理[12]及关系运算[13]、地层地质结构叠前时间偏移分析运算[14]、影像数据融合[15]、加密解密算法[16]、系统仿真[17]等都取得了较大进展。

基于 GPU 绘制流水线处理地形可视化方面,罗岱等[18]在改进的 ROAM 算法基础上结合 GPU 编程的地形可视化方法,实现了视点依赖的大规模地形的快速可视化。潘宏伟等[19]和石雄等[20]采用了分块的算法,实现了基于 GPU 的大规模三维地形的高效渲染。史胜伟等[21]和达来等[22]则通过在 GPU 上进行可见性剔除,提高可视化的真实感和实时漫游的速率,实现了大规模三维地形的实时漫游。高辉等[23,24]利用 GPU 对大规模地形纹理采用小波变换和矢量量化进行解压,大大提高了地形渲染的效果。

在传统光照和阴影方面,李胜等[25]利用光束体和阴影体的统一表示形式,在 GPU 着色器中实现解析散射公式的积分计算,加速实现了具有散射效果的光束模拟。刘力等[26]提出了一种基于 GPU 的快速水底阴影生成算法。吕伟伟等[27]对阴影映射算法进行扩展,提出一种完全基于 GPU 的近似软阴影实时绘制算法。王京等[28]提出了基于 GPU 的改进实时渲染全频阴影算法并获得了很好的性能提升。

在目前所有实时的三维场景渲染的程序中,基本上都是利用光栅化进行渲染的。虽然光栅化非常适合硬件计算,速度非常快,很成熟。但其缺点在于光栅化技术很难实现全局光照、折射、反射、阴影等效果。为了更加真实地进行三维实时渲染,Whitted[29]在 1980 年提出了一种基于物理原理的绘制过程光线跟踪的绘制方法,它能够真实模拟反射、折射及硬阴影等效果。Reshetov 等[30]利用基于 CPU 的光线包跟踪进行渲染,但该方法仅在计算主光线上效率较高,一旦光线经过反射等步骤,方向开始分散,导致效率低下。Purcell 等[31]和 Carr 等[32]

在 2002 年提出来第一个由 GPU 实现的光线跟踪算法的框架。Purcell 等[31] 提出的光线跟踪算法将所有的光线跟踪内核都建立在 GPU 之上，包括视线产生器、遍历器、求交器和着色器。Carr 等[32] 仅仅把 GPU 作为一个光线-三角形求交器，将其他的光线跟踪的工作留给 CPU。这两种方法的不同之处在于，前者将所有的光线跟踪处理过程都放在 GPU 上完成，而后者将光线跟踪的不同工作分别交由 CPU 和 GPU 处理。虽然前者能够消除 CPU 与 GPU 之间的频繁的数据传输而带来的损失，但这种方法会由于数据准备使 GPU 大量处于空闲阶段。而后者虽然能够获得更高的 GPU 使用率，因为光线在被发送到 GPU 之前，已经提前在 CPU 上被处理成束，所以在 GPU 光线求交前就已经获得了光线的一致性，但是这种方法会由于 CPU 和 GPU 之间大量的数据传输而带来性能上的损失。Woop 等[33] 通过重建一个光线跟踪算法的无组织内存存取结构模式，以及重建一个用于渲染场景的比显存要大的虚拟内存结构，提出了一个完全的硬件体系结构，将整个场景采用均匀网格来表示，这样将整个光线跟踪的算法放到 GPU 上来执行。并在 2005 年的 SIGGRAPH 上展示了第一个实时光线追踪加速硬件：光线处理单元 RPU（ray processing unit）。但是，该硬件在其他方式渲染上性能仍有待提高，而且成本较高，普及仍需要时日。英伟达（NVIDIA）公司在 2007 年 6 月推出了基于采用该公司 GPU 核心计算的全新基础构架 CUDA（compute unified device architecture）[34]，该构架提供了硬件的直接访接口，而不必像传统方式一样必须依赖图形 API 接口来实现 GPU 的访问，从而给大规模的数据计算应用提供了一种更加强大的计算能力。

综上所述，如何利用目前 GPU 的可编程能力以及高强度并行计算能力，追求更高效性能、更低的功耗是目前的研究热点之一。本书在不影响三维渲染质量和算法复杂程度的前提下，研究了如何利用基于 GPU 的高效场景划分算法与实时三维渲染方法，以提高图形绘制速度，解决实时三维场景渲染在速度、质量及场景复杂度之间越来越突出的矛盾。

1.3.3　光场绘制技术

光场绘制技术主要表现为光照计算及真实感渲染，在图形绘制引擎中，光场绘制技术一般包括两个部分：全局光照模型和局部光照模型。全局光照模型主要存在三种渲染技术：光线跟踪技术、辐射度技术和光线跟踪与辐射度结合技术。这三种技术各自拥有数量庞大的具体的实现方法，主要用于真实感渲染领域。局部光照模型主要有镜面光照模型、透射光照模型、漫射光照模型、环境光照模型、Gouraud 模型、Phong 模型及 Z 缓冲技术等，而 Z 缓冲技术主要使用于实时绘制领域，其他模型基本应用于光照渲染领域，虽然不够真实，但是对于研究某一类型的简单光照具有很好的渲染效果。很多绘图软件都使用局部光照模型，如 Multigen

Creator、Auto CAD 等。局部模型不计算由其他物体间接反射的光强度,所有物体都被看做互相独立的单独物体。

在全局光照模型研究中,光线跟踪技术是基于光线追踪演算法的全局灯光模型,最早由 Goldstein、Appel 和 Kay 等提出[35~37]。后由 Whitted 和 Kay 扩展了此算法[38,39],用于解决镜面反射和折射问题。光线追踪的阴影处理相对比较简单,只需从光线和物体的交点处向光源发出一条测试光线,就可以确定是否有其他物体遮挡了该光源,从而模拟出软影区和透明体阴影的效果。Goral 等[40]于 1984 年提出辐射度概念,后经过 Nishita 等[41]以热传导工程的方式提出了辐射度方法。他使用光辐射代替环境光源,精确地处理了对象之间的光反射问题。辐射度方法的主要计算量在于计算形状系数。Cohen 等[42]所提出的半立方体方法就是一种近似计算封闭面形状系数的高效方法。辐射度方法的优点在于:演算法和视点无关、计算和绘制可以分别独立进行、能够模拟颜色渗透效果等,但无法处理镜面反射和折射。为了实现更为精确的完整光照模型,Wallace 等[43]提出了一种两步法:第一步是执行和视点无关的辐射度方法,辐射度的计算必须考虑镜面,这可以通过镜像法(Mirror-World Approach)予以模拟;第二步则是执行基于视点的光线追踪演算法,来处理全局镜面反射和折射,并生成图形。

在局部光照模型研究方面,有些研究了散射光光照模型[44],它认为散射光是被物体散射出去的光,且散射光照与观察者的位置无关,并沿所有方向均匀地散射。通过定性研究,给出了散射光强度取决于表面和光源之间的相对角度,且散射光强度与面法线和光源向量之间的夹角的余弦呈正比的结论。有些研究了镜面反射光照模型[45],认为镜面反射在很大程度上是由物体表面上大量微型面的相同朝向导致的。物体的镜面反射系数越大,镜面反射区域越小。当发射向量 r 和观察向量 v 的夹角接近于 0°时,反射光强度将急剧增大;而随着夹角逐渐增大,镜面反射光强度将急剧降低。为模拟镜面反射光照,需要考虑观察向量和反射向量以及一个定义物体表面光洁度的常量(镜面反射率)。镜面反射光强度随观察向量和反射向量之间的夹角减小而增大,同时如果面法线和光照向量的夹角大于 90°,光源将照射不到表面。Cohen 等[46]研究了漫射光照模型,指出漫射光是所有光照模型中最容易实现的。只需要设置物体表面的反射率,计算出物体发出的光强度。如果物体是真正的光源,只需当执行光照计算时,在散射光照方程和镜面反射光照方程中包含它和其他光源。但如果不考虑漫射光对其他物体的影响,则只需使用表面的漫反射系数来计算该表面的光照。有学者研究了 Gouraud 光照模型,它只计算多边形顶点的光强度,再通过插值计算得到其他点的光强度[47]。其优势在于计算插值比较容易,缺点是会导致计算上有一定的偏差,且不能产生高光效果。但该算法仍然产生了一个可接受的视觉结果。Phong[48]于 1975 年提出了 Phong 光照模型,它先把镜面反射、泛光照射和漫反射光分量结合在一起进行考虑,然后在多边形内部对顶点的法向进行插值并计算出一个插值的法向,最终把插值出的法向用在光强计算公式中。Duff[49]和 Schlick[50]对 Phong 光照模型进行了改进,分别弱化了该算法带来的马赫带效应。Catmull[51]提出了 Z 缓冲器算法,该算法利用帧缓冲器存储图像空间像素的光亮深度,通过比较帧缓冲器像素的两次深度值来显示多边形的光强和颜色。该算法的优点是操作方便、效率高,缺点是图像表现不够真实,难于实现反走样、透明和半透明效果,更不能表现出场景中的阴影。Greene 等[52]对 Z 缓冲器算法进行改进,它采用八叉树分割法减少了消隐判断中扫描的多边形数目,又采用图像空间的 Z 金字塔算法减少了八叉树立方体扫描转换的耗时,达到很好的绘制效果。

除此之外,还有一些使用了纹理贴图技术进行模拟光场绘制的研究成果,如 Blinn 等[53]提出来的环境映照贴图算法,是一种简单有效的用来大致模拟曲面上反射效果的绘制技术。1978 年又提出 Bump mapping 技术[54],他使用了一种灰度高度图来建立物体表面法向的扰动模型,扰动法向量的大小用某些表面参数的偏微分和高度图来计算。通过微分表示了某些潜在值的变化率,因此,如果高度的微分值很大,则表示高度图中该点坡度很陡。Schlag[55]于 1994 年提出了 Emboss bump mapping 技术,他也采用一张 height map,但它不是计算逐像素扰动的法向量,而是直接计算光照密度。与 Blinn 的 Bump mapping 技术不同之处在于该技术不能随意选择光照模型,渲染的效果也相当逼真。

1.3.4 大地形实时绘制技术

目前,国内外许多学者对大规模地形的实时绘制技术的研究比较深入,主要表现在两个方面:一是创建大地形的层次细节模型,并在绘制时生成视点依赖的几何网格;二是对地形层次细节模型的海量数据进行分级调度,从外部硬盘存储动态载入绘制所需的海量几何数据。但是,这种地形层次细节模型的数据量通常比原始数据要庞大,甚至会成倍增加,因此对使用传统地形绘制算法进行地形绘制增加了很多难度[56]。

在建立地形的层次细节模型研究方面,把建模工作分为两个阶段:地形数据预处理阶段和地形绘制阶段。在预处理阶段,建立整个地形的连续层次细节模型,包含从最粗糙几何到最精细几何。在绘制阶段,根据视点选择合适的层次细节,并建立依赖于视点的几何网格,使得距离视点较近和起伏较大的地形网格较精细,而距离视点较远和比较平坦的地形网格较粗糙,这样,参与绘制的三角形数量不大,可以达到实时绘制的要求。

按照地形的层次细节模型所采用的网格规则性,可以分成两类,一类是不规则网格模型(TIN),另一类是规则网格模型(RSG)。绘制时,使用不规则网格模型获得的三角形更少,但是调度更加复杂,容易产生狭长三角形;而规则网格模型结构简单,易于误差计算和快速绘制,并且便于从外存进行数据调度。

在不规则地形网格模型的研究方面,Hoppe[57,58]提出了一个累进式的几何网格生成框架,构造不规则网格。他把地形分成大小相等的块,对每个地形块构造累进式的几何网格(Porgerssive Mesh)。该算法优点是可以通过较少的三角形数量构造地形的绘制网格,但缺点是其构网过程比较复杂,遇到海量数据时,效率较低,甚至绘制的帧频满足不了战场地形绘制的实时性要求。Toldeo 等[59]扩展了 Hoppe 的工作,引入了规则网格,提出了一种 QLOD 网格模型。QLOD 包含一个四叉树预处理方法,每个四叉树节点对应一个地形块,且包含一个不规则的累进式网格。该模型优点是可以快速进行视域剔除,可以获得优化的绘制网格。但是,缺点是 TIN 构建网格时内存占用率较大,基于外存调度相对比较困难。

在规则地形网格模型的研究方面,RSG 的特点是,认为原始的地形数据是一个均匀采样的高度场,对这个高度场建立规则三角形层次树结构,一般为四叉树或者二叉树,在绘制中遍历这种树结构,并构造三角带进行绘制。RSG 方法易于视域剔除和自顶向下简化,三角形顶点的连接关系隐含在规则网格中,易于从外存调度。

基于四叉树的自适应三角网格研究中,Herzen 等[60]首次提出基于四叉树的自适应三角形剖分算法,并应用到参数曲面上。为了避免三角形网格出现裂缝,他们提出了一种约束型四叉树的方法(resrtiectd quad tree)。虽然这种方法有效地解决了裂缝问题,但是模型的网格结构不紧凑,存在着许多不必要的三角形。为了有效减少三角形的数目,Lindstrom 等[61]设计了一个基于四叉树的实时绘制地形算法。他们使用基于三角形块的四叉树来记录顶点,减少了地形绘制所需的三角形数量。建立顶点间的相互依赖关系,保证相邻三角形之间没有裂缝。该算法的优势是通过计算基于视点的屏幕误差来控制绘制误差,在绘制精度和速度上有了很好的平衡。缺点是为了避免裂缝现象,需要额外的数据来记录顶点的依赖关系,简化需要最精细的网格结点,内存消耗较大。Pajarola[62]提出了一种基于约束的四叉树三角化算法(RQT),该方法有效地减少了 Lindstrom 方法中存在的数据冗余,使用的内存更少。RQT 的顶点依赖关系与上一方法相同,以此构造满足绘制误差的最小四叉树,并进行三角化,与前一方法相比,不需显示表示四叉树,只需记录地形采样点的数字高程和误差,需要的数据量更小。总之,基于四叉树的数据组织算法都需要在绘制时构造动态的自适应网格,当绘制精度要求较高时,消耗的绘制时间较多,基本能满足大地形实时绘制要求。

基于二叉树的自适应三角网格研究中,Duchaineau 等[63]提出了一种最具有代表性 ROAM 算法。该算法通过强制剖分三角形,有效地解决了裂缝问题。根据视点依赖的屏幕误差准则,在地形网格的二叉树上选择合适的三角形结点。利用帧与帧之间的连贯性,避免了每帧自顶向下地遍历整个地形二叉树。其优点是当视点变化不大时,三角形数量变化不大,更新效率很高。但缺点是由于每一帧都需要排序,当需要提高地形的绘制精度时,帧的优先级的排序计算将占用大量的内存,严重降低绘制速度。为此,很多文献提出了多种改进算法。在误差测度计算方面,ROAM 算法使用了基于 Wedgie 空间测度进行判断[64],Wedgie 是带有一定厚度的三角形楔状体,包含了所有子三角形,这种方法计算精确,但计算量大。Turner[65]采用一种相对误差度量方法,即计算每个三角形的斜边中点高度和相同位置处地形的实际高度值之间的差异,作为误差度量值,并预处理成误差树的结构,用于绘制时构网,简化了误差计算。当绘制精度要求较高时,构网效率也比较低。Pomeranz[66]以三角形簇为基本单位进行构网,对 ROAM 算法进行优化,从而减少了CPU 的消耗。这种算法产生的三角形数量将比 ROAM 算法更多,但精细度更高,并易于构造成三角带。Levenberg[67]提出了一种 CABTT 算法,该算法把连续多帧用到的三角形簇缓存在显存中,从而进一步加速绘制。但该算法对视点运动的连贯性依赖较大,如果视点变化过大,会引起缓存的三角形簇失效,反而降低绘制速度。总之,上述的基于二叉树的自适应三角网格构建算法都需要使用二叉树结构来表示地形网格,虽然可以更精确地控制绘制网格的精度,但是当视点变化频繁及视点范围变化较大时,计算耗时较多,实时性难以保证,但也基本能满足大地形实时绘制要求。

　　在基于层次地形块的网格研究中,学者常常把地形分割为层次地形块,并建立整个地形的二叉或四叉树结构,本质上层次地形块是一种多分辨率的矩形块数据模型。这类方法不注重进行精确的绘制构网、视域剔除,而更注重图形处理器的批处理绘制功能,从而绘制效率很高[68~71],但是也带来了新的消除不同分辨率的地形块之间的裂缝问题,同时相应地有很多针对大地形的无缝拼接问题的研究成果,如 Boer[72]提出了一种基于四叉树的地形块结构 GeoMipMap。该结构在绘制时,根据视点遍历 GeoMipMap,并选择合适的多个地形块拼接完成地形网格。但是,当相邻地形块的分辨率不同时,就会出现裂缝。为此,作者修改较高分辨率的相邻地形块边界上的一些三角形,从而消除了这种裂缝。该算法简单实用,易于条带化,便于图形处理器的批量绘制。但减少了较高分辨率地形块的三角形会降低绘制精度。Wagner[73]通过在较低分辨率地形块上增加三角形,来消除地形块之间的裂缝,从而保证高分辨率的地形块不受影响。但无论调整低分辨率地形块的三角形还是高分辨率地形块的三角形,都需要耗费一定的 CPU 时间,不利于地形的快速绘制。Pouderoux 等[74]提出了一种地形掩码块的方法,可以有效减少这部分的时间消耗。他把地形分割成大小相等的 RegularTile,通过构造一组掩码块来消除不同分辨率地形块之间的裂缝。但该算法必须以 RegularTile 为单位进行绘制,且参与绘制的 RegularTile 很多,因此绘制效率不高。大部分地形绘制算法需要预先创建地形的层次细节模型,然后才能进行绘制,这就需要占用一定存储空间。

Losasso 等[75]把地形几何看作纹理,把 Clipmap 结构引入地形中,称作 Geometry Clipmap[76],不需要记录过多的额外信息。该算法使用的地形块是中空的矩形框,并分成四段三角形带,绘制效率很高。但是不同分辨率的矩形框在邻接的位置会出现裂缝,因此作者采用了一种垂直的三角形面片在邻接处进行缝补,当地形起伏不大时,缝补的痕迹不明显。该算法的优点是,纹理压缩算法可以压缩地形几何,绘制时减少了地形数据量。Dachsbacher 等[77]提出了一种高程图增加细节的地形绘制算法。该算法首先根据当前摄像机的位置,从原始地形网格中抽取出一块地形块,称作 SketchMap,然后根据 SketchMap 中每个顶点的重要性进行 Warping 操作[78],再通过分形算法生成地形细节并绘制。这种算法并不改变地形块各顶点的连接关系,所以不会出现裂缝现象,但是由于仅使用一块地形块,视域范围受限。总之,基于层次地形块的网格算法具有很好的批量绘制处理功能,但是也带来了裂缝问题,通过适当的裂缝处理,能够作为一种很好的大地形实时绘制算法应用于可视化仿真中。

在基于外部存储的分级调度研究方面,主要研究大规模地形的海量数据的实时绘制调度问题。大规模地形具有海量的几何数据特点,一般的处理方法是需要使用 Out-of-Core 技术实现基于外存的多级调度。由于外存和内存之间的传输速度较慢,所以合理组织地形数据及优化调度性能是 Out-of-Core 技术中的一个瓶颈问题。地形数据的合理组织使得同一区域的数据具有很好的连续性和局部性[79~83]。Gerstner[83]考虑了数据压缩对地形数据造成的影响,减少了每次调度的数据量。采用二叉树结构实现三角形顶点的索引编码,使得顶点以一维数组形式存储,便于从外存进行调度。但该算法限制了地形数据调度的顺序,不能任意访问地形数据段。为了进一步优化数据调度,Lindstrom 研究了提高内存和外存的数据一致性问题,有效地减少了由于数据失配而造成的反复调度操作[84~87],但是计算索引比较烦琐。Lindstrom 的算法可以一次性读入多个三角形顶点,但是仍然以三角形为单位构造地形的绘制网格,进一步耗费了处理时间。Cignoni 等[88,89]把批量的三角形读入操作和构网操作结合起来,提出了 BDAM 技术。他们把邻接的三角形集合组合成不同的组,构成三角形簇,并采用 TIN 结构形式,绘制时以三角形簇为单位进行调度和构网,提高了 Out-of-Core 技术的效率。总之,Out-of-Core 技术通过多级调度解决了大规模地形无法实时绘制的问题。但由于硬盘等外存的访问速度要比内存慢得多,往往会造成绘制效率的下降,尤其在单 CPU 的计算机上,当视点运动较大时,需要等待数据调度完成,结果出现绘制停滞的现象。所以一般把算法设计成多线程的方式,并在多 CPU 的计算机上运行,才能更好地体现 Out-of-Core 技术的优势。

除此之外,地形数据也有很多相关的实时操作,如裁减算法、光线跟踪、碰撞检测和几何关系查询等,都需要建立在递归或嵌套层次性的空间数据结构上,以加速算法的运行。常用的空间数据结构的形式有很多,如层次包围体[90,91]、BSP 树[92]、 k-n 树[93] 和四/八叉树[94]。

可见性剔除[95] 是建立在空间数据结构之上最常用的实时绘制加速技巧,它可大幅减少输入到图形绘制管道的图元数目,绘制加速效果明显。根据可见性评估的依据,可见性剔除分为视域剔除[96]、背面剔除[97] 和遮挡剔除[98] 三类。

综上可以看出,三维图形绘制引擎技术在图形绘制工作中扮演着非常重要的角色,但是目前国内还没有一款非常通用的具有军用特色的成品软件。为了满足军事多样化需求,更进一步推进军用三维图形绘制引擎的通用化开发,迫切需要建立仿真组件易于定制的、可装配、可重用程度高的军用图形绘制引擎系统。在此现状下,本书对可定制军用三维图形绘制引擎的部分底层支撑技术进行详细论述,以推动我国军事图形绘制引擎平台的跨越式发展。

1.3.5　三维图形绘制引擎的其他技术

1. 凹凸纹理映射技术

传统的几何造型技术只能表示景物的宏观形状,对景物表面的微观细节描述方面却无能为力,而很多时候极大地影响着景物视觉效果的正是这些细微特征。三维图形绘制引擎中,利用纹理图像来描述景物表面各点处的反射属性,从而模拟景物表面的丰富纹理细节。纹理映射大体上可以分为普通的颜色纹理映射和特殊的纹理映射两类,一类用于改变物体表面的颜色和图案,一类用于改变物体表面的几何属性,如凹凸纹理映射技术。

凹凸纹理映射是一种纹理混合方法,它可以创建三维物体复杂的纹理外观表面。普通的纹理映射只能模拟比较平滑的三维物体表面,难以显示表面高低起伏、凹凸不平的效果。凹凸纹理映射能够通过一张表示物体表面凹凸程度的高度图(称为凹凸纹理),对另一张表示物体表面环境映射的纹理图的纹理坐标进行相应的干扰,经过干扰的纹理坐标将应用于环境映射,从而产生凹凸不平的显示效果。凹凸纹理映射通常由三张纹理映射图组成,第一张纹理图表示物体表面原始纹理颜色,第二张凹凸纹理图表示物体表面凹凸的高度起伏值,用来对下一张环境纹理图坐标进行干扰,第三张纹理图表示周围镜面反射或漫反射光照的环境光照映射图。

凹凸纹理映射技术并不是真正改变了物体的几何外形,而是通过扰动物体表面的法向量来实现具有凹凸感的假象。扰动物体表面的法向量是通过一个扰动函数来实现,通过这个函数可以改变物体表面原来的法向量,使物体表面的法向量达到预期的要求,然后借助光照模型,根据亮的地方看起来向上凸,而暗的地方看起来向下凹的原理,使物体表面实现凹凸的假象。其方法是使用一个只有灰度的贴图来模拟表面褶皱,对表面参数和高度值贴图取偏导来得到纹理的法线方向,如果数值很高,则意味着所计算的这个的斜率很大,在纹理上表现出来就是这个位置高度变化很剧烈。由上所述,扰动法线需要代入光照模型中,这意味着光照计算是基于像素的,而不是基于顶点的。

2. 光线跟踪技术

光线跟踪,又称光迹追踪或光线追迹,是来自于几何光学的一项通用技术,该方法由 Apple 在 1968 年提出。光线跟踪方法沿着到达视点的光线的反方向跟踪,经过屏幕上每一个像素,找出与视线相交的物体表面上的 P0 点,并继续跟踪,找出影响 P0 点光强的所有光源,从而算出 P0 点上精确的光线强度,在材质编辑中经常用来表现镜面效果。光线跟踪是计算机图形学的核心算法之一。在算法中,光线从光源被抛射出来,当它们经过物体表面的时候,对它们应用种种符合物理光学定律的变换。最终,光线进入虚拟的摄像机底片中,图片被生成出来。

在三维绘图引擎中,这个术语用来表示一种特殊的渲染算法。为了生成在三维计算机图形环境中的可见图像,光线跟踪是一个比光线投射或者扫描线渲染更加逼真的实现方法。这种方法通过逆向跟踪与假想的照相机镜头相交的光路进行工作,由于大量的类似光线横穿场景,所以从照相机角度看到的场景可见信息以及软件特定的光照条件,就可以构建起来。当光线与场景中的物体或者媒介相交的时候计算光线的反射、折射以及吸收。光线跟踪的场景经常是由程序员用数学工具进行描述,也可以由视觉艺术家使用中间工具描述,也可以使用从数码相机等不同技术方法捕捉到的图像或者模型数据。

由于一个光源发射出的光线绝大部分不会在观察者看到的光线中占很大比例,这些光线大部分经过多次反射逐渐消失或者至无限小,所以,对构建可见信息来说,逆向跟踪光线要比真实地模拟光线相互作用的效率高很多倍。从光源发出的光线开始查询与观察点相交的光线,并用计算机程序进行模拟是不现实的。

虽然光线追踪技术能够营造出更加真实的光影效果,而且大大超过人们靠想象模拟出来的效果,但是由于光线追踪技术需要异常庞大的计算量,导致这么多年来的历代显卡都无法胜任这项工作,光线追踪技术的应用也大大受限。

3. 分形技术

分形技术与分形几何学有着密不可分的关系。分形几何学是一门以不规则几何形态为研究对象的几何学。相对于传统几何学的研究对象为整数维数,如零维的点、一维的线、二维的面、三维的立体乃至四维的时空。分形几何学的研究对象为分数维数,如 0.63、1.58、2.72,因为它的研究对象普遍存在于自然界中,所以分形又被称为"大自然的几何学"。

　　分形几何学的基本思想是：客观事物具有自相似的层次结构，局部与整体在形态、功能、信息、时间、空间等方面具有统计意义上的相识性，称为自相似性。例如，一块磁铁中的每一部分都像整体一样具有南北两极，不断分割下去，每一部分都具有和整体磁铁相同的磁场。这种自相似的层次结构，适当地放大或缩小几何尺寸，整个结构不变。

　　在计算机三维图形绘制领域，分形技术成了非常重要的内容。将基于分形理论的算法用程序来实现，则该程序可以产生非常复杂的，并且数据量非常庞大的数据。使用了分形技术，在简单的迭代操作中，就可以制成美丽的图案，这样就省略了非常繁琐的单个数据的输入。一直以来，数据输入都是制作计算机图形图像过程中的瓶颈，对于不得不介入人工的处理过程，这个环节是最花费时间的，同时，人们也会对这项超负荷的工作反感。例如，将山岳的每个细节的数据都输入，几乎是不可能的事，但是，如果用分形技术，这种数量庞大的数据可由计算机自动生成，远比人工输入效率高，这样，分形技术在表现自然形状的建模方面就表现出了独特作用。

第 2 章 MCGRE 的总体技术

军用三维图形底层绘制应用程序的开发工作涉及许多计算机图形学算法和军事专业理论知识,这使得快速开发军用三维图形底层绘制应用程序存在很多困难。目前,在军用三维图形应用程序的开发中一般使用两种图形 API:OpenGL 和 Direct3D。虽然它们具有许多优秀的性能,但是存在结构复杂、函数众多、上层互不兼容等缺点。因此,军用视景仿真程序员迫切需要一个简洁易用、功能强大的三维图形辅助开发工具来提高开发绘制引擎的效率,这个工具就是 MCGRE。本章将重点探讨 MCGRE 的设计方法以及总体技术。

2.1 概 念 辨 析

相对于整个视景仿真软件而言,三维图形绘制引擎是把一个三维图形程序中可以重复利用的部分组织起来,将其规范化与结构化,以利于核心代码重用的技术。军用三维图形绘制引擎,就是专为军用视景仿真用户开发的一种图形处理器,根据视景仿真军用化特点设计了一套军用标准。安全性、可靠性、可维性、系统反应时间及军用信息流处理能力是其突出优势。可定制军用三维图形绘制引擎,就是根据用户需求不统一的特点,把军用三维图形绘制引擎中的绘制内核打包,对军用三维图形绘制引擎的可扩展部分进行组件化建模,用户可以定制这些组件资源,以仿真组件形式装配到引擎中,并通过人机引导接口实现用户自开发军用三维图形绘制引擎的技术。

2.2 MCGRE 的设计方法

MCGRE 的设计比较复杂,它涉及计算机软件工程与军事应用软件开发的诸多领域。引擎的设计历程本身就是一个需要经过多次修改、升级来逐步完善的过程,而且常常由于军事需求的调整,引擎也要在此基础上发生相应变化。因此,选择合适的设计思想对引擎的通用化设计来说非常重要。一般来说,要构建一个 MCGRE,首先要有一个明确的开发计划,对引擎要实现的功能划分、各个模块之间的关系等都应该有一个整体的规划,并且对引擎的架构有一个良好的设计方案,以下是构建引擎的设计方法。

(1)考虑引擎的三维图形基本绘制功能的实现。解决办法是根据用户需求建立引擎模型,规划设计各组成模块,并对涉及的关键技术进行重点突破。

(2)考虑引擎架构的可定制特性,该架构是否具有通用性。解决办法是根据可定制特性的具体策略,建立相应的装配机制、人机接口及用户代理。

(3)考虑军用仿真的安全性和可维护性,根据《国家军用标准》(GJB 438B—2009)建立安全加密规则和降功处理容错机制。解决办法是建立与外界传输的安全云平台接口,对流入引擎的数据流实行加密过滤,实现信息交换过程中的差错控制及可靠性控制。

(4)考虑代码的可读性和继承性,建立统一的命名规则和尽量详细的注释代码。解决办法是通过军用软件编写标准规范程序。

(5)考虑平台的相关性和独立性,使得引擎的整体架构与软硬件平台无关。这里要注意操作系统、编译器、CPU、图形 API(Direct3D 和 OpenGL)、显卡以及 Shader 语言的差异。

MCGRE 在虚拟战场环境建模仿真平台系统中的位置如图 2.1 所示。虚拟战场环境建模仿真平台包括底层绘制引擎、引擎平台、功能模块、用户接口及场景编辑器等。其中,底层三维图形引擎向下实现与平台无关,向上支撑上层三维图形应用。

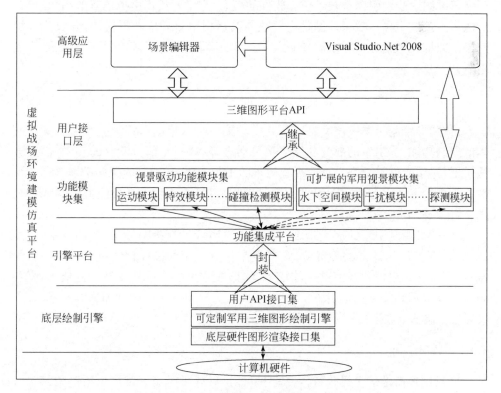

图 2.1　可定制军用三维图形绘制引擎在系统中的层次结构

2.3　设计目标与功能需求

2.3.1　设计目标

1. 提出问题

在军用视景仿真中,出现了很多作战可视化特效,如在潜艇可视化仿真系统中,水声场可视化需要为海量水声数据提供高性能数据处理能力;在坦克作战视景仿真系统中,需要模拟坦克履带对不同战场地面的力学反馈效应;在超空泡水下航行器可视化仿真系统中,需要模拟超空泡的简易工作机理;在海洋战场可视化模拟中,需要模拟海水的动态特性与实体的交互效果。这些特效可视化都需要引擎能处理并快速地渲染出来。目前引擎的特点是可定制、可扩展与可组合,所以就结合仿真对象和用户需求不统一特点,提出一个问题:能否通过简捷的设置为军事视景仿真用户量身定做一个适合自己仿真特点的小型绘制引擎呢?

三维图形绘制引擎是视景仿真软件的核心,它主要负责虚拟场景的图形绘制,其优劣直接决定显示效果。但是半开放式高级引擎对外屏蔽源代码,开放式高级引擎的架构比较臃肿,所以需要设计一套架构简洁、效率较高的三维图形绘制引擎。

2. 思路探索及理论拓展

(1)图形绘制引擎应该满足以下几个功能。①这个图形绘制引擎需要满足基本的绘制功能;②引擎的部分功能要被灵活选择;③对于部分没有的功能,需要方便扩展;④该软件需要满足军用视景仿真的工程需要;⑤引擎的架构必须合理,"形散而神聚"(形式上各个功能组件的定制表现分散,而内涵上循环绘制流水线的处理全过程是固定不变)。

(2)图形绘制引擎的理论基础及拓展。①整合计算机图形学、控制技术、仿真技术、软件工程设计方法等资源,实现复杂仿真系统的多样化、分层次、可组合机制;②利用仿真组件化建模思想,构建仿真资源层级关系;③借鉴装配的概念,把各仿真组件合理装配到一个引擎系统中;④联合云计算、GPU 硬件加速等技术,建立技术支撑体系;⑤对引擎关键技术的核心算法实现突破。

3. 设计目标

针对用户需求的多样化特性,提出一种扩展式可定制三维图形绘制引擎设计方法,利用该设计方法的灵活性、通用性、自主性特点,把目前较流行的算法统一封装成仿真组件并集中在算法库中,由用户筛选这些组件,找出适应于自己的资源最优算法,以虚拟装配的形式灵活地重组各项组件及核心部件,快速实现通用化的三维虚拟仿真引擎平台的开发。

通过解决可定制军用三维图形绘制引擎总体技术和关键技术,采用底层绘制语言开发出可定制军用三维图形绘制引擎平台,在虚拟战场环境建模仿真平台研究上实现跨越式发展,为武器装备研制和作战训练等提供支持。

2.3.2　功能需求

MCGRE 在功能上应该满足以下需求:

(1)快速开发。平台应该封装几乎全部的 OpenGL 底层接口,并随时支持最新的扩展特性,用户可以在较短的时间内完成平台架构设计,根据自主性架构开展组件代码编写任务,并进一步发布新版的引擎平台版本。

(2)高品质。接口规范,尽量采用 STL 实现接口,用户不需要关注接口内容,只需要选择自己的资源仿真组件,以及按照参考模板(固定的输入输出格式)设计最新的优化算法,装入算法库中。

(3)可扩展性。基于场景图形的扩展思想,需要提供各种类型的扩展节点、扩展渲染属性、扩展回调、扩展交互事件处理器等。

(4)可移植性。平台需要提供 Windows、Unix 和 Linux 系统的移植能力,基于平台开发的程序只需要经过一次编写,就可以编译并运行在这些平台之上,而不用关心更多的代码移植问题。

(5)可装配组合性。给出仿真资源装配图,给出装配图上各仿真子系统、模块、组件之间的关系,列出仿真组件特点;根据不同用户的需求标准选择不同实时性、逼真性、计算量层次的仿真组件,实现平台的灵活组装。

(6)可通用性与高性能。组装的通用平台可以满足用户在特定领域的功能需求,并进一步支持用户后续的扩展完善;平台的通用功能应该包括多种场景裁剪技术,细节层次技术,渲染状态排序,顶点数组,显示列表,VBO、PBO、FBO、OpenGL着色语言等以及文字显示,粒子系统,阴影系统,雨、雪、火焰、烟雾等多种特效模拟,场景的动态调度,多线程渲染等各种机制。

(7)安全性与可维性。引擎设计需要保证数据流的保密性、完整性、可用性、不可否认性、可控性和可审查性等;在软件运行的同时需要注重软件的降功处理、容错功能的开发。需要在密码技术、安全通信协议、边界防护技术和内网防护技术等方面设计引擎的安全保障特性。

2.3.3　MCGRE 软件编程要求

根据国家军用标准《武器系统软件开发》(GJB 2786—1996)规定,MCGRE 软件的开发应遵循以下编码规则：

（1）安全性关键软件编程规则。安全性关键软件编程应遵循：代码应实现设计过程中所确定的安全性设计特征和方法；应对安全性关键代码加以注释，以使未来因代码更动而引起危险状态的可能性降低；应分析代码，并按照"代码安全性分析"确定潜在的危险；应验证软部件的安全性要求在软件单元层中是否得到正确实现，以确保准确符合软件工程和安全性设计的要求；编码标准：实际上是指应使用合适的编程语言的"安全"子集，这些标准之所以需要是因为大多数编译程序的工作方式可能是不可预测的；软件开发人员在软件编码和实现中应使用软件安全性编码检查单，以验证早先在设计过程中所标志的安全性要求；防错编程：运用防错编程技术可能减轻危险，这种技术将一定程度的容错故障综合到代码中，有时它借助于运用软件冗余或严格检查输入、输出数据和命令来实现。

（2）语言标准化。采用标准化的程序设计语言进行编程。在同一个系统中，应尽量减少编程语言的种类；应按照软件的类别，在实现同一类软件时只采用一种版本的高级编程语言进行编程，必要时，也可采用一种机器的汇编语言编程。应选用经过优选的编译程序和汇编程序，杜绝使用盗版软件。为提高软件的可移植性和保证程序的正确性，建议只用编译程序实现的标准部分进行编程，尽量少用编译程序引入的非标准部分进行编程。

（3）汇编语言的编程限制。暂停（Halt）、停止（Stop）及等待（Wait）指令要严格控制使用。

（4）高级语言的编程限制。原则上不得使用 GOTO 语句。在使用 GOTO 语句能带来某些好处的地方，应控制 GOTO 的方向，只许使用前向 GOTO，不得使用后向 GOTO。

（5）McCabe 指数。软件单元的圈复杂性应小于 10。

（6）软件单元的规模。对于用高级语言实现的软件单元，每个软件单元的源代码最多不应超过 200 行，一般不超过 60 行。

（7）命名规则。变量命名要清晰。通常的命名有首字母大写命名法和下划线命名法。头字母大写命名法如 InitialValue、ObjectPosition 等，下划线命名法如 initial_value、object_position 等。也可用带类型说明的头字母大写命名法，如 intInitialValue 表明是 int 的类型，flObjectPosition 表明是 float 的类型，而用 tempInitialValue 来表明其是一个临时变量。变量的命名对程序的理解及维护起着非常重要的作用，特别要注意：如果利用文字编辑工具进行变量名替换时，没有一个很好的变量命名体系往往是要出问题的。应以显意的符号来命名变量和语句标号，例如，可用 Fire 来表示点火标志，而不是用 X1 来表示点火标志。尽量避免采用易混淆的标识符来表示不同的变量、文件名、语句标号等。

（8）面向对象的程序设计风格。面向对象的程序设计风格除了包含上述所列内容外,还应包括为适应该方法所特有的概念而应遵循的新规则。命名约定:例如,类和对象的名字应当是名词,或者形容词＋名词;属性的名字应当是名词,或者形容词＋名词;服务的名字应当是动词＋名词。语法需求:例如,一个类至少含有一个属性用来唯一地标志由类说明的每个对象;一个类至少含有一个服务,使类说明的每个对象能进行操作。类的服务应是功能单一和高内聚的,其规模应有适度控制。设计简单的类,保持功能独立性,一个类应该只有一个用途,便于开发、管理、测试、修改和重用。类之间的"交互耦合"应尽可能松散,类之间的"继承耦合"应尽可能紧密,建立可重用的应有基础类库。

2.4　总　体　设　计

2.4.1　开发方案

可定制军用三维图形绘制引擎的开发是一个浩大的软件工程,由于不同的计算机硬件有所差别,显卡的型号也不尽相同,给引擎的开发更是带来了极大的困难。因此,采用通用的图形开发工具,避免对硬件的直接访问,是十分必要的。目前主流的三维图形开发环境有两种:OpenGL 和 Direct3D[99]。

1. 方案分析

1)DirectX

为了编写高性能的游戏和应用程序,我们需要绕过操作系统提供的 API 直接操作硬件以充分利用硬件的加速,但是由于现在的计算机配件数以万计,如果我们在编写程序时需要为每一类硬件编写代码,那就大大地浪费了时间和精力。现在 DirectX 解决了这个问题。硬件厂家只要根据 DirectX 的要求编写驱动程序,而程序员只要同单一的 DirectX 库打交道而基本不用顾及具体的硬件,这样不但简化了编程而且也提高了程序性能。DirectX 本身为游戏开发的 SDK 仅仅是用来与 OpenGL、3DFX 竞争的一套用于视频游戏开发的 SDK。DirectX 库目前已经成为游戏开发的标准之一,它包含了 Direct3D、DirectDraw、DirectPlay、DirectSound、DirectInput 等重要组件。

2)OpenGL

OpenGL 是美国从事高级图形和高性能计算机系统生产的 SGI 公司开发的三维图形库,它在交互式三维图形建模能力和编程方面具有无可比拟的优越性,也是近几年发展起来的一个性能卓越的三维图形标准。SGI 在 1992 年 7 月发布 1.0 版本,自此 OpenGL 1.0 就成为了一种工业标准,由成立于 1992 年的独立财团 OpenGL Architecotre Review Board 控制。目前,包括微软、SGI、IBM、EDC、Sun、惠普等大公司都采用了 OpenGL 作为三维图形标准。OpenGL 的最大特点是硬件系统的无关性,它可以方便地将应用程序移植到另一个操作系统中,并能直接面向硬件调用 3D 处理功能,还可以支持网络运行。OpenGL 实际上是一个开放的三维图形软件包,它独立于窗口系统和操作系统,以它为基础开发的应用程序可以十分方便地在各种平台间移植。使用 OpenGL 进行三维图形绘制引擎的设计具有实现方便且效率高的特点。它自身拥有建模、变换、颜色模式设置、光照和材质设置、纹理映射、位图显示和图像增强、双缓存动画七大功能。表 2.1 两者方案的比较简表。

表 2.1　方案比较

方案分类	绘制语言	可结合编程语言	优点	缺点
方案一	DirectX	C++、C#、Delphi 等开发语言:Shader 可用 HLSL、Cg/CgFx、DirectX Vertex Shader 与 Pixel Shade;可采用 Brook,相关性的工具有 DirectTools、FxComPoser、RenderMokney、ShaderWorks 等	开发的图形平台性能更加高效	硬件更新换代后、开发者需要等待信德 DirectX 版本、且不可以跨平台运行
方案二	OpenGL	C++、Java 等开发语言:Shader 可用 GLSL、CgFX、OpenGLVertexShader 与 FamglentShader;可采用 Brook。工具有 NvshaderPerf、RenderMoney、OpenGLPantherTools	可以跨平台运行,能够通过 OpenGL 扩展立即获得显示卡的新特性,且性能稳定	对于三维图形的建模仿真效率尚可

2. 方案选择

通过综合比较,采用第二种方案开发虚拟战场环境建模仿真平台,同时在底层三维图形绘制引擎的开发中留有接口,这样既保证了兼容第一种方案的后续扩展,又充分兼顾了两种方案的优势。下面对系统开发的整体设计方案进行剖析。

(1)以 Windows XP 或 Windows 2000 作为操作系统,其原因如下。

①目前高档微机系统的综合性能已基本达到早些时候生产的中档工作站的水平,而硬件成本只有早期工作站的 40%～60%。

②由于 Windows 2000 或者 Windows XP 具有友好的交互式图形用户界面;在其上开发的应用程序对硬件平台具有良好的适应性,且性能稳定、有完整的内存管理、应用程序间数据交流方便等优点,已成为编程者的首选,所以操作系统选 Windows 2000 或者 Windows XP。

(2)编程语言选择 C++,因为 C++是面向对象的高级语言,它的语法比较灵活,编译后的可执行程序的运行速度非常快,仅次于汇编语言的编译速度,所以对于图形处理这种对速度要求非常高的程序来说,C++特别合适。

(3)编译平台采用微软的 VisualC++.NET,这是因为该编译器具有如下优点。

①优秀的兼容性。支持 ANSL 标准 C、C++,而且还支持微软的扩展 C、C++以及 Unix 的 C、C++。

②优越的速度表现。在 VC、Delphi 和 C++Builder 这三种常用的编程工具中,Delphi 的效率为 VC 的 70%,C++Builder 仅为 VC 的 49%。

同其他编程语言相比,VC 对 OpenGL 的支持最好,能很方便地进行 OpenGL 编程,而且功能十分强大。而 Delphi 不能为 OpenGL 提供很好的支持。

(4)OpenGL 的采用。

①目前图形开发包 DirectX 适于游戏开发以及加强多媒体性能等方面,但只限于 Windows 平台上的开发,而 OpenGL 可以用于跨平台的开发。

②由于 Microsoft 公司在 Windows 95 以后推出的 Windows 操作系统中提供 OpenGL 图形标准,尤其是 OpenGL 三维图形加速卡和微机图形工作站的推出,人们可以在微机上实现三维图形应用,如 CAD 设计、仿真模拟、三维游戏等,从而更有机会、更方便地使用 OpenGL 来建立自己的三维图形世界。

③OpenGL 可以与 VC++紧密结合,便于实现有关计算和图形算法,可保证算法的正确性和可靠性。

2.4.2　框架设计

1. 开放式复杂系统理论及实践

系统是指具有某些特定功能、按照某些规律结合起来、互相作用、互相依存的所有物体的集合或总和。系统的基本特性是整体性与相关性[100]。以下从系统学的角度分析、论证扩展式可装配三维虚拟仿真引擎平台系统(以下简称平台)属于开放的复杂系统理论范畴。

1)开放性

开放性是指系统对象及其子系统与外部环境之间的物质、能量和信息的交换[101]。第一,平台的接口具有开放性。平台的输入输出插件主要负责引擎平台与外部数据信息与能量的交换,它可以把图像、材质、声音、配置文件及用户激励文件输入引擎平台之内予以处理;也可以把用户想得到的信息以某种格式输出到指定路径下。第二,平台的架构对用户具有开放性。平台的架构具有可扩展性、可装配性。它允许用户对架构的核心算法进行扩充和对架构进行选择调整。这种开放性保证了核心技术永远不落后,有利于用户对产品的更新换代。

2)复杂性

复杂性是指系统的规模庞大,功能、结构复杂,交流信息多的特性。复杂性是相对而言的,在平台的系统建模过程中,扩展式可装配三维虚拟仿真引擎平台的研发主要包括多种插件设计、插件管理模型、内存分配管理模型、场景数据组织模型、渲染图形管理模型、渲染流水线模型、数据传输接口模型、回调机制模型、用户装配界面等。而渲染流水线就是一个循环复杂、数据信息交换量较大,可以处理多种图形信息的子系统。它包括多种 GPU 加速绘制的算法、数据结构重组优化算法、多线程渲染与调度算法等,内容庞大、结构复杂。从宏观上看,它是可视化仿真系统中的一个微小内核处理系统,类似一台电脑的 CPU;从微观上可以说,它是一台功能强大的处理器,可以把所有来自外设(如鼠标、键盘、操纵杆、数据手套、数据采集卡等)的信息驱动起来,并在视景器上给出响应。

3)多层次性与巨量性

平台具有多层次性和巨量性。多层次体现在平台的架构设计与模块设计过程中。平台的架构层次可以分为核心层、传输层和外设层;模块层次包括类模板层、数据接口模板层。平台的巨量性主要体现在多样化数据信息的强大处理功能:信息从结构上分为外部信息和内部信息。外部信息是指从 IO 设备输入之前的信息,包括图像、材质、声音、界面配置信息及鼠标、键盘等外设控制的用户激励信息。内部信息是指从 IO 设备接收到的信息进行数据结构组织与管理后形成的具有场景树结构的规则信息。它又可以分为应用阶段信息、优化阶段信息和绘制阶段信息等,且不同阶段的信息具有不同的状态属性。

2. 设计流程

使用 MCGRE 设计方法开发引擎,其流程设计如下:

(1)规划引擎系统的框图,设计引擎内的各功能模块。

(2)规划引擎系统软件的程序结构,给出该引擎的绘制主循环。

(3)设计引擎系统的主要类及数据结构。

(4)建立可定制的引擎模型,把可定制策略应用其中。

(5)设计引擎各功能单元模块,对模块中核心算法实现技术突破。

(6)设计引擎的装配关系,建立几种装配机制。

(7)设计引擎平台,对平台的接口及人机界面进行封装。

3. 系统框图

可定制军用三维图形绘制引擎包含主要功能模块与基础模块两大类共 15 个模块。主要功能模块又分为场景管理、传输接口层、大地形处理、IO 插件管理器、绘制流水线中的场景组织、绘制预处理、绘制器、GPU 加速器、IO 中间件、用户代理、界面与配置等模块。基础模块分为数学基础模块、物理模块、数据库模块与内存管理模块。其系统框图如图 2.2 所示。

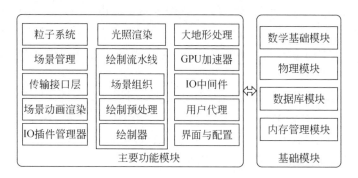

图 2.2　MCGRE 的系统框图

1)基础模块

数学基础模块功能是实现基本的二维和三维几何代数操作,在该模块中主要定义了二维、三维矢量,变换矩阵以及它们之间的代数运算关系。物理模块为 MCGRE 提供基本的物理系统,即"控制物体运动模式的一套规则"。碰撞检测是物理系统的核心部分,它可以探测各物体的物理边缘。数据库模块负责 MCGRE 的数据存放格式及数据绘制格式。内存管理模块负责对内存分配进行优化,以减少在程序运行中出现的内存碎片和缺页错误,并且对整个程序运行期的内存分配和释放操作进行监控,检查出内存泄漏。利用一种称为智能指针的类模板技术,尽量将一些烦琐的计算和分派判断在编译期完成。

2)主要功能模块

在这里只简要介绍界面与配置、场景管理、粒子系统、光照渲染、场景动画渲染、大地形处理、GPU 加速器及用户代理等模块,其他模块将在引擎模型的组成单元中做重点剖析。

(1)界面与配置模块。界面与配置模块即图形用户界面 GUI。它是人和系统进行交互的接口,包括系统给用户提供各种信息,以及用户通过键盘和鼠标等输入设备进行操作的媒介。GUI 模块主要包括各种图形界面的控件以及控件间的组织机制,用于绘制 GUI 渲染模块,处理游戏输入及响应消息机制。

(2)场景管理模块。场景管理模块的主要功能包括场景中对象的创建、放置、查询及销毁。在三维图形引擎中,一个很重要的部分就是如何对复杂场景进行有效的处理。一个普通的场景,很有可能包含成千上万个物体,每个物体又由成千上万个多边形组成,如果按照基本的渲染管道来绘制和管理场景中的所有物体是非常低效的。如何有效地组织和管理场景中的物体是场景管理模块的主要功能。

（3）粒子系统。粒子系统（particle system）是迄今为止被认为模拟不规则模糊物体最为成功的一种图形生成算法[102]。MCGRE 提供了 mcgreParticle∷Particle 类来定义单个粒子的属性，包括大小、形状、生存周期等，用 mcgreParticle∷ParticleSystem 类来对每一帧新增粒子的数量、初始速度、方位以及力学特性等进行统一管理。

（4）场景动画渲染。场景动画渲染模块是专门管理动画的工具，它使用单独的 mcgreAnimation 库，定义了一系列与场景动画相关的功能类，保证了场景中的动画效果有序高效地组织起来。场景动画渲染模块包括场景动画基本组件、刚体动画、角色与变形动画、渲染状态与纹理动画等。

4. 程序结构

在 MCGRE 上进行的高级应用层程序开发，需要设计如图 2.3 所示的程序清单的示例代码。分为三个部分，即需要包含应用的头文件、用户自定义的功能类、主函数及循环体。需要包含应用的头文件是把引擎的支持头文件及用户定义的头文件按照计算机编译器中项目设置的路径进行搜索；用户自定义的实现功能类是用户为了使用方便，根据要开发软件的项目需求，结合 MCGRE 的实现功能类进行二次开发的一部分程序代码；主函数及循环体就是把所有需要的设置进行初始化并按照用户的定义或开发实现数据的动态更新。

```
//**********包含头文件***********//
………………
//**********用户自定义的实现功能类 ***********//
………………
//********** 主函数***********//
int main()
{
        //创建场景浏览器
        ref_ptr viewer = new Viewer();
        …………//各种实现功能
        //设置场景数据
        viewer->setSceneData();
        //初始化并创建窗口
        viewer->realize();
        //循环体开始渲染
        viewer->run();
        return 0;
}
```

图 2.3　程序清单示例

5. 主要类与数据结构

在面向对象的程序设计中,类与数据结构是必需的,而且类设计直接影响整个系统的性能及鲁棒性。MCGRE 主要类的关系图见图 A.1。

1) 主要的类

mcgre∷Referenced——参考对象类。

mcgre∷Drawable——几何体的绘制类。

mcgre∷State——封装顶点数组和 VBO 的绘制操作类。

mcgre∷Image——图像与位图的绘制类。

mcgre∷Text——文字的绘制与显示类。

mcgre∷StateSet——渲染状态集的设置类。

mcgre∷Texture——纹理的映射实现类。

mcgre∷Camera——照相机的位置及视角设置类。

mcgre∷GraphicsContext——图形设备对象的设置类,也是图形子系统的抽象层接口类。

mcgre∷ImageSequence——场景动画的纹理动画类,是 Image 的子类。

mcgre∷AnimationPath——场景动画的路径动画类。

mcgre∷OpenThreads∷Thread——线程实现类。面向对象的线程实现接口。

mcgre∷OperationThread——多线程操作类。它负责接收操作队列并执行自定义操作回调函数。

mcgre∷RenderInfo——渲染信息的实现类。它负责获取当前的状态机信息、视图对象和场景相机。

mcgreViewer∷ViewerBase——视景器的实现基类。

mcgreViewer∷View——视景器的视图类。

mcgreViewer∷GraphicsWindow——MCGRE 中的二维图形用户接口类。

mcgreViewer∷Renderer——渲染器的实现类。它负责执行场景裁剪及绘制工作,并动态更新场景视图的信息。

mcgreKIT∷GUIEventAdapter——事件适配器的主要实现类。

mcgreKIT∷EventQueue——记录适配器的事件数据队列的实现类。

mcgreKIT∷GUIEventHandler——实现用户自定义交互事件处理接口类。

mcgreKIT∷MatrixManipulator——漫游器的实现类。

mcgreManipulator∷Dragger——场景拖曳器的实现类。

mcgreAnimation∷Keyframe——场景动画的关键帧类。

mcgreAnimation∷Channel——场景动画的通道类。

mcgreAnimation∷AnimationUpdateCallback——场景动画的更新回调类。

mcgreAnimation∷Bone——场景动画的骨骼动画类。

mcgreAnimation∷Motion——场景动画的渐进动画曲线的插值运算处理类。

mcgreDB∷Options——各种文件读写参数的保存类。

mcgreDB∷ReadWriter——文件读写插件的公共接口类。

mcgreDB∷Registry——文件插件注册与处理类。

mcgreDB∷DatabasePager——分页数据库类,负责执行场景动态调度的工作。

mcgreUtil∷CullVisitor——裁剪访问器的实现类。

mcgreUtil∷StateGraph——状态树的实现类。

mcgreUtil∷RenderBin——渲染元的实现类。它负责对渲染叶的排序、绘制及排序回调,并计算所有渲染叶中动态对象的数目。

mcgreUtil∷RenderStage——渲染台的实现类。渲染元的派生类。负责渲染树的管理和绘制任务。

mcgreUtil∷SceneView——场景视图的实现类。它负责获取所有场景信息并传递给系统后台,以实现用户定义的渲染工作。

2)数据结构

三维模型的数据结构对引擎的运行效率来说是至关重要的。引擎运行效率必须同时考虑以下两种因素:所有的几何图形的存储方法和图形硬件的运用(尤其是新的扩展运用)。

(1)顶点。顶点是最底层的数据结构。这种方法使用一种单一的结构来表示所有顶点的属性。Texcood 变量存储了纹理坐标和光照贴图坐标。这表示,如果两个顶点在空间中拥有相同的位置,但是拥有不同的法线、颜色或者纹理坐标,那么这两个点不能共享。这样我们存储了一个在层次中包含所有顶点的顶点矩阵。通常一个拥有相同位置的坐标、不同纹理坐标颜色等属性的顶点实体会出现很多次。

(2)面。面分为五类:一个大的多边形、一个贝济埃面片、三角网(n 个顶点定义三角形网格)、三角带和三角扇。第一类面中,所有顶点必须共面并且是凸多边形。第二类面中,我们需要指定两个以上的整数,每个控制点的顶点都存储在顶点矩阵中。第三类面是用来模拟细节层次的。第四类面代表一个独立的三角形序列。第五类面代表一个独立的三角扇序列。

(3)包围体。包围体是指将一组物体完全封闭在一个简单空间形体中,从而提高各种检测运算的速度。常见的三维空间中的包围体有包围球、包围盒、包围圆柱、k-DOP 等。MCGRE 设计中采用了包围球和轴对齐包围盒(AABB)。所有静态面和动态对象都被封装在轴对齐包围盒中,然后将这些对象按照类型进行区分,用不同的枝节节点分组管理,进而采用包围球实现。

2.4.3　引擎模型

1. MCGRE 的关键技术及特点

MCGRE 的关键技术是指将图形应用软件中常见的各种功能在其架构中实现和封装,从而使得在它上面开发图形应用时可以直接调用这些功能以减少编码工作量,缩短开发周期。表 2.2 为当前主流引擎的主要技术特性对比表,可以看出,随着计算机图形学的发展,各种新算法、新技术的研究成果也会逐渐向实际应用中转移。MCGRE 的关键技术大致可以分为以下几大类[105]:

(1)场景管理相关。在一个复杂的场景中,常常存在着数目众多的场景元素,图形引擎为了提高渲染的效率通常会采用某种裁剪算法只渲染在摄像机范围内可见的物体,所有不可见的物体将直接丢弃而防止其占用宝贵的显存和显卡的带宽资源。

(2)光照阴影相关。光照和阴影是构成一个场景的要素之一,良好的光照和阴影渲染为场景提供了大量的材质和深度信息,是追求场景真实感渲染不可缺少的部分。由于当前硬件系统的限制,对光照的支持还只能停留在局部光照和 HDR 等基于图像的光照基础上,目前比较高级的图形引擎已经可以提供对模糊阴影算法的直接支持。

(3)地形相关。地形渲染是室外场景渲染的基础,提供对大规模地形渲染的支持和简化算法是面向室外场景渲染应用的图形引擎的重要职责。目前用于地形渲染的算法很多,大致可分为 LOD 相关的地形简化、地形数据调度策略以及地形特效,如地表变形、动态地形等。

(4)模型相关。模型是图形引擎管理的重要资源之一,任何复杂的场景元素都是由模型组成的。图形引擎对模型的技术特性支持主要包括模型 LOD 简化、模型变形以及模型动画,如关键帧动画和骨骼动画等。

(5)特效相关。正是由于对各种特效技术的研究和实现使得仿真系统图形应用受人青睐。粒子系统是图形引擎对特效技术的基本支持之一,也已经是各种图形引擎的标准支持,随着对这方面的研究,各种特效技术也纷纷被图形引擎采纳和直接支持。

(6)其他技术。这里归类为其他的技术特征主要指图形引擎支持的一些和图形渲染关系不紧密的技术。这些技术包括基本的数学库支持、内存管理支持、物理运算支持以及多角色多任务的逻辑支持等。这些技术虽然与渲染关系不大,但是在图形引擎中仍然占据着核心的地位,也被广大的图形引擎所支持。

以上引擎技术并不能涵盖图形引擎提供的所有功能,但却是一般的图形引擎都会实现的核心功能。三维图形绘制引擎是一类基于低阶引擎 OpenGL/DirectX

且无需关注底层的,可以实现细节并面向对象的高级图形系统。这种高级图形系统又可称为高阶引擎,比较有代表性的高阶引擎包括 OSG、OGRE、Unreal、Vega、Vega Prime、IRRLICHT、OpenSG、Java3D、OpenGL Performer、Crystal Space 等。它们中的大多数不仅支持面向对象的开发方式,而且以场景图形为基础实现了几何图形与动态行为的描述[106]。

表 2.2　主流引擎的主要技术特性对比

引擎名称	OpenGVS	Vega	Vega Prime	OSG	Virtools
支持模型种类	多	多	多	多	专用格式
接口方式	API	API/IDE	API/STL	API	API/可视化开发环境
封装方式	函数	函数	对象	对象	对象
场景管理	视景体裁减,层次细节模型	视景体裁减,层级细节模型	视景体裁减,层次细节模型,遮挡剔除	视景体裁减,层次细节模型,遮挡剔除	视景体裁减,层次细节模型,遮挡剔除,入口剔除
纹理能力	单层纹理,Mipmapping	单、多层纹理,Mipmapping,视频纹理	单、多层纹理,Mipmapping,视频纹理,凹凸贴图,投影纹理映射	单、多层纹理,Mipmapping,投影纹理映射	单、多层纹理,Mipmapping,视频纹理,凹凸贴图,过程纹理
光照方法	像素光照	像素光照	硬件加速顶点/像素光照,光照贴图,HDR	顶点/像素光照	硬件加速顶点/像素光照,光照贴图,HDR
特殊效果	雾、烟、天空盒	环境映射、公告牌、粒子系统、天空盒、镜面、雾、水、爆炸、火/火焰、各种天气效果等	环境映射、公告牌、粒子系统、天空盒、镜面、雾、水、爆炸、火/火焰、各种天气效果等	环境映射、公告牌、粒子系统、天空盒、镜面、雾	环境映射、公告牌、粒子系统、天空盒、镜面、雾、运动模糊、镜头眩光等
物理特性	无	碰撞检测等	碰撞检测等	碰撞检测	碰撞检测等

2. 可定制引擎模型组成

可定制军用三维图形绘制引擎模型包括 14 个子系统:数据库、内存管理、场景管理、传输接口层、粒子系统、场景组织、绘制预处理、绘制器、光照渲染、GPU 加速器、IO 中间件、大地形处理、用户代理及 IO 管理器。其中,场景组织、绘制预处理与绘制器共同构成一条绘制流水线。每一个子系统都由各个模块构成,详细的可定制三维虚拟环境仿真引擎模型如图 2.4 所示。

图 2.4　可定制军用三维图形绘制引擎模型

3. 可定制引擎模型特点

该模型的独特优势有三点：IO 管理器的易操作性、仿真组件的装配特性和传输接口层的信息融合特性。

IO 管理器的方便易操作性。IO 管理器是唯一的独立于仿真引擎内核外的子系统，主要负责对不同类型输入输出文件的读写与扩展，被设置为 IO 中间件的前端处理器，方便用户可编程操作。

算法库扩展可定制仿真组件的装配特性。每一个可扩展机制中都具有算法库，它封装了适用该功能的各种算法与回调函数。这种设计思路保证了最新发布的算法能够较快嵌入与更新，并且基于这种共享机制，开发者可以在对自己的引擎平台版本进行更新的同时，算法库也能兼容式的自动升级，保证了仿真引擎平台在关键技术上永远紧跟科技前沿。

传输接口层的信息融合特性。传输接口层是以往仿真引擎平台所没有的，本构思通过网络化通讯协议把云仿真应用到此仿真引擎中进行协同。它基于网络上的各类仿真资源的互操作仿真运算，按需动态组合的多类仿真服务，给用户提供一个"虚拟化"的仿真环境；保证了以用户为中心的分布、协同、交互的工作模式。

2.4.4　组成单元

此处把绘制流水线及光照渲染放到第 3、4 章中进行阐述。粒子系统、数据库与内存管理等部分内容已经在系统框图中给出，剩余的模块主要有场景管理、传输接口层、GPU 加速器、IO 中间件、用户代理及 IO 插件管理器等。以下就是这些模块的具体设计。

1. 场景管理

场景管理主要管理场景图形渲染中的数据及交互过程，它包括六部分内容：工具集、访问器、运算库、调度机制、视图与相机、交互与漫游等。其中调度机制将在3.3 节中详细阐述。以下是其他部分的具体设计。

1）工具集

MCGRE 的工具集称为 mcgreKIT，它分为事件处理器和操作处理器。事件处理器封装成 GUIEventHandler 类和 GUIEventAdapter 类，GUIEventHandler 类主要提供了窗口系统的 GUI 事件接口，使用 GUIEventAdapter 实例来接收更新。mcgreKIT 的操作处理器封装成 MatrixManipulator 类，该类提供了各种漫游接口的矩阵变换和事件处理。用户可以继承 MatrixManipulator 类实现自定义操作器。默认情况下，MCGRE 使用 TrackballManipulator 跟踪球操作器。

2）访问器

访问器是一种作用于对象元素的操作，其设计模式是对在多个抽象群的一种特殊处理。用户可以在不改变各元素的类的前提下定义作用于这些元素的新操作。访问器包括节点访问器和裁剪访问器。节点访问器被封装成 NodeVisitor类，该类有两大函数：apply()和 accept()。apply()函数决定了遍历的方式，可以获得和修改各个节点的属性。在用户应用程序中，可以编写继承自 NodeVisitor 的新类，通过重载 apply()函数来实现自己的功能。NodeVisitor 类是 Referenced 类的一个子类，图 2.5 是节点访问器的继承关系图。

裁剪访问器被封装成 CullVisitor 类。它负责遍历整个场景数据节点树，修剪不必要显示的节点枝叶，屏蔽无效用的可绘制体。同时，它还将节点树转换为状态树。CullVisitor 类的成员函数都是对其自己独立管理的一处堆栈进行入栈和出栈处理。裁减器堆栈保证了多个视锥体和遮挡板数据正确作用于相应节点上，并实现所需的裁减功能。

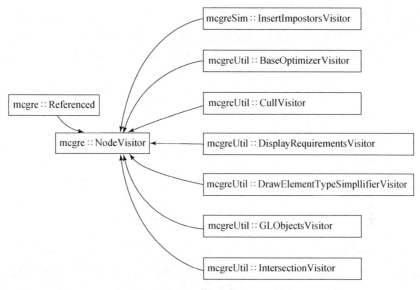

图 2.5　节点访问器的继承关系图

3)运算库

运算库 mcgreUtil 是一个非常强有力的工具,集合了场景图形处理、几何体修改工具及高层次的遍历等功能。运算库 mcgreUtil 封装了相交运算 Intersector 类及其派生的一系列子类。Intersector 类是一个纯虚类,定义了相交测试的接口,适用于各种类型的几何体相交测试。执行相交测试时,应用程序将继承自 Intersector 的某个类实例化,再将其传递给 IntersectionVisitor 的实例,并请求该实例返回数据以获取相交运算的结果。图 2.6 是交运算的继承关系图。

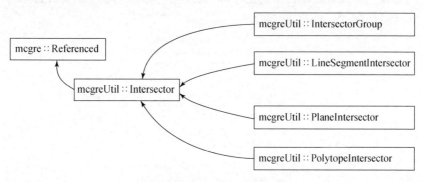

图 2.6　Intersector 的继承关系图

LineSegmentIntersector 继承自 Intersector 类,用于检测指定线段和场景图形之间的相交情况,并向程序提供查询相交测试结果的函数。PolytopeIntersector 类用于检测由一系列平面构成的多面体的相交运算。用户可以通过该类实现拾取鼠标位置附近的一个封闭多面体区域。IntersectionVisitor 类继承自 NodeVisitor，继承关系如图 2.7 所示。它主要用于搜索场景图形中与指定几何体相交的节点，在自定义漫游操作器中，碰撞检测就是使用该类，最后的检测工作在 LineSegmentIntersector 中完成。

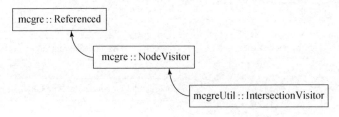

图 2.7　IntersectionVisitor 继承关系图

4）视图与相机

视图是指物体经过一系列变换运算后，在屏幕坐标系下显示的场景图形。由于视图需要相机进行视图矩阵转换，所以视图与相机是密不可分的。MCGRE 中设计了三种视图：简单视图、单视图与多视图。简单视图被封装成 SimpleViewer 类，主要负责用户与其他引擎框架的匹配。单视图被封装成 Viewer 类，负责仅有一棵场景树的浏览和管理，该类的继承关系如图 2.8 所示。图 2.8 中，View 负责管理所有相机视图，并用来挂起事件、处理事件，负责创建相机和图形环境窗口。ViewerBase 负责管理渲染的线程，包括设置线程模式、启动相关线程等。GUIActionAdapter 类主要是用来向系统发送请求并实现特定的操作。多视图被封装成 CompositeViewer 类，该类负责管理与控制多视图的同步，并同时实现了线程管理。多视图与单视图相比，其区别在于：多视图可以完成单视图的工作，但是浪费资源；而单视图不可以完成多视图的工作。通过多视图与相机能够很容易实现画中画的例子。

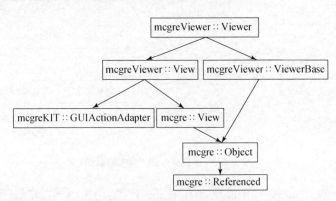

图 2.8　单视图的继承关系图

5）交互与漫游

交互是指 MCGRE 中的人机交互处理功能，它由 mcgreKIT 完成。mcgre-KIT 的动作适配器和事件处理器共同完成一切交互工作。事件消息处理包括帮助、状态、窗口大小、线程模型设置、动画记录、LOD 缩放、截屏等功能。漫游是指根据漫游操作器的设置进行动态浏览整个三维场景。漫游操作器最核心的部分就是矩阵变换，也就是 MCGRE 中的矩阵操作器类。它可以处理鼠标/键盘动作、得到当前矩阵及其逆矩阵、控制当前速度、开启碰撞检测、设置初始位置等问题。

2. 传输接口层

在一个引擎系统中，如果没有一个完整的传输接口，很容易造成引擎内核的数据拥堵和丢失，引擎的传输接口层的作用如图 2.9 所示。可以看到，MCGRE 中的接口就起到上传下达的作用，接口要实现的功能统一集成在传输接口层。传输接口层包括四个模块：底层抽象层、传输层接口、用户应用层和云计算平台接口，它们之间相互通讯实现数据信息传递。

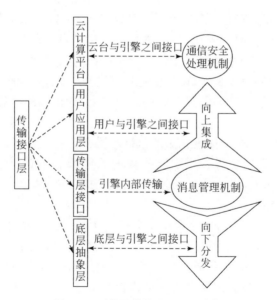

图 2.9　引擎的传输接口层示意图

1）底层图形接口

图 2.10 描述的是一种流行的基础图形 API 函数集封装结构[105]。可以看到，这种封装模式最显著的特点是对底层基础图形 API 函数的彻底封装。这种封装模式使得用户不能接触到 API 函数的实现细节，而只能通过引擎对外开放的函数

来完成底层图形 API 函数的间接调用以实现场景的渲染。相对于最初直接使用底层 API 函数集进行图形软件开发的立即开发模式而言,这种形式的封装降低了对图形软件开发人员的图形学专业知识的需求,开发人员甚至不需要了解 Open-GL 或 D3D 等相关背景技术,仅仅经过一段时间的图形引擎使用培训就可以胜任一些简单或通用性质的图形软件开发。

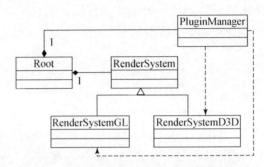

图 2.10　流行的基础图形 API 函数集封装结构

2)传输层接口

MCGRE 的消息管理系统包含了一套复杂的消息产生、分发、传递和处理机制,用以维护消息的正确生成和响应。MCGRE 的消息处理阶段分为:消息的产生阶段、消息的分发与传递阶段和消息的处理阶段。消息的产生阶段主要完成消息的生成和消息队列的填充工作,使得消息循环能正常进行。消息的分发与传递阶段的主要任务是将消息分发到各个处理流程之中,让正确的消息处理者来进行处理。消息的处理阶段包括三大处理流程:第一个流程用于处理具体场景元素的消息;第二个流程对应于全局场景相关的鼠标和键盘消息,这个流程在类 mcgreKIT 中提供默认实现;第三个流程是引擎提供的系统消息默认处理,这些消息包括 ESC、F1~F9 等 MCGRE 中定义的各种功能键的相关处理工作。

3)用户应用接口

MCGRE 的用户应用接口主要用于人机交互界面及相关功能。人机交互界面在第 6 章中进行开发,相关功能则表现为一套封装的 API 函数集。MCGRE 是通过把大量的 API 函数集中在了一个根类中,并作为根类的成员函数向用户提供。这种面向对象的设计思路屏蔽了大量的内部细节,在实际应用中用户只需要通过根类中某些成员函数的简单调用就可以完成引擎内部各个模块的初始化、资源加载、场景搭建等各种工作。该引擎入口根类设计是对外观模式(Facade)的一个应用,这种设计模式是维护系统易用性和稳定性的重要前提。

4)云平台接口

MCGRE 的云平台接口是一个负责 MCGRE 与云计算平台对接的安全传输接口模块,主要包括报文转换层(含通信接口、差错控制、封装协议解释)、传输控制层

（报文可靠性控制、流量控制、优先级控制、链路探询）、正文协议翻译层、报文收发层。图 2.11 为云平台接口的通信分层结构示意图。云平台接口的安全机制是 MCGRE 的一个突出特点，它是一种在 TCP、UDP 及串口协议的基础上开发的通信安全处理机制（包括安全加密、差错控制和可靠性控制）[107]。

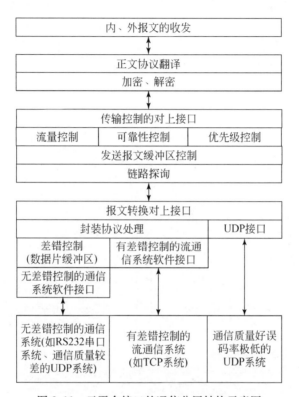

图 2.11　云平台接口的通信分层结构示意图

　　（1）安全加密。为了防止引擎内数据流被非法截取，云平台接口运用了两种加解密算法：三重 DES 算法和 RC6 算法。其中，RC6 算法比 DES 算法快，但是安全性稍低，可用于用户所有权认证时的数据加解密。三重 DES 算法虽然响应速度较慢，但是安全性更高，可用于引擎数据流传输加解密。两种加密算法同时运用在一个引擎系统中可以大大提高数据的安全性。此外，还使用了加密应用程序接口 Crypto API。图 2.12 是加密的伪代码，图 2.13 是解密的伪代码。

　　（2）差错控制。可靠性差的信道要进行差错控制，一般应设置差错控制发送缓冲区，发送报文先进行分片打包，加校验码，收发握手，出错重发。本接口采用的校验码是 16 位循环冗余校验。数据分片应考虑分片的大小，太大的分片发送后中间出错率较高，太小的分片又使得控制信息和数据信息之比太大，打包开销较大，这

```
//定义加密文件为mcgreZsSource
//定义加密过的文件为mcgreZsination
//定义加密口令mcgreZsPasseord
Void CAPIEncrvdtfile()
{ ……//初始化对象
  hSource=fopen(mcgreZsSource," rb");//打开源文件
  hDestination=fopen(mcgreZsDestination," wb");//打开目录文件
  CryptAcquireContext();//链接缺省的CSP
  if(加密口令为空)
  {
      //使用随机产生的会话密钥加密
      CryptGenKey()//产生随机会话密钥
      CryptGenUserKey()//取得密钥交换对的公共密钥
      CryptExportKey()//计算隐码长度并分配缓冲区
      pbKeyBlob=malloc(隐码长度为空)
      CryptExportKey()//将会话密钥输出至隐码
      fwrite()//将隐码长度写入目标文件
      ……
  }
  else
  {//口令不为空,使用从口令派生出的密钥加密文件
      CryptCreateHash()建立散列表
      CryptHashData()//散列口令
      CryptDeriveHash()//从列表中派生密钥
      CryotDestroyHash()//删除散列表
  }
  //计算一次加密的数据字节数,必须为设置参考值的整数倍
  //mallce();分配缓冲区
  do//加密源文件并写入目录文件
  {
      ……
      CryptEncrypt()//加密数据
      ……
  }
  While()
  ……
  //关闭文件,释放内容
}
```

图 2.12　加密的伪代码

```
Void CAPIDecryptFile()
{
  ……//变量声明、文件操作同文件加密程序
  CryptAcquireContext();//链接缺省的CSP
  If(加密口令为空)
  {
      //口令为空,使用存储在加密文件中的会话密钥解密
      //读隐码的长度并分配内存
      Fread ()//取得密钥交换对的公共密钥
      pbKeyBlob = malloc(隐码长度为空)
      fread()//从源文件中读隐码
      CSPCryptImportKey()//将隐码输入
  ……
  }
  else
  {//口令不为空,使用从口令派生出的密钥加密文件
      CryptCreateHash()建立散列表
      CryptHashData()//散列口令
      CryptDeriveHash()//从列表中派生密钥
      CryotDestroyHash()//删除散列表
  }
  //计算一次加密的数据字节数,必须为设置参考值的整数倍
  //malloe();分配缓冲区
  do//加密源文件并写入目录文件
  {
      ……
      CryptEncrypt()//解密数据
      ……
  }
  While()
  ……//将解密过的数据写入目标文件
  //关闭文件,释放内容
}
```

图 2.13　解密的伪代码

里的分片大小设置 36 个字节,格式如下:

　　有效数据长度:占一个字节空间,属于控制信息;

　　有效数据信息:占 31 个字节,其中有效数据长度由上一项决定;

　　片编码:占 2 个字节空间,属于控制信息;

　　校验码:最后 2 个字节,16 位循环冗余校验码,属于控制信息。

```
struct data_piece
{
    char            len;
    char            data[31];
    unsigned short  num;
    short           crc16;
}
```

数据片缓冲区由固定数目数据片组成队列,数据片滑入缓冲区发出后就驻留

不动,直到收到该片的回执,则清除。收方没有收到或者有差值,则重发该片数据。数据片回执结构定义如下:

```
struct data_piece
{
    char            type;      //-1:出错回执;-2:正常收到回执
    char            sum;       //正常或出错的数据片数目
    unsigned short  num;       //数据片编号
    short           crc16;
}
```

(3)可靠性控制。接口的可靠性控制是通过使用设置发送缓冲区以缓存发送报文来实现的。缓冲区由两个互相联系的报文缓冲区组成,分别是待发报文缓冲区和已发可靠报文缓冲区。待发报文缓冲区是一个报文的先进先出队列。在队列出口的非可靠报文移入下一层发送后,立即清除。如果出口是可靠报文,移入下一层发送后,不立即清除,而是转入已发可靠报文缓冲区驻留。已发可靠报文缓冲区存储的是已发出的报文,这些报文直至对方的正常回执才清除。如果收到出错回执或长时间没有任何回执,则转入待发报文缓冲区重新发送,并且以最高优先排在队列出口。限定重发的次数是 3 次或者 5 次。其数据结构的定义如下:

```
struct data_piece
{
    int             num;       //>0:可靠报文编号;-1:非可靠报文
    int             pri;       //报文发送优先级
    int             send_ct;   //重发次数
    char            *bag;      //正文内容指针
    struct bag_node *next;     //下一节点指针
}
```

3. GPU 加速器

GPU 加速器是可编程图形硬件广泛应用后的产物,它的并行流处理能力和可编程渲染能力,使得越来越多的人开始用它做一些非绘制方面的计算[108,109]。GPU 带来的计算速度、几何处理与绘制速度的提高,为大规模地形的实时绘制和海量数据的处理提供了一种处理方法[110~112]。GPU 加速器就是引入了可编程功能的硬件加速处理单元,它允许用户编制自定义的着色器程序(shader program)来替换以前的固定式流水线中的渲染功能模块,对图形处理管线的大多数重要阶段实施完全控制,使得 GPU 在处理功能上更加通用化。GPU 加速器的加速渲染管线可分为四个阶段:顶点预处理阶段、图元生成阶段、像素处理阶段和帧缓存渲染阶段。渲染管线示意图如图 2.14 所示。

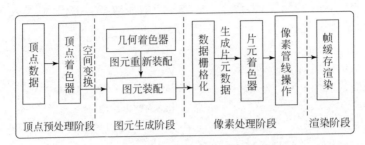

图 2.14　MCGRE 中 GPU 加速器的渲染管线

GPU 加速器包括着色器、状态表、VPR 及算法库四部分内容,其主要功能类将在 3.2.4 节中介绍。着色器包括顶点着色器、几何着色器和片元着色器。状态表是状态机进行排序生成的一个序列表示结构。渲染时,通过调度状态表读入着色器,再通过渲染状态集 StateSet 类设置一致变量对象来完成帧缓存渲染的一整套动作。VPR 本意为视口预览渲染,它指在一个虚拟窗口设备上的视口中对场景数据的一种预览渲染。VPR 要用到像素缓存及帧缓存对象。GPU 算法库封装了很多 GPU 加速算法,例如,GPU 算法库里包括空间变换算法、投影变换算法、裁剪算法、栅格化算法、纹理采样算法、纹理融合算法等。以图 2.15 直线光栅化的中点 Bresenham 算法为例,简要说明基本图元数据栅格化的基本流程。

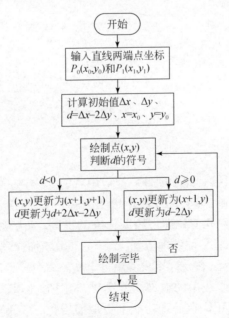

图 2.15　直线光栅化的中点 Bresenham 算法流程

4. IO 中间件

要使现有的各种图形绘制引擎所不支持格式的模型能够被图形应用程序使用,将现有模型读写组件按照插件机制方便地接入图形引擎是一种非常便捷的方法。为达到这个目的,需要主要解决三个方面的问题:一是要提供一种开放的场景组织的数据结构;二是要尽量摆脱紧耦合的模式,采用组件化的设计思想,提供良好简洁的接入接口,现有的模型读写组件只要略作修改就可以满足该接口接入图形绘制引擎;三是绘制引擎需要一种对扩展的模型读写组件的良好的管理机制,使得在接入不同模型读写组件的时候能够顺利进行调度[113]。按照以上思想,我们可以设计一种 IO 管理器,对模型读写组件的接入和调度进行管理,其架构如图 2.16 所示。

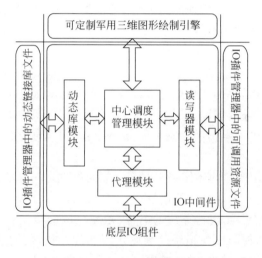

图 2.16　IO 中间件架构图

IO 中间件以中心调度管理模块为核心,利用动态库、代理、读写器三个模块协调完成组件的载入、注册、调度和文件读取操作。中心调度管理模块的基本功能如下:向图形绘制引擎高层提供统一的调用接口;维护系统的 IO 组件列表和文件扩展名同 IO 组件的映射;底层 IO 组件的注册中心,当 IO 组件对应的动态链接库载入时接收 IO 组件代理的注册;读写器模块的调度者。代理模块采用 Proxy 模式进行设计,是底层 IO 组件在 IO 中间件中的代理,在中心管理模块载入动态链接库时代理模块会自动向中心管理模块注册底层 IO 组件。动态库模块是底层 IO 组件类库的实际管理者,IO 中间件通过动态库模块动态加载底层 IO 组件。动态库模块通过封装动态链接库的名字和链接库句柄的类的方法管理动态链接库。读写器模块是实际文件读写操作的执行者,在 IO 中间件和底层 IO 组件之间形成了一个统一的读写接口。

IO 中间件的动态工作流程如下：

(1)图形绘制引擎启动，读入组件配置信息，形成文件扩展名到对应读写器的映射。

(2)IO 中间件接受读取命令，中心管理模块根据映射查找对应的读写器。

(3)若找到调用对应组件中的读写器读写模型，返回形成的场景图节点。否则继续执行步骤(4)。

(4)动态库组件根据配置信息载入所需的动态链接库，在该过程中实例化代理器对象，并向中心管理模块注册。

(5)调用读写器读写模型文件。

IO 中间件的设计得益于场景图这一开放式结构；在接口上，现有的模型读写组件只要实现 IO 中间件中代理器的一个实例对象，并在配置文件中进行简单配置就可以完成现有组件的接入。

5. 用户代理

用户代理就是指利用 AI 理论进而设计一个 Agent，通过学习用户配置信息的操作来完成信息的排序、删除、转发、分类和存档工作。MCGRE 的这种用户代理思想是在让用户缺少三维图形绘制引擎知识的前提下，为用户自动生成一个新的三维图形绘制引擎。

Agent 需要记录用户的操作和学习用户如何处理定制算法。每次新的事件发生时，如定制了一个裁剪算法，以"情景->动作"的方式记录事件的发生，用事件的属性对情景进行描述，如裁剪算法的名称、裁剪算法的接受者、标号及关键字等。当新的情景出现时，便与以前记录的规则进行匹配，通过使用这些规则，Agent 力图预测用户将要采取的动作，并且给出了一个可信度，把这个 Agent 的可信度与两个门限阈值进行比较，大于最大的阈值则认为可信度可靠，这时 Agent 会自动执行匹配工作，当可信度在两个门限之间时采用提醒的方式，Agent 会弹出 messagebox 提示用户应该如何操作。这种向用户提出行动建议的办法是基于导向式定制功能的一个实现类(AgentConfigureGuide 类)完成。当可信度小于最小的门限阈值时，Agent 会等待用户操作，当等待时间超过 10min 时会报警一次，用于提醒用户不能中断操作，报警后 1min 内用户仍然没有操作动作，Agent 就记录当前的动作过程并在当前文件夹下输出一个 XML 文件。该 XML 文件里记录了操作数量、操作名称、操作顺序及操作时间等操作信息，方便用户下次查询。Agent 类继承自 Referenced 类。AgentConfigureGuide 类设计见表 A.1。

6. IO 插件管理器

IO 插件管理器主要是为了适应不同的文件输入需要,对多种文件进行解码,以生成输入引擎内核的原始文件资源。具体功能是对输入的模型、纹理、声音、图像、视频等文件进行解码。它包括两个模块,即动态解码链接库模块和插件板解码器模块。动态解码链接库模块是对每一种文件进行解码,生成相应的动态链接库,如 3DS. dll、FLT. dll、JPG. dll、WMV. dll 等,以供引擎内核中的动态库模块调用。插件板解码器模块是一种集成式的接口模板,它包括模型插件、图像插件、声音插件、视频插件、Shader 码等,为了插件读写方便,特为引擎内核中的读写器模块做前置预处理,最后把外界输入的模型、纹理、声像、配置等文件按照各自的插件解码特点统一调用动态解码链接库并最终集成在插件管理器上。图 2.17 为 IO 插件管理器框图。

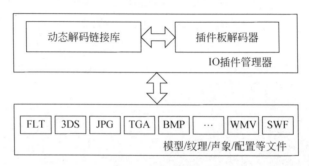

图 2.17　IO 插件管理器框图

2.4.5　装配关系

可定制三维图形绘制引擎平台具有四种处理平台:IO 装配、回调机制装配、绘制算法装配及 GPU 加速绘制装配。每一种装配处理平台上都封装了很多主流算法与应用程序插件,如处理计算量较大的三维矢量场的可视化时尽量采用遮挡剔除算法、LOD、纯点绘制与 GPU 加速算法中的 MC 算法相结合的方法。不同的算法渲染出来的效果也不一样,Zhang 等[114]以绘制算法为例描述了绘制算法类型及特点,如纯点绘制虽然逼真度有所降低,但绘制耗时较小,对于一般的三维视景仿真系统可以选择点面混合绘制方法,这样既保证了实时性又不失逼真。

所以用户在选择这些算法进行装配自己的引擎时一定要考虑到自己所做虚拟仿真的特点。给出了各种仿真算法的特点,以供用户参考。为了自适应地更新算法库,特在装配处理平台上预留备用接口,最新的算法可以参考现有算法进行扩展嵌入。三维图形绘制引擎平台仿真资源虚拟装配关系如图 2.18 所示。

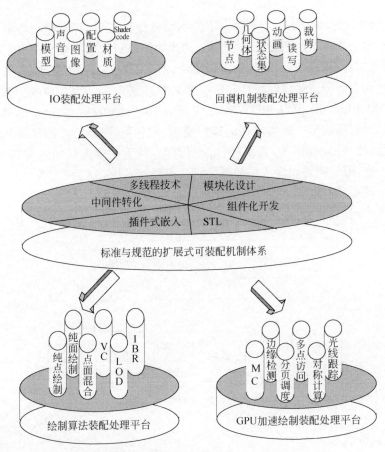

图 2.18　三维图形绘制引擎平台仿真资源虚拟装配关系

第 3 章　核心子系统开发-绘制流水线设计

军用三维视景仿真中的模型最终被绘制到二维的显示设备上,这就需要经历一系列变换运算,而这个过程中的一系列处理正是三维物体的基本绘制流程。假设一个海面战场场景:一位舰长站在航空母舰的塔台里透过窗户向外面观看,前面是战机编队、起飞站位、导航员、叉车及航母甲板,下面是具有倒影的海水,两侧是护航舰船,前方上空是侦察机护航编队,远处有薄雾、飞鸟、太阳及流动云彩,再往远处是山峦。把舰长看到的三维世界显示到二维的计算机屏幕的绘制过程就是3D 图形绘制流水线的全部功能。整个 3D 图形绘制流水线是 MCGRE 中的核心子系统,要从其功能逐阶段设计。由于复杂的矩阵变换、循环绘制、扩展与回调等绘制功能,绘制流水线内部模块的划分及辅助功能单元的详细设计变得十分困难。

本章将在了解 MCGRE 的基础上,确定整个 3D 图形绘制流水线是 MCGRE 中的核心子系统,通过对绘制流水线的绘制循环模式的研究,建立绘制流水线的三段式绘制循环模式和核心绘制机制,并进一步给出流水线的各功能模块的设计方法,最后详细设计几种辅助功能机制以完善绘制流水线的全程开发。

3.1　绘制流水线的简介

3D 图形在屏幕上的显示,实际上是一个将离散的模型或场景放置到适当的空间位置,再从人眼所观察到的角度将它们投影到正确的平面位置,最后填充像素点的过程。因此,3D 元素经过一系列的变换而绘制的一整套流程,称为 3D 绘制流水线[115,116]。

3.1.1　固定绘制流水线

从图 3.1 可以看出,3D 图形固定绘制流水线涉及一些坐标系变换原理,在此过程中只要用户把参数(如相机参数)设定了,变换的方法是固定的。所以显卡采用固化硬件代码形式来执行这些变换过程,显然比频繁调整变换指令的方式加快了计算速度。与此同时,3D 处理流水线的其他部分(如光照计算)也以同样的形式处理,这便形成了 GPU(图形处理芯片)的固定渲染管线,也就是 3D 数据在一条所谓渲染管道线上的加工处理过程,从管道线的起始端流入,然后进行加工处理,最后从管道线的末端流出[117]。以下是固定绘制流水线的几种变换原理。

图 3.1　固定绘制流水线

世界变换是从物体模型的局部坐标系转换成统一的世界坐标系,其公式为

$$(x_1,y_1,z_1,1)=(x_0,y_0,z_0,1)\begin{bmatrix}1 & 0 & 0 & 0\\0 & 1 & 0 & 0\\0 & 0 & 1 & 0\\m & n & p & 1\end{bmatrix} \tag{3.1}$$

式中,m、n、p 分别是局部坐标系的原点在世界坐标系中的原点的位移坐标量;$(x_1,y_1,z_1,1)$、$(x_0,y_0,z_0,1)$ 分别是模型上一点在世界坐标系和局部坐标系中的坐标;后面的矩阵就是世界变换矩阵。

　　相机变换就是场景从世界坐标系转换到相机坐标系,摄影坐标系即以观察者的位置 Eye 和观察方向 At-Eye 来定义的坐标系,如图 3.2 所示。

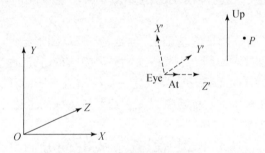

图 3.2　相机变换原理图

　　图 3.2 中,Up 为指定的向上方向,相机坐标系(X',Y',Z')分别以 $\boldsymbol{X}$、$\boldsymbol{Y}$、$\boldsymbol{Z}$ 三个分量为坐标基向量,其中,normal 是指向量单位化运算,cross 表示向量的叉积运算,则有

$$\begin{cases}\boldsymbol{Z}=\mathrm{normal}(\mathrm{At\text{-}Eye})\\\boldsymbol{X}=\mathrm{normal}(\mathrm{cross}(\mathrm{Up},\boldsymbol{Z}))\\\boldsymbol{Y}=\mathrm{cross}(\boldsymbol{Z},\boldsymbol{X})\end{cases} \tag{3.2}$$

世界坐标系中一点 $P(x,y,z,1)$ 转换到相机坐标系中的 $P'(x',y',z',1)$ 可以用式(3.3)换算:

$$(x',y',z',1)=(x,y,z,1)\begin{bmatrix}\boldsymbol{X}.x & \boldsymbol{Y}.x & \boldsymbol{Z}.x & 0\\\boldsymbol{X}.y & \boldsymbol{Y}.y & \boldsymbol{Z}.y & 0\\\boldsymbol{X}.z & \boldsymbol{Y}.z & \boldsymbol{Z}.z & 0\\-\boldsymbol{X}.\mathrm{Eye} & -\boldsymbol{Y}.\mathrm{Eye} & -\boldsymbol{Z}.\mathrm{Eye} & 1\end{bmatrix} \tag{3.3}$$

投影变换就是把三维物体投影到平面上使之变为二维的平面图像。投影透视

方法分为透视投影和平行投影,两种方法投影出的结果也不一样。根据"远大近小"原则,透视投影更适合三维投影[118]。所以当完成世界坐标到相机坐标的转换后,相机位于相机坐标的原点,且观察角度为 0°,相机坐标到透视坐标的变换指的是将物体的顶点投影到视平面[119,120]上。假设视景体的 y 方向张角为 fov;近视平面和远视平面在 z 轴上的距离分别为 z_n、z_f;近视平面的宽高比为 aspect。从相机坐标系中一点 $P(x,y,z,1)$ 转换到投影坐标系中的 $P'(x',y',z',1)$,可得其换算公式,其中,后面的一个 4×4 的矩阵就是其变换矩阵,如式(3.4)所示。

$$(x',y',z',1) = (x,y,z,1) \begin{bmatrix} \cot(\text{fov}/2)\text{aspect} & 0 & 0 & 0 \\ 0 & \cot(\text{fov}/2) & 0 & 0 \\ 0 & 0 & z_f/(z_f-z_n) & 1 \\ 0 & 0 & -z_f \times z_n/(z_f-z_n) & 0 \end{bmatrix}$$

$$(3.4)$$

3.1.2　可编程绘制流水线

可编程绘制流水线是在 GPU 上利用图形卡的高速处理几何及渲染的强大功能实现加速绘制,它代替了固定绘制流水线中的固化硬件代码的实现方式,以灵活的用户自定义编程着色器的形式实现海量数据的加速处理及大规模军事场景的实时绘制[121]。在几何处理阶段,可编程绘制流水线的可编程顶点着色器代替了固定绘制流水线的几何变换与光照,比较方便地处理顶点数据[122]。在渲染处理阶段,可编程绘制流水线的可编程像素着色器代替了固定绘制流水线的纹理采样与混合,比较快速地处理了片元上的纹理像素数据。可编程绘制流水线与固定绘制流水线的对比如图 A.2 所示[123]。顶点处理从输入顶点流中获取顶点的信息,对其施以变换和光照。像素着色器在三角形光栅化之前处理纹理映射操作。在固定绘制流水线中可以设置顶点的定义,然后使用默认的坐标变换与光照功能。对于纹理贴图,过滤和混合操作也只能设定参数。而在顶点着色器中,顶点包含的信息要丰富灵活,像素处理则允许基于纹理图素与顶点着色器的输出进行任意运算,并对最终输出的多边形着色。相对于固定流水线,在可编程绘制流水线中,三角形的转换、光照,像素的纹理映射、镜面高光求幂、雾混合及帧缓冲区混合等技术都要求存储访问和数学运算。这些运算在 GPU 的并行流处理上易于实现。

3.2　三段式绘制流水线设计

复杂系统的建模最常用的方法就是层次分析法,它把本系统分解为"系统-多子系统-模块-组件"。模块是可定制三维虚拟仿真引擎平台系统根据剧情分解的最基本建模单元,要对模块建模,必须对组件进行封装,对成员进行描述,以下以最核心的绘制流水线子系统为例,给出核心子系统的设计方法。

3.2.1　三段式绘制循环

1. 三段式绘制循环模式

绘制流水线是绘制引擎最核心的实现部分,也是整个绘制引擎的内部运转流程,它采用三段式绘制循环模式渲染场景。三段式绘制循环模式如图 A.3 所示,MCGRE 的基本绘制过程如图 A.4 所示。三段式绘制循环模式分别为 Update 阶段、Refine 阶段和 Draw 阶段等循环,该功能内涵于三个模块(场景组织、绘制预处理与绘制器)之中。以下为绘制工作的任务分工:

(1)Update 阶段。场景组织向场景管理模块发送数据读入请求,调入数据库中待绘制的原始数据,然后采用包围体层次的场景图技术把数据加工成树状数据结构信息保存起来。节点控制和事件回调支持用户输入设备对现用树状结构及节点属性进行修改。

(2)Refine 阶段。绘制预处理向场景管理发出申请,读入场景图结构信息,进行绘制算法优化,如可见性剔除、层次细节控制、基于图像的绘制等。生成绘制图信息,然后对信息使用有限状态机排序,最后形成绘制队列。

(3)Draw 阶段。绘制器向场景管理发出申请,调入绘制队列。遍历绘制图信息表,提取绘制状态并重置状态机,提交图元绘制命令,判断是否 Shader 绘制,调度 Shader,执行绘制回调。

2. 三段式绘制循环的数据流

首先原始数据以材质、模型、纹理、Shader 码等形式通过 IO 口导入引擎;然后引擎内核把原始数据加工成场景树,并以显示列表形式生成待绘制的绘制树,同时又把场景树与绘制树中的每一个数据单元以顶点或材质库形式分别保存到数据池中。绘制树代表着绘制的先后顺序与组织形式,数据池是数据的存放位置,两者结合把数据按照绘制序列送入绘制管线中,最后以图像或者图形的形式进行显示输出。数据流图如图 3.3 所示。

3. 核心绘制机制

核心绘制机制是指系统前端、接口与绘制后台的工作流程,是 MCGRE 中绘制器的最核心部分。系统前端指场景树、相机、可绘制体,后台指状态树、渲染树及有限状态机,接口指渲染器与场景视图,它们一起协作完成整个 MCGRE 的核心绘制功能。图 A.5 为 MCGRE 的核心绘制机制的全局数据流关系图,可以看出,要开发 MCGRE 的绘制流水线,对场景树、相机、可绘制体、状态树、渲染树、有限状态

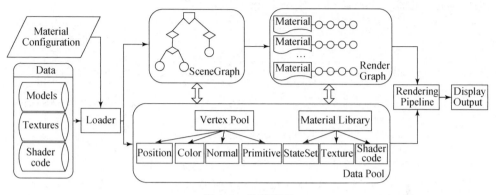

图 3.3　数据流图

机、渲染器及场景视图的设计不可缺少。本章将对这些重要功能类及相关内容进行具体介绍。

3.2.2　场景组织

1. 场景图组织

场景图组织主要围绕场景树的建立及维护开展工作。场景树是一种基于场景图的树状数据组织结构。场景图是一种层次化的有向无环图,又是一种自顶向下的、分层的树状空间数据集。场景树是使用组节点来组织和排列场景中的几何体,所有组节点中均包含了几何信息和用于控制其外观的渲染状态信息,在顶部都归结于一个根节点,并从根节点向下延伸。在场景树的底部分为各个叶节点,各个叶节点包含了构成场景中物体的实际几何信息。例如,一个简易战机模型对象,包括机舱、门、轮子、起落架、机翼、窗、机头和里面的飞行员等,这时飞机的场景组织图如图 3.4 所示。

图 3.4　飞机的场景组织图

该程序中使用的场景图包含 3 大类基本节点:Node、叶节点(Geode)和组节点(Group)。Geode 节点,即几何体节点。虽然它没有子节点,但是它包含几何体信息。Billboard 节点是 Geode 节点派生的典型代表,它是一种布告板技术,且只能像叶节点一样添加 Drawable 来绘制信息。其继承关系如图 3.5 所示。

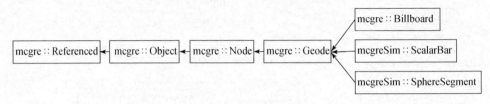

图 3.5　Geode 的继承关系

　　Node 节点继承自场景对象类。而场景对象类是应用程序无法直接实例化的虚基类，它提供了一系列接口，用于保存和获取节点名称。Node 的继承关系如图 3.6 所示。

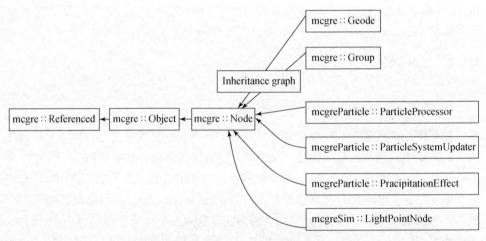

图 3.6　Node 的继承关系

　　作为一个基类，Group 节点派生了 7 种实用的节点类。Group 类作为 MCGRE 的核心部分，不但可以保证用户通过程序有效组织场景图数据，还可以管理子节点的接口。它从 Node 类和 Referenced 类继承了用于管理父节点的接口。Group 的部分继承关系如图 3.7 所示。

　　2. 节点控制

　　节点控制主要是指对场景节点的调用，根据回调功能被调用的时机，MCGRE 节点回调划分为更新回调和人机交互事件回调。更新回调在每一帧系统遍历到当前节点时都会被自动调用；人机交互事件回调是由用户交互事件触发，把键盘、鼠标、关闭窗口、改变窗口尺寸等操作变成一种动作输入接口，触发节点的事件回调。回调类基类 mcgre::NodeCallback 的基本定义如表 3.1 所示。

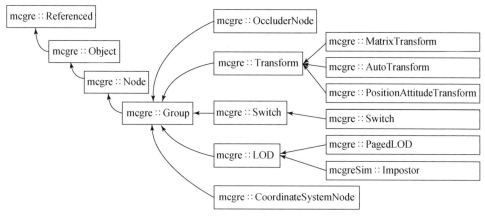

图 3.7　Group 的部分继承关系

表 3.1　mcgre∶∶NodeCallback 类

NodeCallback()	默认构造函数
void operator(Node * node, NodeVisitor * nv)	虚函数。当回调动作发生时,将会执行这一操作符的内容,并将节点和访问器对象作为参数输入
void addNestedCallback(NodeCallback *) void removeNestedCallback(NodeCallback *)	添加/删除一个临近回调。临近回调的内容将在节点回调的执行过程中被依次调用
void setNestedCallback(NodeCallback *) NodeCallback * getNestedCallback()	直接设置/获取一个临近回调
void setUpdateCallback(NodeCallback *) NodeCallback * getUpdateCallback()	设置/获取节点的更新回调
void setEventCallback(NodeCallback *) NodeCallback * getEventCallback()	设置/获取节点的交互事件回调

节点类则通过几个相关的成员函数来完成回调对象的设置和获取。用户类可以从节点回调类派生,并重构执行函数 operator(),从而实现自定义的节点回调功能。自定义的回调类 UserCallback 作为更新回调传递给某个节点 node 的代码示意如下:

```
node->setUpdateCallback(new UserCallback);    //设置节点更新回调
node->setEventCallback(new UserCallback);    //设置人机交互事件回调
```

3. 事件回调

事件回调继承了节点回调,它需要调用 mcgreKIT 中的 GUIEventAdapter、GUIEventHandler 和 EventVisitor 类,需要创建事件访问器及得到事件的执行动作和事件的队列,每一个事件回调都有其自身的功能代码。图 3.8 是自定义一个事件回调的伪代码。

```
//....包含头文件中的GUIEventAdapter、GUIEventHandler和EventVisitor类
//继承自NodeCallback类，写一个事件回调类
class MyEventCallback: public NodeCallback
{
    public:
    virtual void operator()(Node*node, NodeVisitor*nv)
    {
            //判断访问器类型
            if(访问器类型==EVENT_VISITOR)
            {
                    //创建一个事件访问器并初始化
                    赋给一个新的EventVisitor对象
                    If(这个事件ev为真)
                    //得到执行动作并赋给一个新的动作适配器对象
                    GUIActionAdapter* a=ev->getActionAdapter();
                    //得到事件队列并赋给一个新的事件对象
                    EventQueue::Events&events=ev->getEvents();
                    //然后再做一个for循环，进行事件处理
                    for(事件更新条件)
                    {handle(*(*itr),*(a));//处理事件函数，下面有详细的函数体}
            }
    }
    Virtual bool handle(const GUIEventAdapter&ea, GUIActionAdapter&a)
    {
            //得到场景数据
            ref_ptr<Viewer>viewer = dynamic_cast<Viewer*>(&a);
            ref_ptr<MatrixTransform>mt = dynamic_cast< MatrixTransform *>( viewer ->getSceneData);
            switch(ea.getEventType())
            {
            case(自定义事件操作功能按键标记)
            {自定义事件操作功能；}
            default:
                    break;
            }
            return false;
    }
}
```

图 3.8　自定义一个事件回调的伪代码

3.2.3　绘制预处理

　　绘制预处理是把场景组织后的数据进行有序梳理，给出绘制状态排序，并对绘制状态和绘制队列进行进一步优化。绘制预处理包括状态管理、有限状态机排序及预处理算法优化三部分内容。

　　1. 状态管理

　　状态管理是指对各种 OpenGL 渲染状态进行组织、优化与调整的一种管理方式。MCGRE 的状态管理是靠构建状态树进行管理的。状态树主要由状态图及渲

染叶两类构成。状态树的构建主要以场景树节点和可绘制体的渲染状态集为依据,状态图采用映射表来组织其渲染叶节点。状态图相当于渲染后台的组节点,而渲染叶 RenderLeaf 相当于渲染后台的叶节点。用户通过状态图可以获取渲染状态、添加渲染叶和插入状态节点等。

图 3.9 给出了一个从场景节点树构建状态树的例子。状态树的构建规则有三点:第一,状态树是在遍历场景树的过程中根据渲染状态集构建而成的;第二,构建状态树时,场景树中可绘制体对象被转换成不同的渲染叶中,而且多个渲染叶必须有一个状态图;第三,同属于一个场景节点的子节点,或同属于一个叶节点的可绘制体对象,共享统一渲染状态集的子对象将合并为同一个状态图节点。

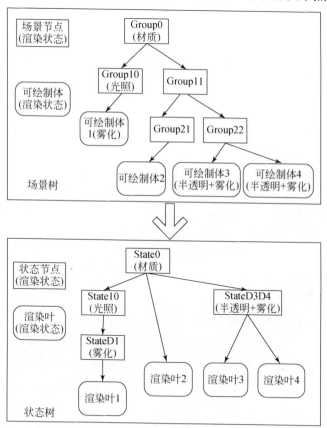

图 3.9　遍历场景节点树构建状态树

2. 有限状态机排序

MCGRE 中的有限状态机排序是靠 State 类实现的,它封装了几乎所有的 OpenGL 状态量、属性参数以及顶点数组的设置。用户开发时对于渲染状态集、几何顶点数据的操作,最终都是要交给 State 类保存和执行。它提供了对 OpenGL 堆栈处理的问题;负责对即将进入渲染管线的数据进行排序和优化;同时还允许用户直接查询各种 OpenGL 状态的当前值,而不必使用 glGet * ( ) 系列的 OpenGL 函数。这里给出 State 类中有关渲染状态设置和执行的函数,并进一步对 MCGRE 中渲染工作的封装方式进行分析。从类中可以看出,它以类似状态机的方式保存了很多重要的场景即时状态数据。几何对象绘制的顶点数组和 VBO 机制是使用了 State 类中的相关函数实现 OpenGL 中的顶点数组的机制。而 OpenGL 渲染属性和模式也是通过 State 类的成员实现。图 3.10 给出了状态机的工作原理。State 类设计见表 A.2。

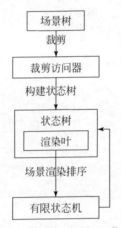

图 3.10　有限状态机的工作原理

3. 预处理算法优化

预处理算法优化是对场景树和状态树进行裁剪优化的预处理方法。常用的优化算法分三类:可见性剔除算法、层次细节算法和基于图像的绘制算法。可见性剔除算法是指,通过评估一个绘制元素或一组绘制元素的可见性来剔除不可见的绘制元素,从而减少送入渲染通道的绘制元素的数量,提高绘制速度。根据可见性评估依据,可见性剔除算法又分为视域剔除(VFC)、遮挡剔除(OC)及背面剔除(BFC)三种算法。层次细节算法由于用处较广,不做具体介绍。基于图像的绘制算法是指利用二维图像信息来表达和绘制虚拟场景,分两类:以图像作为绘制元素的纯 IBR 算法和以几何及图像的混合式 IBR 算法。以增量地平线法为例说明预处理的优化步骤,增量地平线一词来源于地平线技术(horizon)的应用,是某些学者对其进行改进并形象命名得来的[124]。其实地平线技术就是大规模场景绘制时可见性剔除算法的应用。优化分以下五步:

（1）将块网格包围盒顶面朝向观察者的边投影到定制的地平线图像精度空间，并进行扫描线转换，记录其高度并与原先的地平线高度进行比较。

（2）如果存在某一个高度值大于地平线上相应投影位置的当前高度，则该地形块为可见，否则为不可见。

（3）对于可见地块，投影该块网格的潜在轮廓到图像空间并进行扫描线转换，如果投影高度值大于存储地平线的高度，则新值代替旧值，实现更新地平线数据，否则不更新。

（4）创建场景树，对于不可见部分，在模型数据中进行删除不可见叶节点，对于可见区域进行保留。

（5）创建状态树，把场景树转换来的状态树进行二次修正，继续判定场景区域是否可见，若不可见则继续删除渲染元子节点。若可见则对场景进行创建渲染树，对数据进行组织与排序，送交有限状态机 State 编号并交给渲染通道。

3. 2. 4　绘制器

1. 绘制队列管理

绘制队列管理是指绘制队列的绘制顺序调整、状态路径优化等一系列能改善绘制性能的功能集成，在 MCGRE 中设计了渲染树（StateGraph）来管理绘制队列。状态树由渲染台（RenderStage）和渲染元（RenderBin）两类节点构建而成。渲染台类继承了渲染元类，并承担了渲染树的管理和绘制工作。渲染元类设计见表 A. 3。

在渲染时，相机的渲染顺序会影响到渲染树的根节点的个数，若场景中有多个前序或后序渲染相机，就可能有多个渲染台根节点，它们按照自己预定的先后顺序进行渲染的组织形式也不一样，渲染序号较小的要先进入渲染通道，先进就先显示，这个前后顺序就是一个先后渲染显示的基准。渲染台类设计见表 A. 4。

图 A. 6 为状态树转换成渲染树示意图。为了更精确地控制场景中对象的绘制，MCGRE 的绘制必须以状态树为基础，StateSet 中对渲染元的设置也要更恰当地设置各类渲染状态的先后顺序。由于渲染元节点的构建与场景节点渲染状态集密切相关，这里需要为 StateSet 类加入一些新成员。下面为 StateSet 定义一些新的成员函数，如设置/获取渲染元序列号（void setBinNumber(int num)和 getBinNumber()const 函数）、设置/获取渲染元的类型名（void setBinName(const std::string& name)和 const std::string& getBinName()const）、设置渲染元的工作模式（void setRenderBinMode() 和 getRenderBinMode()）、统一设置渲染元参数（void setRenderBinDetails()）和快速设置渲染元的类型（void setRenderingHint(int hint)和 int getRenderingHint()const）。

2. 渲染转换

渲染转换的作用是将场景树传递给裁剪访问器，以裁剪场景信息并生成后台的状态树和渲染树；按照顺序遍历渲染树，执行各个渲染叶的绘制，将结果输出到图形设备中；监控前端数据更新和后台裁剪渲染的过程，避免产生数据变更的冲突；采用多线程或多 CPU 的工作方式实现循环流程。渲染转换的负责类是渲染器和场景视图，也就是核心绘制机制中的接口功能。渲染器是相机节点与渲染后台的一个公用接口。它与相机一一对应，一个相机就有一个与之关联的渲染器，它会负责传递场景与用户数据交给系统后台执行裁剪和绘制工作。渲染器在 operator() 中可以被添加到图形设备线程中，也可以被添加到相机相册中。渲染器的定义如表 3.2 所示。

表 3.2　mcgreViewer::Renderer 类

void cull()//由渲染器执行场景裁剪工作
void draw()//由渲染器执行场景绘制工作
void cull_draw()//由渲染器先后执行场景裁剪和绘制工作
void setGraphicsTreadDoesCull(bool)//设置是否在线程中完成场景的裁剪
bool getGraphicsThreadDoesCull()const//获取是否在线程中完成场景的裁剪
SceneView * getSceneView(unsigned int i)//获取渲染器对应的场景视图
void updateSceneView(SceneView *)//更新场景视图信息

渲染器并没有直接将场景树传递给裁剪访问器，也不负责记录渲染树或者状态树的节点数据，裁剪和绘制工作的真正执行者是它创建的场景视图。场景视图比较复杂，它包含了全部与场景裁剪和绘制有关的参数。场景视图设计见表 A.5。

3. 可绘制体绘制

MCGRE 中的图元是靠使用顶点索引机制来构建几何对象的，其类型种类同 OpenGL 中一样，包括 10 种，即点、线、线条带、闭环线、三角形、三角条带、三角扇面、四边形、四边形条带及多边形。由于图元绘制较为基础，这里通过几何体的绘制进而表达可绘制体对象的绘制。MCGRE 中设计了 Drawable 类用于保存和渲染多种顶点数据（如几何体、位图和文字等）。这里以几何体绘制为例，给出 Drawable 类的设计。Drawable 类向用户提供了很多接口，其核心绘制函数为 draw() 函数，且 MCGRE 在每一帧循环中都会调用这个函数。draw() 函数封装了 OpenGL 中的 glNewList()、glCallList() 和 glEndList() 函数，成为快速调用绘制通道（fast path）。

除了绘制执行函数外，Drawable 类还提供了获取/计算绘制对象的包围体（getBound() 和 computeBound()）、实际的绘制执行函数和强制重编译显示列表函数（drawImplementation() 和 dirtyDisplayList()）、设置显示列表和 VBO 顶点缓存对象（set/getUseDisplayList() 和 setUseVertexBufferObjects()）、编译和释放

OpenGL 对象（compileGLObjects（）和 releaseGLObjects（））等。下面着重介绍一个虚函数 drawImplementation（）。

　　drawImplementation（）函数是实际的绘制执行函数，它作为几何体绘制的核心，要完全实现 OpenGL 立即模式、顶点数组和 VBO 的绘制功能调用，并将用户传入的数据在场景中实现可视化。该函数的工作可以分为三个步骤：第一步，判断顶点数组数据是否合法，以及当前系统是否可以使用快速通道，如果无法从当前数据渲染几何体，则直接退出；第二步，如果允许快速通道，则根据用户设置显示列表或 VBO 使用顶点数组或 VBO 完成绘制工作；第三步，如果无法使用快速通道，则使用 OpenGL 立即模式完成绘制工作。但是需要对有关顶点数组、绑定方式和图元索引方式中的数据进行自行解析。

　　由于几何体绘制经常使用顶点数组、VBO、EBO 和 PBO 等的绘制操作，所以需要对它们进行封装，这里在前面 State 类的基础上扩充了其成员函数，见表 A.2。

　　由于几何体绘制需要不断更新，所以其数据的更新显示也是几何体绘制的一个重要内容。在仿真循环的运行期间，动态地更新几何体的顶点、法线、颜色等数据是一种常见的场景动画实现手段。例如，在海洋战场的绘制上，对于一张预先划分了大量网格点的几何曲面，如果面上的所有点按照某一种物理趋势进行偏移，就会形成波涛滚滚的动态海面效果。一种最简单的数据更新方法就是实时更新 setVertexArray 里的数组数据。但是如果默认开启了显示列表，就不能动态更新显示列表，因为显示列表内的顶点数据需要一次销毁和重建，并在仿真循环中被执行一次，所以此时可以使用另一种 VBO 的数据渲染方法进行数据更新。

4. 回调绘制

1）几何体的更新回调

　　场景中的几何体可以设置和使用回调机制，在系统运行时调用用户自定义的功能，完成几何体相关的信息获取、数据编辑和更新工作。为了避免概念混淆，几何体的更新回调不再使用节点回调，UpdateCallback 类通过 Update（）函数在重构后可以实时地获取和操作几何体。用户类可以从 UpdateCallback 类派生，并重构执行函数 Update（），从而实现自定义的更新回调功能。使用 Drawable∷setUpdateCallback（）设置给几何体，这个回调函数将在系统运行的每一帧被调用。Update（）函数的传入函数的参数包括一个系统内置的访问器对象（用于遍历节点树并找到回调对象的位置），以及回调所在几何体的对象指针，以便对其进行操作。代码示意如下：

```
drawable->setUpdateCallback(new UserUpdateCallback)
```

　　其中，UserUpdateCallback 是一个派生自 Drawable∷UpdateCallback 的自定义类，这里将其实例化并传给几何体。当然，也可以为几何体设置事件回调，其方法如同节点的事件回调。每当一个新的人机交互事件发生时,都会触发事件回调并执行用户自定义的回调函数内容。几何体事件回调类 EventCallback 类通过 Event()在重构后可以实时地获取和操作几何体。

2)渲染状态集回调

渲染状态集回调也包括更新和事件的回调结构,用于在场景每一帧更新过程中,或者产生于人机交互事件时,自动调用用户定义的回调功能代码。回调可以用于完成各种场景的渲染状态动画效果,如动画纹理、大雾弥漫、物体的渐显渐隐效果等。状态集回调的操作函数定义如表 3.3 所示。

表 3.3   mcgre∷StateSet 类

void setUpdateCallback(Callback *) Callback * getUpdateCallback()	设置/获取自定义的更新回调
void setEventCallback(Callback *) Callback * getEventCallback()	设置/获取自定义的交互事件回调

回调类的基类 Callback 定义如下:
mcgre∷StateSet∷Callback 类

void operator()(StateSet * ,NodeVisitor *)	虚函数,用于实现回调功能执行的主要内容

代码示意如下:

```
stateset->setEventCallback(new UserEventCallback);//已知渲染状态集对象
```
stateset 的事件回调设置

5. 绘制算法优化

状态树和渲染树的构建解决了"如何将场景树转换为可按照渲染状态遍历的状态树?"和"如何将状态树的渲染叶保存到可控制渲染顺序的渲染树中?"两个问题,但是为了更进一步实现操作渲染后台的核心绘制机制,需要对每一个渲染叶的数据进行重新优化排序。MCGRE 设计了渲染元列表的优化排序函数,通过该相关函数对渲染叶进行了优化重组排序。图 3.11 是渲染叶的优化排序伪代码。由于节点的渲染状态集可以设置渲染元的类型,所以不同的渲染元其排序方案也有所不同,如大量具有透明背景纹理的对象渲染(如森林)。可以设置渲染状态为 TRANSPARENT_BIN,按照深度顺序,从小到大排序较为妥当,此时还会自动加载一个 Alpha 为 0.0 的透明过滤阈值,使得场景纹理透明色不能被绘制到缓存中。由于使用太多排序可能造成系统渲染性能降低,这里只设定这一种优化排序算法,其他的方法暂时没有添加。

```
#执行子渲染元的排序
FOR 渲染元 IN getRenderBinList()
      渲染元->sort();
ENDFOR
IF 设置了排序回调 SortCallback
      执行用户自定义的排序回调
ELSE
      IF getBinName= "RenderBin"
            按照渲染叶的渲染状态排序
      ELSEIF getBinName = "DepthSortedBin"
            按照渲染叶的深度顺序，从大到小排序
      ELSE getBinName = "TraversalOrderBin"
            按照渲染叶对应的可绘制体对象在节点树中的遍历顺序排序
      ENDIF
ENDIF
```

图 3.11　渲染叶的优化排序伪代码

6. Shader 绘制器

使用 Shader 进行绘制后面临的一个新问题就是 Shader 绘制器参数传递的读取及使用过程。Shader 的参数主要有着色器类型（顶点着色器、片元着色器和几何着色器）和着色器源代码文件，这些参数给用户留下了渲染接口。每一个 Shader 对象就是一个着色器。

Shader 类封装了几种着色器类型和着色器源码文件，相当于 OpenGL 函数 glShaderSource() 和 glCompileShader() 的实现接口。Shader 类一般要与 Program 类、Uniform 类及部分 StateSet 类一起使用。因为 Program 类负责启动、添加和删除 Shader 对象，可以把着色器绑定到指定的场景对象上，相当于 OpenGL 函数 glProgram() 的一个接口。Program 类还可以给着色器指定索引位置，设置其参数，也可以通过 setParameter() 函数设置几何着色器的参数，就相当于将这些参数值传递给 OpenGL 中的 glProgramParameteri() 函数。可以使用 addBindAttribLocation() 绑定顶点到着色器的属性变量上，并使用 addBindFragDataLocation() 绑定片元着色器输出的数据到 FBO 上。Uniform 类是着色器中一致变量的接口类，它是用户应用程序与着色器的主要交互接口。而一致变量对象又由渲染状态集 SatateSet 类统一负责管理。所以 Shader 类与 Program 类、Uniform 类及 StateSet 类密切相关。表 A.6～表 A.9 分别是以上四个类的基本定义。

3.3　绘制流水线设计中的调度机制

MCGRE 中的调度机制是指回调机制，它可以作为一个参数传递给其他功能函数，从而实现对某些底层系统事件的响应和处理。MCGRE 的节点主要使用回调来完成用户临时定义的、需要每帧执行的工作。它是一种方便扩展节点功能的方式。但是用户想要通过一种结构清晰的方式实现比较复杂的用户节点,就需要重构 Node::traverse()函数并编写自定义的实现代码。在 C++中,MCGRE 使用函数指针将回调函数的地址作为其他系统或用户函数的传入参数。调度机制包括节点回调(更新回调和事件回调)、几何体的更新回调、渲染状态集回调、一致变量回调、裁减回调、动画更新回调、相机回调和文件读写回调等。由于在节点控制、事件回调及回调绘制中分别对节点回调、几何体更新回调及渲染状态集回调进行了介绍,所以下面对其余部分的回调进行介绍。

3.3.1　一致变量回调

一致变量对象 Uniform 的更新和事件回调主要用于每一帧更新着色器中的用户数据,从而改变渲染的行为和输出结果。在自定义的回调主体函数中执行 set()函数来完成新数据值的设置。

3.3.2　裁减回调

和事件与更新回调类似,MCGRE 中裁剪回调也有两种类型,分别针对节点和可绘制体。回调的执行位置就在 CullVisitor 遍历场景的过程中。如果满足回调中的裁剪条件,则对此节点的遍历自动中止,该节点及其子节点都不会被传入渲染管线。节点的裁剪回调可以派生自 mcgre::NodeCallback 类,使用 Node::set-CullCallback()函数设置给某个节点,其执行者为 operator()操作符。

节点回调的执行函数中必须调用 traverse()函数以保证访问器能继续遍历下一级节点,因此从 NodeCallback 类派生一个裁剪回调,并采用类似下面的代码形式来编写 operator()的内容,就可以保证裁剪回调按照用户的需要工作。

```
void operator()(Node* node,NodeVisitor* nv)
{
    If(cull(node))return;    //执行自定义的 cull()函数进行裁剪测试
    else traverse(node,nv);
}
```

可绘制体(Drawable)的裁剪回调类定义则不同,编写可绘制体的裁剪回调类只需要重构 cull()函数,并使用 Drawable::setCullCallback()进行设置即可。

3.3.3　动画更新回调

动画更新回调是一个与通道相链接的对象,通过获得和解析通道中的动画内容,实现场景节点的更新回调。一个场景动画体对象包括通道、采样器、插值器、执行对象及关键帧等,对其的更新可以使用 AnimationUpdateCallback 类来完成。这里可以通过设置通道中的目标名来设置动画更新回调名。表 3.4 是该类的定义及解释。

表 3.4　mcgre∷Drawable∷CullCallback 类

AnimationUpdateCallback(const std∷string&)	构造函数,设置回调的名字,是各个动画通道的作用对象名
bool needLink()const	虚函数,判断是否要为回调链接各个动画对象
bool link(Channel * channel)	虚函数,链接一个动画通道
Int link(Animation * animation)	虚函数,链接一个动画对象并返回已经链接的通道数
Void updateLink()	虚函数,更新所有的链接

3.3.4　相机回调

相机回调指相机工作时的用户更新回调。它支持 4 种回调类型,分别用于渲染启动时、正式渲染前、正式渲染后和渲染结束时,而且它又可以直接执行用户自定义的 OpenGL 命令。相应地,主要的相机回调功能函数也有四个,分别是 setInitialDrawCallback(DrawCallback * cb)、setPreDrawCallback(DrawCallback * cb)、setPostDrawCallback(DrawCallback * cb)、setFinalDrawCallback(DrawCallback * cb)。

3.3.5　文件读写回调

文件读写回调是指在读入文件时执行用户自定义的特殊功能,它的定义位于 mcgreDB 库中,且有四个回调功能类相互协作来实现文件的读写回调机制。这四个回调功能类分别为 FindFileCallback、ReadFileCallback、WriteFileCallback 和 FileLocationCallback。它们都是在注册器中被设置的,可以完成记录和显示文件搜索进度、从网络中申请数据等功能。FindFileCallback 类主要用于各种数据文件和链接库文件的查找;ReadFileCallback 类主要用于替代默认的文件读取流程;WriteFileCallback 类主要用于替代默认的文件写出流程;FileLocationCallback 类主要用于定位分页数据库中动态文件的位置。以 ReadFileCallback 类为例,给出其具体定义,见表 A.10。

将一个设计好的用户文件回调派生自 ReadFileCallback 的 UserFileCallback 类,传递给 mcgreDB 的注册器对象,并应用于以后的所有文件读取操作的示意代码如下:

```
mcgreDB::Registry::instance()->setReadFileCallback(new UserFileCallback)
```

3.4　绘制流水线设计中的组件封装机制

绘制流水线设计中组件封装机制的设计规则如下:

(1)如果一个任务不能分解成更小的单元进行实现,则把该任务的处理单元封装成一个函数,如 void cull()函数。

（2）如果一个任务还能继续分解，且分解后的若干子任务不能再分，则把该任务的处理单元封装成一个类。例如，mcgre∷Uniform 类包含了 float、int、vec2、vec3 等的数据类型。

（3）如果相同的任务在同一级处理过程中实现，则把这些任务归到同一个类中。例如，用户可以创建多个相机，而多个相机又有与之对应的渲染器，所以渲染器必须封装成一个类（这里可以通过定义多个类的对象来实现）。

（4）如果不同的任务属于同一个对象的属性功能，则把该对象的属性归到同一类中。例如，渲染器中的绘制 draw 函数和场景视图中的 draw 函数，在裁剪阶段要隐藏场景视图的 draw 函数（虽然实际执行工作的是场景视图中的 draw 函数），而在渲染器中同归一 Renderer 类。

（5）对函数中的参数命名要能表达参数的示意。例如，void setStateSet（StateSet＊）函数就带有 StateSet＊参数的类型。

（6）对于函数的类型要明确注明，如 bool handle（）函数的布尔型。

（7）把同属于一个独立任务系列的执行阶段封装成一个模块。例如，场景树的数据组织、场景树的节点控制及场景中的事件回调都属于场景组织模块。

（8）把一整套具有相同使命的多任务执行阶段的执行过程封装成一个子系统。例如，在 MCGRE 绘制流水线中，以数据组织、数据优化和数据绘制三个任务阶段为依据划分成场景组织模块、绘制预处理模块和绘制器模块。而这三个任务阶段具有先后顺序且能自组成一套执行过程，所以把绘制流水线封装成子系统。以下以场景组织模块为例，给出了场景组织模块中各个类的封装及主要功能函数的定义。图 3.12 为场景组织模块的组件封装类图。

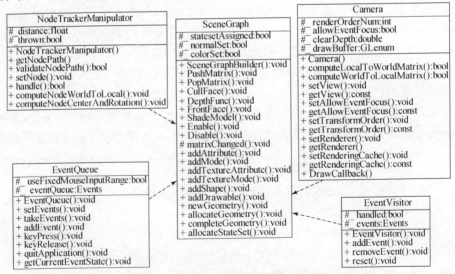

图 3.12　场景组织模块的组件封装类图

3.5　绘制流水线设计中的扩展机制

3.5.1　基于场景图的扩展机制

1)节点类型扩展

场景图是一个开放式结构,其节点的类型和支持的功能具有较强的扩展性。它包括两类基本节点,且这两类节点又派生出多种子节点,从而使三维对象的行为得到扩展。实现过程中,扩展节点只需要重载 Group 节点或者 Geode 节点,并利用绘制循环维护自己的状态,给出绘制对象,即可完成扩展。场景图两类基本节点可以扩展三维世界的任意对象行为,应用开发者可以采用该扩展方法以满足不同对象的描述需求[125]。

2)场景动态改变扩展

场景图是一个动态结构,在系统绘制循环中场景中的节点都是可以动态改变的。为了实现算法扩展机制,场景动态改变则需要添加辅助图元和多遍绘制。图 3.13 给出了利用场景动态改变扩展实现阴影体(shadow volume,SV)算法[126]的实例。图中为了动态组织辅助图元绘制,一个新的组节点 SVGroup 被添加到场景图中。SV_A 和 SV_B 是辅助图元,Geode_stencil 是为了实现阴影混合而添加的多遍绘制体。通过对 SVGroup 节点的动态控制可以调节阴影效果。利用场景图的动态改变可以将这类通过添加辅助图元和多遍绘制的算法引入绘制引擎,提供对于一类算法的扩展机制,提高引擎绘制能力。

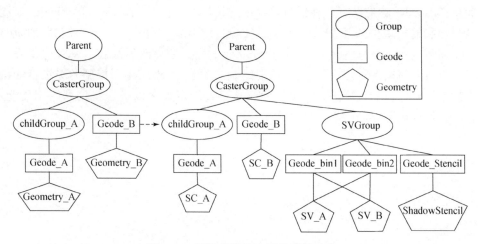

图 3.13　阴影体算法中场景图的改变

3.5.2　基于回调的扩展机制

回调机制是系统程序设计中常用的方法,其思想是在存在循环的系统中,将每次程序循环中需要调用的函数注册在系统中,系统每次循环经过时就自动调用该函数,完成特定的操作。MCGRE 中的回调机制包括两类回调:节点行为回调和对象绘制回调。节点行为回调是将场景对象行为的控制逻辑封装在节点回调对象中,再将回调对象注册给场景中需要进行控制的对象节点,从而给场景对象赋予行为规则。对象绘制回调是一段由应用开发者编写的独立的绘制过程,该过程由应用程序注册到绘制引擎中后,会被放置在绘制队列的不同位置。在每一帧绘制过程中,绘制管理模块都会自动查询对象绘制回调,并调用回调完成独立的绘制过程。因为这段绘制过程是由应用开发者编写又具有独立执行的特点,所以实际上是图形绘制引擎提供的一种扩展绘制能力的机制,可以方便应用开发者直接使用底层图形库来扩展出图形绘制引擎暂不支持的绘制效果。

3.5.3　Shader 渲染扩展

Shader 是目前最为常见的使用 GPU 可编程处理单元进行绘制编程方式。MCGRE 中 Shader 设计思想就是一种面向可编程流水的渲染设计模式。史逊等[127]也是采用了这种思想设计了基于状态集的 Shader 渲染框架。Shader 绘制队列可以有两类:第一类,MCGRE 通过绘制预处理阶段的有限状态机排序优化算法,将 Shader 作为一类绘制状态,对其赋予排序权重,形成 Shader 绘制队列;第二类,Shader 内部排序使得每一个 Shader 构成不同的排序单元,自身就能形成绘制队列。因此,MCGRE 在相同 VBO 和纹理的条件下,相对于固定流水可以形成前后两类 Shader 绘制队列。在绘制管理中,MCGRE 设计了全局唯一的 Shader 绘制器。绘制器模块把涉及 Shader 的绘制控制权交给专门的 Shader 绘制器,Shader 绘制器指定 Shader 进行绘制。对于 Shader 的引入使得图形绘制引擎对应用开发者可以自己编写 Shader 程序指定给要绘制的对象,实现应用可控制的更丰富的特殊效果,甚至可以自己编写 Shader 程序来替代固定流水以进一步提高绘制性能,缓解了目前图形绘制引擎绘制能力不足的问题。

第 4 章　光场绘制技术

MCGRE 绘制的场景需要真实感渲染,否则无法让人感受到虚拟现实技术带来的"真三维世界"。光场绘制技术是 MCGRE 真实感渲染的一个关键技术,它是通过光照模型计算颜色缓存区内像素颜色值以实现光照渲染的。传统的光场绘制要通过物体的材质、光照属性和光照模型反映出来,所以根据用户需求选择采用合适的光照模型及光源属性对不同材质的物体进行表面光照的计算是光场绘制的主要内容。然而不同的应用领域使用传统的光照渲染有可能无法进行绘制,例如,在一个基于海洋战场的可视化仿真系统中,水下光场的绘制就是一个难以使用传统方法进行模拟的问题。本章从主流引擎的常用光照渲染算法入手,介绍几种不同模型的算法实现过程,引出适合于海洋战场的水下光场绘制算法,进而实现 MCGRE 的光照渲染模块设计。

4.1　光场可视化简介

三维模型的绘制不仅需要保证几何形状的准确性,还应具有比较真实的视觉外观。利用光照模型计算物体表面的光照颜色值,才能保证绘制的物体有较好的视觉效果。通过光照模型的逐个像素点颜色值的计算,才能形成光场绘制效果。由于光场能够被人们视觉感知,且它具有方向性、扩散性及衰减性的特点,所以它属于视觉物理场。光场可视化是先通过构建光照强度图像,然后以中心为原点,颜色逐渐向四周衰减,最后进行纹理贴图的方法。水下空间战场的光场绘制比陆地光场绘制复杂一些,原因有三点:①海水折射率比空气的折射率大,海水密度变化较快,使得光在密度不均匀的海水介质中传播会形成不规则的光场;②海水中的浮游杂质较多且不均衡特点影响光的传输,使得光场衰减较快且场的绘制效果不均匀;③光在风海波(由海面风场形成的波动的简称)及涌流的扰动下传播,海水的流动会增加光的计算复杂度。由于水下光场的复杂性,很多学者都是定性地研究其绘制技术[128~134]。

4.2　引擎中常用光场渲染模型

三维虚拟场景的光照计算一般采用局部光照模型。第一个局部光照模型是 Gouraud 模型。Gouraud 模型又有一个衍生的 Phong 模型,这两种模型是如今主流三维图形引擎中应用光照模型的实际标准。此外,还有一个衍生的明暗处理算法——Z 缓冲器算法。相对于局部光照模型的是全局光照模型。它考虑了光源的直接照明和通过其他物体的间接照明,主要包括辐射度和光线跟踪两类算法。全局光照模型能够模拟最接近真实世界的光照,但是光照计算比较复杂,难以在实时图形绘制中大量应用。随着可编程的图形硬件的出现,使 CPU 与 GPU 得以并行协作,加速了图形算法的执行效率,给光照计算带来很大影响。一些全局光照模型也开始被人们使用,并一度进入图形引擎的设计中。

4.2.1 Gouraud 明暗处理

Gouraud 明暗处理算法是一种简单的明暗光照模型[135],该算法只计算多边形顶点的光强度,然后通过插值计算得到其他点的光强度。通过插值来计算其他点的光强会导致一种视觉上的假象出现。这是因为线性插值是在二维空间中进行的,原本在三维空间中距离相等的两条线投影到二维空间后距离有可能不相等,因此,它们插值的计算也会不一样,这样就会导致计算偏差,但该算法仍然产生了一个可接受的视觉结果[136]。一个局部反射模型将一个表面的反射看成三部分光照(环境光、漫反射分量和镜面反射分量)的叠加,这样,一个表面的反射光强度可以由式(4.1)计算:

$$I=K_m I_m+K_n I_n+K_p I_p \tag{4.1}$$

式中,I_m、I_n、I_p 分别代表环境光、漫反射光和镜面反射光的光强度,这三个分量的大小又由三个常量系数控制,且三个系数之和为 1。

图 4.1 是光强插值计算示意图。设有一个曲面,已知四个顶点像素 A、B、C、D 的光强,要计算该曲面上一点 Q 的光强值。则有

$$\begin{cases} I_P=k_1 I_A+(1-k_1)I_B \\ I_E=k_2 I_B+(1-k_2)I_C \\ I_Q=k_3 I_P+(1-k_3)I_E \end{cases} \tag{4.2}$$

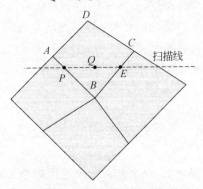

图 4.1　光强插值计算示意图

式中，$0\leqslant k_i<1(i=1,2,3)$ 为相应的线性比例系数（如 $k_1=AP/AB$），所以可以计算出 Q 点处像素的光强值。可以根据增量方式计算扫描线上各像素点的光强值。若扫描线上两个像素点 P_0、P_1 处距离为 Δt，则可以确定沿扫描线的增量计算公式：

$$I_{P1}=I_{P0}+\Delta I_{PE}\Delta t \tag{4.3}$$

　　Gouraud 光照模型仅能保证在多边形边界两侧光强的连续性，但不能保证其变化的连续性。Gouraud 模型计算光强时最大的缺点是无法得到高光，因为它只计算在顶点处的光强。我们知道多边形网格是对曲面的近似，在 Gouraud 明暗模型中，两像素点间的所有点的光强是通过先计算两参考点处的光强度，然后再进行插值得到的，显然这样没有对光强的方向进行处理，故不会得到高光效果。

4.2.2　Phong 明暗处理

　　Phong 明暗处理算法是先把镜面反射、泛光照射和漫反射光分量结合在一起进行法向插值，然后把插值的法向用在光强计算中的光照处理方法。该算法考虑了曲面的曲率致使计算量较大，带来效率的降低。使用 Phong 模型做向量插值的计算量是使用 Gouraud 模型做强度插值的 3 倍以上，并且每个向量都必须被归一化，还必须对每个像素的投影使用光强计算公式。虽然 Phong 方法可以实现高光效果，但是它还是线性插值模式，仍能导致马赫带效应。两者共有的缺点是，在绘制凹多边形时均可能得到不合理的结果[135]。

　　图 4.2 是两者的区别，图 4.2(a)中 Gouraud 光照模型是标量的线性插值，而 Phong 光照模型是向量的线性插值。N 代表向量，I 代表光强度值（标量），图 4.2(b)中省略了光强度 I 值。

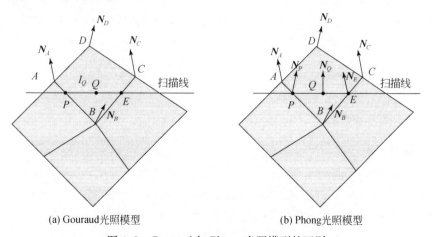

(a) Gouraud光照模型　　　　　(b) Phong光照模型

图 4.2　Gouraud 与 Phong 光照模型的区别

所以 Phong 方法的向量插值可以用增量形式计算表示:

$$\begin{cases} N_{Sx,n}=N_{Sx,n-1}+\Delta N_{Sx} \\ N_{Sy,n}=N_{Sy,n-1}+\Delta N_{Sy} \\ N_{Sz,n}=N_{Sz,n-1}+\Delta N_{Sz} \end{cases} \tag{4.4}$$

式中，$N_{S,n}=N_{Sx,n}+N_{Sy,n}+N_{Sz,n}$ 表示某一点处的向量是该点向量在三个坐标分向量之和，且有 $\Delta N_{Sz}=\dfrac{\Delta x}{x_b-x_a}(N_{bz}-N_{az})$。Phong 模型可以很好地渲染镜面反射，尤其对高光部分渲染的效果更加明显。图 4.3 为两者渲染的效果对比。

(a) Phong光照模型　　　　　　　　　　　　　　　　　(b) Gouraud光照模型

图 4.3　采用 Gouraud 与 Phong 光照模型渲染的场景效果对比[137]

Duff[49]在 Phong 光照模型的基础上进行了改进，成为一种快速的 Phong 明暗处理方法。他把插值算法、反射方程及增量算法相结合，为 Phong 明暗处理方法节省了 4 次加法和 6 次乘法运算，省去了很多计算量。但是剩余的除法和平方根仍耗时。Schlick[50]则利用一个 Schlick 函数来代替 Phong 的余弦指数因子，使得模型更加简化易算，在渲染效果上得到的镜面高光分布比 Phong 模型更为扩散，且带来的马赫带效应明显减小。该方法在不需要额外内存的条件下更适合硬件加速实现。

4.2.3　Z 缓冲器算法

Z 缓冲器算法是一种最简单的可见面算法。该算法属于图像空间算法，实质是利用帧缓冲器存储图像空间的每一个可见像素的光亮深度，比较准确地写入帧缓冲器像素的深度 $z(x,y)$ 值与该像素的原深度 Z-buffer 值，若大于 Z-buffer 值就将此多边形的光强和颜色属性写入帧缓存器以显示，反之，就视该多边形为不可见显示为黑色。$z(x,y)$ 值越大，光强度就越大，表现为亮度越高。这种算法易于结合硬件加速,渲染效率高,操作方便。但是它不是基于真实的光照模型,图像表现出不真实性。它比较难于实现反走样、透明和半透明效果。Z 缓冲器算法本身不能表现出场景中的阴影,阴影的绘制必须通过其他方式得到。

Greene 等[52]改进了 Z 缓冲器算法,成为层次 Z 缓冲器算法。该算法充分利用了景物空间的连贯性、图像空间的连贯性和时间的连贯性,显示了千万级多边形的复杂场景。该算法采用八叉树分割法予以减少消隐判断中扫描的多边形数目,采用图像空间的 Z 金字塔算法减少了八叉树立方体扫描转换的耗时,在绘制多帧图像时,将上一帧中所有可见的空间立方体单元构成一张时间连贯性表。因此现在绝大部分的实时图形渲染程序都使用这种技术。图 4.4 为 Z 缓冲器算法的应用效果图。

图 4.4 Z 缓冲器算法的应用效果图[135]

4.2.4 光线跟踪算法

Goldste、Nagel 和 Appel 等提出的光线追踪算法是一种典型的全局光照模型。Appel 为了计算阴影从而提出了光线追踪的方法;Kay 和 Whited 为了解决镜面反射和折射问题扩展了此算法。光线跟踪算法原理:屏幕上的每个像素都有光强,从该像素点追踪一条从视点出发并通过该像素点的光线,求出和虚拟环境中物体的交点。然后,在交点处将光线分为两支,一支为镜面反射光线,另一支为折射光线,分别沿镜面反射方向和透明体的折射方向进行光线追踪,形成一个递回的追踪过程。光线每通过一次就形成一次反射或折射。由于物体材质决定光线反射和折射系数,光线在经过多次反射和折射后都会产生强度衰减。当该光线对原来像素光亮度的分布小于某一个给定的值时,追踪过程即终止。

光线跟踪算法实际上是光照明物理过程的近似逆过程,这个过程可以跟踪景物间的镜面反射光线和规则透射,模拟了理想表面的光的传播。光线追踪是一个典型的物理采样过程，由于屏幕上各个像素点的亮度都是分别计算的，会造成失真走样。而算法本身的计算量又使得加大采样频率的反走样技术难以实现。所以人们开始研究如何避免光线跟踪算法造成失真的方法，光线跟踪的超采样反走样算法是一种适用于光线追踪的像素细分反失真技术。图 4.5 为该算法的伪代码。

```
RayColor RayAntiAliasing (RayColor I₁ ,RayColor I₂ ,RayColor I₃, RayColor I₄)
{
    RayColor I,Iₐ,I_b,I_c,I_d;
    if(I₁,I₂,I₃,I₄相差较小)
    { I = (I₁+I₂+I₃+I₄)/4;    }
    else
    {
            Iₐ = RayAntiAliasing (I₁,I₁₂,I_m,I₄₁);
            I_b = RayAntiAliasing (I₁₂,I₂,I₂₃,I_m);
            I_c = RayAntiAliasing (I_m,I₂₃,I₃,I₃₄);
            I_d = RayAntiAliasing (I₄₁,I_m,I₃₄,I₄);
            I = RayAntiAliasing (Iₐ,I_b,I_c,I_d);
    }
    return I;
}
```

图 4.5　光线跟踪的超采样反走样算法的伪代码

4.2.5　辐射度算法

辐射度是指单位时间内从曲面上单位面积反射出去的光能量。辐射度算法是对封闭环境的能量平衡过程的描述，它仅考虑了场景的整体漫反射。辐射度概念最初由 Goral 等[40]于 1984 年提出，后经过 Nishita 等[41]以热传导工程的方式提出了辐射度方法。他使用光辐射代替环境光源，精确地处理了对象之间的光反射问题。

常规光照模型就是将物体间的漫反射视为一个恒定的环境光源，这种光照模型只能处理物体间的反射和折射问题，而对物体间的漫反射问题则无能为力。辐射度方法是将场景和光源视为一个封闭的系统，在这个封闭的系统中总的光能量是永远是守恒的，以 B 来表示辐射度。理想情况下，可以认为每个曲面片上的光强度都是均匀的，即在各方向上的漫反射都是均匀的。通过辐射度模型，可以得到一个线性方程组：

$$\begin{bmatrix} 1-\rho_1 F_{11} & -\rho_1 F_{12} & \cdots & -\rho_1 F_{1N} \\ -\rho_2 F_{21} & -\rho_2 F_{22} & \cdots & -\rho_2 F_{2N} \\ -\rho_N F_{N1} & -\rho_N F_{N2} & \cdots & -\rho_N F_{NN} \end{bmatrix} \begin{bmatrix} B_1 \\ B_2 \\ \vdots \\ B_N \end{bmatrix} = \begin{bmatrix} E_1 \\ E_2 \\ \vdots \\ E_N \end{bmatrix} \tag{4.5}$$

式中，B_i 为辐射度；ρ_i 为多边形曲面表面的反射率；F_{ij} 为从面片 i 到面片 j 的形状因子；E_i 为表面发射能量的速率。

辐射度方法的主要计算量在于计算形状因子。Cohen 等[42] 提出了一种高效近似计算封闭面形状因子的半立方体方法。首先，以面片 i 的中心为原点，以过原点的法矢量为 Z 轴创建一个半立方体，将半立方体的五个表面划分成均匀网格，每个网格单元的微元系数即可预先求得；然后，将场景中所有其他面片都投影到半立方体上，并对多个面片投影到同一个网格单元的情况在投影方向上进行深度比较，网格单元只保留最近的面片，这样的过程就相当于 Z-Buffer 算法；最后，将半立方体中所有和面片 j 相关的网格单元的微元系数累加，即可得到面片 i 相对于面片 j 的形状系数 F_{ij}。辐射度方法有三个优点：①算法和视点无关；②计算和绘制可以分开并独立进行工作；③算法能够模拟颜色渗透效果。但是算法无法处理镜面反射和折射问题。图 4.6 为辐射度算法的光照渲染效果。

图 4.6　辐射度算法的光照渲染效果[135]

4.2.6　光线跟踪与辐射度结合算法

光线追踪和辐射度结合算法并不是仅仅将两种方法的计算结果相加，而是两种方法需要同时处理几种漫射面和镜面之间的光能传输机制。Wallace 等[43] 提出了两步法：第一步是执行和视点无关的辐射度方法，辐射度的计算必须考虑镜面反射，这可以通过镜像技术建立封闭环境的镜面虚像进行模拟实现；第二步则是执行基于视点的光线追踪算法，这可以通过一个反射四棱锥和 Z 缓冲器对入射光的采样来处理全局镜面反射和折射，并生成图形。

基于视点的光线追踪算法效率的关键在于第一步，其中，镜像法只需处理理想镜面的反射作用，并据此对形状系数加以修正，形状系数的计算量将随镜面数量的增加而显著增加。且在第二步的实现中，也可以通过定义一个双向投射函数和沿透射方向定义一个投射四棱锥的方法，实现规则投射、透明和折射效果。在执行 Z 缓冲器算法时，通过绕其轴线随机地旋转反射和透射四棱锥的方法有效地消除走样现象。

Sillion 和 Puech 进一步扩展了上述两步法,在第一步时不采用镜像法,而是采用递回的光线追踪来计算扩展的形状因子,这样就可以处理具有任意几何曲面间、任意数量镜面和透明体的场景。该扩展两步法中的第一步是基于标准漫射形状因子的辐射度解。他们采用光线跟踪技术计算扩展的形状因子。根据需要随时调整表面漫反射系数,而对于镜面,反射系数一旦变化,则必须重新计算扩展形状因子。第二步也采用光线跟踪技术,但是在计算扩展形状因子时,不考虑阴影探测光线。

4.3　一种水下光场的绘制方法

4.3.1　风海波下光场渲染

地球表面积的 2/3 被海洋覆盖,这意味着入射到地球上的太阳辐射有一大部分被海洋吸收,其时间和空间的变化驱动着整个大气环流、海洋环流以及海洋生态系统。定量、科学地了解太阳辐射在自然水体中的传播特性显得非常重要。表面上看,海洋的光传播特性有吸收和散射两部分,其实光在水体中传输是一个复杂的物理过程,而研究这个过程就需要确定光被吸收与散射的方式和程度,并建立描述光场与海水光学特性的关系式。

海水的总光学特性分为互相独立的两大类:固有光学特性和表征光学特性。固有光学特性指依赖于水体本身以及水体中各种成分的那些特性,与环境光场无关。固有光学特性的两个基本量是吸收系数与体积散射函数,还包括散射系数、折射指数、光束衰减系数以及单次散射反照率,所有量都是与光谱相关的;表征光学特性指既依赖于水体中的成分又依赖于环境光场几何结构的那些特性,包括向量和标量辐照度、反射比、入射辐射的平均角余弦以及辐照度漫射衰减系数等物理量,理想的表征光学特性仅随着外部环境的变化产生少许变化,从一种水体到另一种水体,表征光学特性将产生足够大的变化来表现两种水体不同的光学特性。

然而传统光照模型大多数是基于几何光学的,这种几何光学模型无法模拟海洋光场散射、漫反射、镜面反射、泛光及折射等波动现象[138]。随着计算机图形学及虚拟现实技术的飞速发展,人们对海洋波动光学现象模拟方法的研究也日渐深入。Morel 等[128,129]对 490nm 波长的光在海洋水域中辐射传输的光学特性进行了仿真。Hieronymi 等[130]根据仿真实验得出结论:水下光的可变性取决于水面波动聚焦效果的特殊性,不规则水波场的形状决定了沿着水纹的强度增加和光可变性分布,而所有的叠生单一波形都会造成光的特殊时空波动状态。Gernez 等[131]通过近海测量和仿真实验得到水下光场强度与水深的衰减关系和衰减系数,并进一步给出光线在波动海面下传输的光照模型。Hieronymi 等[132]研究了因波动水面而产生复杂时空波动光场的分布情况,并对水下 100m 以上区域的光场进行发光的聚焦特性和主导能量进行了讨论。上述工作基本上集中在水下光场的传输特性及衰减因素的定性研究或数值计算,而模拟光在动态海面下的折射、散射、镜面反射、泛光及漫反射等整体光照现象及辐射度的研究,尤其是交互式动态光影的可视化模拟,则很少有人涉足。

本节首先将简要回顾经典的蒙特卡洛光学模型,然后将把蒙特卡洛模型中光的能量衰减公式推广到三维场景中,利用 Stokes 理论设计海面的二维剖面图,研究二维平面上光的传输特性。由二维剖面光传输模拟推导三维动态海面的生成以及光在三维水体中的定性传输特性及光线亮度计算公式。考虑到海水中折射光线对水中实体对象的影响,就把折射光线的推导作为射到水中物体上某一点处入射光线的定性计算输入,结合整体光照模型和散射模型,从而建立一个基于海洋波动光学的水下整体光照与辐射度模型,作为运用该模型的例子,最后将展现水中鱼群流动光影的绘制效果。

1. 光场的蒙特卡洛模型

Monte-Carlo 法是通过描述单个光子的路径来模拟实际光能辐射传输过程。此方法可以处理任何几何空间下的辐射传输问题,并能处理任意单次散射反照率和各向异性很强的相函数,所以得到广泛使用。但以此方法建立的辐射传输数值模型计算时花费机时多,计算结果的精度与所用的光子数的平方根成正比。

对于 490nm 波长的辐射转移仿真已经实施了。在这个波段下已实现的固有的海洋水域光学特性来自于 Morel 的论文。这篇文章讲的是同种类的带有 $0.1mg/m^3$ 叶绿素的水,这个水的类型属于开放式海洋充分伸展型。窄光束在水体内部的 2D(忽略了方位角方向)传播被模拟出来,且在二维平面上模型表现为深度 100m、宽 150m 的带有 0.1m 网孔大小的网格覆盖区。仿真显示光子能够离开光体,但是永远不能再进入光体。通过在 $0 \sim 1$ 内选择随机数 R,且对比其他的 Monte-Carlo 步骤,在分散的处理过程中由分散系数 b 可以得到路径长度 l,即

$$l = -\frac{1}{b} \log R \tag{4.6}$$

在结果中,为了平衡超量部分光子路径的长度,我们沿着覆盖的路径插入一个光线连续的微小分量。因为水介质总的吸收特性决定在分散点上能量没有额外的丢失,仅仅存在光传播的一个随机变化。这个沿着路径的能量衰减服从比尔定律:

$$I = I_0 \exp(-al_z) \tag{4.7}$$

设定在点(0,0)处初始化的光子能量 I_0 为 100%,水的总的吸收系数为 a,总的覆盖距离设定为 l_z。一旦光子路径参照全球坐标系,光子路径参照全球坐标系后,其有向轴射度就能确定下来。在这个特殊深度下的一个完美平面内,所有直射与漫射部分的水平总和分别导致了向下、向上的辐射度 E_d 和 E_u。

图 4.7 比较形象地展示了单一光束在水中 0°和 48°方向上空间发光的传播模

型(颜色等级是对数的)。这个图案描述了累计下降辐射度在 100m 宽"探测器"下水深和水平扩散。漫射与直接向下直射辐射度的分配模式是光场叠加的基础。

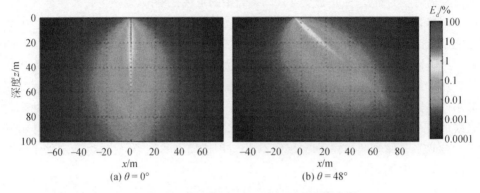

图 4.7　单光束在水中空间光辐射的传播模型

2. 基于 Stokes 理论的光场二维剖面分析

现在根据 Stokes 理论做二维剖面方程并对光场剖面进行 Matlab 仿真,光场采样间隔为 0.00025mm。白色线为风海波浪线,黑色区域为海面上 100% 的太阳光强度,风海波浪线下面的灰度深浅为独立的海水能量层分布趋势,黑线为太阳光中的红色光经海水折射后的折射线。

由图 4.8 水下二维剖面光折射干涉现象仿真图可见,A 区形成干涉较强的高亮区,随着光线能量的衰减,A 区从上到下光强逐渐变暗,直至能量忽略不计;B 区形成干涉较弱的高亮区(从无间隔连续采样及光的散射来看),只是干涉部分主要

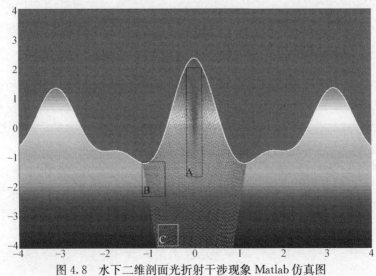

图 4.8　水下二维剖面光折射干涉现象 Matlab 仿真图

表现为光在不纯净的海水中散射部分的干涉,主要能量则随着折射光线向下形成发散光域,直到 C 区以下,光线能量衰减至可以忽略不计。而 C 区也形成了可见光域,只是光域强度较小,此时做间隔采样发现光线间有暗影。以上都是做定量采样实验得到的定性分析结论。

3. Stokes 公式下三维光场的绘制方法

通常的三维空间光场主要表现在能量的衰减特性及光的方向性[139]。为了能够逼真地可视化表达这两种特性,现在对其进行可视化处理,具体方法如下。

(1)对 Stokes 二维剖面方程进行三维化,生成三维的动态海面,设 $\theta = f(\text{Lon}, \text{Lat})$,考虑 θ 是 $[-3\pi, 3\pi]$ 中的随机数。可以得到三维曲面方程:

$$\begin{cases} \text{Alt} = t(\theta) \\ \theta = f(\text{Lon}, \text{Lat}) \end{cases} \tag{4.8}$$

也可以转换写成标准形式的三维曲面方程。把经纬度作为参考坐标,分别移动一个相位差,可得三维曲面方程。式(4.9)中设置 a、k 值以调节海面特性。

$$\begin{cases} \text{Alt} = a\cos(\text{Lon} + 50\text{Lat}) + \dfrac{1}{2} ka^2 \left[1 + \dfrac{17}{12}(ka)^2 \right] \cos 2(\text{Lon} + 50\text{Lat}) + B \\ B = \dfrac{3}{8} k^2 a^3 \cos 3(\text{Lon} + 50\text{Lat}) + \dfrac{1}{3} k^3 a^4 \cos 4(\text{Lon} + 50\text{Lat}) \end{cases}$$

$$\tag{4.9}$$

(2)对三维曲面方程求经纬高三变量的偏导数,然后把所得三个偏导数和采样点 $E_0(\text{Lon}, \text{Lat}, \text{Alt})$ 的值代入一般切平面方程,可得三维曲面的切平面方程:

$$x'_{E_0}(x - \text{Lon}) + y'_{E_0}(y - \text{Lat}) + z'_{E_0}(z - \text{Alt}) = 0 \tag{4.10}$$

代入一般的法线方程,也可以得到三维曲面在该采样点的法线方程。

$$\frac{x - \text{Lon}}{x'_{E_0}} = \frac{y - \text{Lat}}{y'_{E_0}} = \frac{z - \text{Alt}}{z'_{E_0}} \tag{4.11}$$

(3)根据太阳与海面固定参考点的相对方位确定太阳光的入射方向,经过采样点 $E_0(\text{Lon}, \text{Lat}, \text{Alt})$ 的入射线与法线组成了一个平面,然后由入射线向量及法线向量可以求出入射角,根据折射定律可求出光经过该采样点的折射角,进而可确定折射线方程。

(4)根据间隔采样,在聚焦部分形成高亮区域,而在发散部分形成渐变的光线。此时在发散部分的采样光线中,可以按照比尔定律计算光子的能量,能量的可视化表达为像素点的颜色值及透明度值,把灰度及透明度都按照 0~1 进行设定,0 对应黑色,1 对应白色,而各中间值对应于灰色。再根据式(4.7)计算光子的颜色值及透明度值,使得光场的可视化效果具有指数级数衰减。

(5)重复步骤(2)~(4),直至满足图 4.9 水下光场的动态可视化效果。

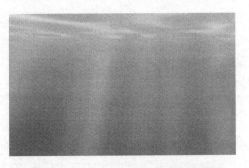

图 4.9　水下光场的动态可视化效果

4.3.2　物理交互光场的绘制

1. 一种改进的光线跟踪和辐射度计算

光线跟踪和辐射度的结合算法是由 Wallace 等提出的,它是把求解过程分为两步,即与视点无关的辐射度计算和与视点相关的光线跟踪计算。而光照模型中反射光一般分为两种:无方向性的漫反射和有方向性的镜面反射。本质上,双向反射可以近似为

$$
\begin{cases}
I_{out}(\theta_{out}) = I_{emit}(\theta_{out}) + I_{d,out} + I_{s,out}(\theta_{out}) \\
I_{d,out} = k_d\rho_d\!\int\! I_{in}(\theta_{in})\cos\phi\,d\omega \\
I_{s,out}(\theta_{out}) = k_s\!\int\!\rho_s(\theta_{out},\theta_{in})I_{in}(\theta_{in})\cos\phi\,d\omega
\end{cases}
\tag{4.12}
$$

式中,$I_{out}(\theta_{out})$ 为该点沿方向 θ_{out} 射出的总光强;$I_{emit}(\theta_{out})$ 为该点沿方向 θ_{out} 发射的光能;k_s 和 k_d 分别是镜面反射和漫反射系数,且 $k_s + k_d = 1$;ϕ 为表面法向量与入射光方向的夹角。

光能在表面间的传递有四种机制:漫反射到漫反射、镜面反射到漫反射、漫反射到镜面反射、镜面反射到镜面反射。标准的辐射度算法只是考虑了漫反射到漫反射的光能传递,标准的光线跟踪算法也只考虑了镜面反射到镜面反射、漫反射到镜面反射形式下的光能传递,而两步法技术则覆盖了这四种传递机制。第一步是基于推广的标准辐射度算法,它包括对漫透射及所有影响表面漫反射分量的镜面反射和规则透视分量的模拟;第二步是添加与视点相关的镜面反射分量。

水下 100m 以内光线投射到物体上是可以进行交互计算的,超出了这个范围,光能效果微小的可以忽略不计,研究 100m 以下的光能也是没有意义的。按照局部光照模型中泛光照射、漫反射及镜面反射的 Phong 光照模型,实时计算光影的效果是不科学的。因为海水中有浮游生物及微小颗粒,这些对光产生散射,影响散射的因素是海水的吸收系数。这里需要加入散射模型,成为一种基于改进的光线跟

踪和辐射度结合的方法。光场绘制时要确定散射模型的散射系数。根据海水水质中水分子密度和较大悬浮颗粒密度对特定波长的光传输的影响,一般选择 Rayleigh 函数[140]和 Mie 函数[141](需要把大气介质中的折射率换成海水的折射率),也可以是两者的线性叠加。图 4.10 为光射到鱼身上一点的光能计算示意图。图中 O 点为鱼身上一光照参考点,M 点为海水中微颗粒杂质。A 光线为折射光线,经过 M 微粒形成散射现象,并生成 B 光线照射到 O 点。C 光线为折射光线并直接照射到 O 点,D 光线为经过 O 点的 C 光线的反射光线,G 光线为 O 点的漫反射光线。由示意图可计算出光子在 $U(x,y,z)$ 上的光子能量 $I(\lambda)$,即

$$\begin{cases} I(\lambda)=I_0\mathrm{e}^{-al_z}+I_{\mathrm{scater}}-I_a(\lambda)k_a(\lambda)-A \\ A=\dfrac{I_l(\lambda)}{d^p+K}\big[k_d(\lambda)\cos\theta+\omega(i,\lambda)\cos^n\alpha\big] \end{cases} \tag{4.13}$$

图 4.10　海洋中光射到鱼身上一点的光能传输示意图

这意味着空间一个点的光强等于射到该点的折射能量与散射能量、泛光能量、漫反射能量、镜面反射能量等的叠加。整个物体上的整体光照模型计算则需要对单个光子进行积分。

$$\begin{cases} I(\lambda)_{\text{总}}=\displaystyle\int_{2\pi}\bigg\{I_0\mathrm{e}^{-al_z}+I_{\mathrm{scater}}-I_a(\lambda)k_a(\lambda)-\dfrac{I_l(\lambda)}{d^p+K}\big[k_d(\lambda)\cos\theta+\omega(i,\lambda)\cos^n\alpha\big]\bigg\}\mathrm{d}\omega \\[2mm] I_{\mathrm{scater}}(\lambda)=\displaystyle\int_{P_v}^{P_e}I_s(\lambda)F(\lambda,s,\theta)\mathrm{e}^{-[t(s,\lambda)+t(s',\lambda)]}\mathrm{d}s \\[2mm] F(\lambda,s,\theta)=\beta_R(\lambda)\rho_R(s)\beta_R(\theta)+\beta_M(\lambda)\rho_M(s)\beta_M(\theta) \\[2mm] t(s,\lambda)=\beta_R(\lambda)\displaystyle\int_0^s\rho_R(l)\mathrm{d}l+\beta_M(\lambda)\int_0^s\rho_M(l)\mathrm{d}l \\[2mm] t(s',\lambda)=\beta_R(\lambda)\displaystyle\int_0^{s'}\rho_R(l)\mathrm{d}l+\beta_M(\lambda)\int_0^{s'}\rho_M(l)\mathrm{d}l \end{cases}$$

$$\tag{4.14}$$

其中,$I_s(\lambda)$为折射到 M 处的光强。

2. 物理交互流动光影的实时绘制方法

根据整体光照模型的光线跟踪算法流程[135],结合辐射度算法,可得出流动光

影的光照计算模型框图,图 4.11 为整体光照模型光线跟踪与辐射度结合算法的局部修改框图。按照计算鱼身上一点处的光强,由于式中折射光强是动态变化的,所以鱼身上该点处的光强也是变化的,这就造成了在鱼身上该点处光线的强弱不同。在绘制时表现为忽明忽暗,根据鱼身上全局光照的效果一起绘制出来,就表现为光影的流动闪烁效果。交互式动态光影的可视化效果对比如图 4.12 所示,可以看出,该方法所产生的动态光影能够展现水下光场与其他环境之间的交互性和流动性,较之目前 OSGOcean 中水下光场效果在清晰度及流动性上有着明显的改善。

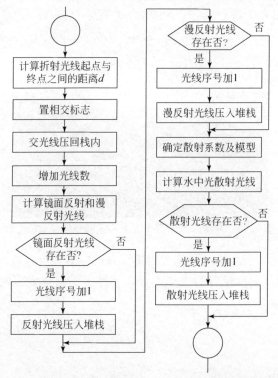

图 4.11　整体光照模型光线跟踪与辐射度结合算法的局部修改框图

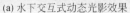
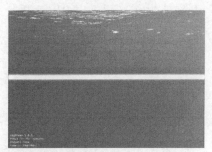

(a) 水下交互式动态光影效果　　　　(b) OSGOcean的动态光影效果

图 4.12　交互式动态光影的可视化效果对比

4.4 光照渲染模块

光照渲染模块是处理三维图形真实感渲染的重要模块之一(真实感渲染还包括其他关键技术,如阴影、颜色、纹理等)。在整个 MCGRE 设计中,它是在绘制流水线之后的一个最具代表性的辅助功能模块。MCGRE 中的两大功能就是三维图形绘制和真实感渲染。绘制流水线是把三维图形绘制出来,但是很呆板没有立体感。在完成了对物体几何形态的精确表示和观察后,光照渲染则对三维图形实行真实感渲染处理。光照渲染本质上只是起到美化作用,让整个三维图形更加贴近现实,产生逼真效果。

4.4.1 光照渲染模块设计

由于底层开发语言使用的是 OpenGL 绘制语言,所以光照渲染必须支持 OpenGL 的光照特性。OpenGL 的光照特性包括材质属性、光照属性和光照模型三部分。MCGRE 的光照渲染模块分成两类:Light 类和 LightSource 类,它们又都通过继承关系与 MCGRE 实现对接。Light 类派生自 mcgre∶∶StateAttribute 类,并继承了对模式和属性参数信息的操作接口。LightSource 类继承自 Group 类,作为一个灯光管理类,继承了 Group 类的管理节点的接口,且将灯光作为一个灯光节点加入场景图中进行渲染。

Light 类封装了 OpenGL 的 glLight(),可支持最多 8 个光源。该类主要负责保存灯光的模式与属性参数信息,并且通过一个 apply 函数将灯光的状态参数信息应用到 OpenGL 的有限状态机中。该类有以下成员函数及属性参数:

```
void setLightNum(int_light_num); //灯光数量
void setAmbient(Vec4_ambient_color); //环境光颜色
void setDiffuse(Vec4_diffuse_color); //漫射光颜色
void setSpecular(Vec4_specular_color); //镜面反射光颜色
void setLightPosition(Vec4_light_position); //光源的位置
void setLightDirection(Vec3_light_direction); //光源的方向
void setConstantAttenuation(float_constant_attenuation); //常量衰减
void setLinearAttenuation(float_linear_attenuation); //线性衰减
void setQuadraticAttenuation(float_quadratic_attenuation); //二次方衰减
void setSpotExponent(float_spot_exponent); //指数衰减
void setSpot(float_spot_cutoff); //关闭衰减,开启用 float_spot_takeon
void setLightCalculateModel(cstring_Phong);//选择光照模型,可以是局部和全
```
局光照模型

LightSource 类有一个设置帧引用的成员函数 setRefFrame(),该函数有两个

枚举变量的帧引用：相对帧引用和绝对帧引用。设置光源的帧引用主要是为了防止不合适的裁剪。因为设置帧引用需要同样设置裁剪激活标志位，当绝对光源在场景树的深处时，将会对裁剪的时间构成影响，一般是在场景的顶部使用绝对光源。

为场景创建一个光源分为三步：第一步，为光影指定场景模型的法线；第二步，允许光照并设置光照状态；第三步，指定光源属性并关联到场景图形上。场景模型要正确地显示光照效果，必须对该模型设有单位法线。一种方法是通过使用自动生成法线算法生成法线，但是生成的法向量需做单位化处理，还必须在 StateSet 中设置法线重放缩模式，否则会因为缩放变换造成光照过明或过暗的效果。另一种方法是通过设置法线的归一化模式，保证法线在放缩变换时永远保持单位长度。

4.4.2　创建一个聚光灯示例

聚光灯有其特殊属性，它区别于一般光源的特点是其纹理具有固定形状、四周有向衰减和光源中心坐标。若定义衰减系数 dive 为 2 倍的纹理横向尺寸的倒数，相对于灯光源中心的纵横坐标为 x、y。图 4.13 给出了创建聚光灯的伪代码。

```
#包含头文件
//创建电灯纹理的mipmap贴图
mcgre::ref_ptr<mcgre::Image>createSpotLightImage()
{
    image=new mcgre::Image;//创建Image对象
    image->allocateImage();//动态分配一个固定大小的image
    //下面要以中心为原点，颜色向四周逐渐衰减的形式填充image
    FOR不出image纵向尺寸边界
            FOR不出image横向尺寸边界
                    u=powf(1.0-d*sqrtf(x*x+y*y),power);
                    光场某一点的颜色=中心原点的颜色×u+该点背景色×(1-u);
            ENDFOR
    ENDFOR
}
//创建电灯状态属性
mcgre::ref_ptr<mcgre::StateSet >createSpotLightDecoratorState()
{
    stateset=new mcgre:: StateSet;//创建StateSet对象
    stateset->setMode(GL_LIGHTING, StateAttribute::ON);//开启光照模式
    Vec4 centerColor();//设置光源中心颜色
    Vec4 ambientColor;//设置环境光颜色
    setWrap()//创建电灯纹理texture
    setTextureMode()//设置自动生成纹理坐标
}
//创建电灯节点
mcgre::ref_ptr<mcgre::Node >createSpotLightNode()
{
    group=new mcgre::Group;//创建Group对象
  //创建光源
    lightsource=new mcgre:: LightSource;//创建LightSource对象
    lightsource->setLight();//设置光源属性
//计算法向量
    up=(direction^up)^direction;
    up.normalize();
    texgennode = new mcgre::TexGenNode；//创建自动生成纹理坐标节点
    texgennode->setTextureUnit();//关联纹理单元
    texgen = getTexGen();//设置纹理坐标生成器
    texgen->setMode();//设置模式为视觉线性
    texgen->setPlanesFromMatrix();//从视图中指定参考平面
    group->addChild(texgenNode.get());//添加到场景树中
    return group.get();
}
```

图 4.13　创建聚光灯的伪代码

4.5　基于加速技术的像素级光照渲染

基于加速技术的像素级光照渲染就是利用绘制流水线的可编程功能，在片元处理阶段进行光场的实时绘制。片元处理阶段将根据一系列测试来对片元进行测试和取舍，重要的测试包括剪裁测试（scissor test）、透明度测试（alpha test）、模板测试（stencil test）和深度测试（depth test）等，这些测试涉及片元的各种属性。图4.14 显示了可编程片元处理过程。

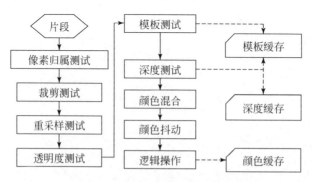

图 4.14　可编程片元处理过程示意图

在战场场景的光照渲染中，光线跟踪最费时的运算是线面求交，有关研究表明，如果不采取加速措施，线面求交占整个光线跟踪时间的 95% 以上[142]。因此，基于 GPU 硬件加速的关键在于提高线面求交的速度或减少线面求交的次数。层次包围盒方法[143]、空间剖分法[144~146]都是重要的减少求交次数的加速技术。此外，文献[147]中的选点计算法也可将计算速度提高 2～9 倍。

大规模战场地形的光照渲染属于室外大规模场景的光照处理，它要使用自然光照模型进行计算。时间和天气的变化导致室外自然光是一种不稳定的光源，其光照度就像空气流动和温度变化一样，其变化是随机的[148]。计算机图形学中主要研究太阳光在大气层中的吸收和散射特性，并有相关研究提出了天空透视光照模型[149]。但是因其复杂的计算，要想实时绘制，必须进行硬件加速。基于 GPU 硬件加速的自然光照渲染方法是先通过大气散射绘制方程计算出被绘制像素的颜色，不牵扯纹理映射，然后采用 Cg 语言对顶点处理器和片元处理器进行编程，最终实现光照计算的渲染过程。编程运算对象一般是三维或四维向量，要通过标量数据合并成为向量表达形式。

图 4.15 为聚光灯实时像素级光照效果。图 4.16 为基于硬件加速的室外大规模战场的光照渲染效果。

图 4.15　聚光灯实时像素　　　　　　图 4.16　GPU 加速的室外大规模
　　　级光照效果　　　　　　　　　　　战场的光照渲染效果

第 5 章　大规模战场地形实时绘制技术

军用视景仿真中,地形绘制是战场环境仿真的一项基本内容。大规模战场地形的实时绘制技术就是来处理战场地形仿真面临的难题,如因大地形数据量庞大,常规的图形工作站无法绘制,即使在 GPU 硬件加速的情况下,待绘制的图形数据量比硬件可实际显示的数据量大一个或多个数量级,超出了硬件的实际处理能力。由于地形模型复杂度没有一个量化标准,所以本章试图通过地形处理算法优化地形数据,以期与硬件的性能及现实硬件绘制水平建立一个平衡。地形处理算法本质是把地形绘制归结为地形表面数值化问题。MCGRE 中大地形管理就是一个应用大规模战场地形绘制技术实现的核心模块。

本章介绍战场地形高程数据的统一规范,研究大地形无缝拼接技术和自适应混合加权数据处理技术,分析大地形无缝拼接算法原理和多层 LOD 动态分级细化粗粒度模型的调度方法,分解大地形管理的任务,设计 MCGRE 中的大地形管理模块。

5.1　大规模战场地形实时绘制技术简介

虚拟地形环境的可视化是视景仿真技术发展的一个重要研究方向。地形环境的可视化过程中会出现一些问题,如地形数据组织不统一导致调度失败、高程数据的严重跳变、图形渲染时的跳变、帧频不稳现象等。这些问题的解决涉及地形生成算法中的新高程子点数据生成方法与地形数据动态调度两个技术。

大规模战场地形指在师以上作战规模的战场面积,一般可达数百万平方公里。研究大规模战场地形生成算法的成果较多。基于三角网的分治算法[150]就是一种很好的大地形生成算法,该算法效率很高,但是内存占用率较大。逐点插入法[151]实现简单,占用内存小,但效率较低。由延军等[152]结合分形算法生成海底大地形用于模拟海底战场环境,这种算法易于控制且计算速度快,但是分形造成的初始误差会一直累计并计入下次计算,造成海底地形不真实。陈国军等[153]利用 B 样条小波动态绘制大地形,但是其可靠性差,工程应用较难。宋志明[154]利用加权外推算法生成海床网格地形数据,虽然其一直用原始真值做加权,但生成的子点没有得到权重较大的相邻高程点校正,难免存在较大误差。王秀芳等[155]提出的改进的地形三维建模方法虽然有一定的可行性,但是对于很大规模地形的 DEM 插值时三角形检索特别复杂,尤其是对于地形特征复杂区域计算开销较大。Wu 等[156]的算法虽然在效率做了一些改进,但是仍不能满足大区域地形细粒度建模的需要。总之,目前的研究成果尚不能完全解决真实大区域地形的可视化问题。在海底虚拟战场环境中,真实大区域海底地形的精细粒度模型是水下武器对抗仿真的一个基本平台,由原始粗粒度海图模型生成精细粒度的海底三维模型就显得尤为重要。

5.2　战场地形高程数据的统一规范

战场地形高程数据来源不一,目前有几种典型的来源渠道。第一种,来源于国外的谷歌公司和 quickbird 公司拍摄而成的卫星图像,然后把二维图像转换成三维高程数据信息,分辨率精度可高达 0.61m。大部分地区的地形数据可在市面购买,但是比较敏感的战略地带的高程数据是对中国禁售的。第二种,来源于美国国家图像和地图测绘局(Nattonal Imagery and Mapping Agency,NIMA)测量并由美国地质勘探局(United States Geological Survey,USGS)颁布的数字高程模型(digital elevation model,DEM)。美国有关单位已经将 DEM 数据作为一种基本的服务项目进行有效交换和利用。第三种,来源于我国国家测绘局的国土测绘的数字地面模型(digital terrain model,DTM)。由于很早就开始研制各种基本比例尺的数字地图产品及 DEM 数据,但是至今没有统一的 DEM 规范。另外还有我国的北斗卫星、风云 2 号气象卫星拍摄的数据,但是都各有自己的一个数据格式。

在作战演练中,针对突发事件的紧急训练,必须在较短时间内完成战场环境的设置工作,其中的主要工作就是冲突地域地形模型的生成。由于冲突地域的事前不可知性和不确定性,平时不可能为所有地域建立地形模型储备,因此需要地形模型的即时快速生成能力[157],而战场地形高程数据的统一规范就是快速生成地形的前提。由于遇到海陆数据的组合问题,但又不能强行叠加,所以只有通过规范海陆数据,使用算法进行无缝拼接才能生成逼真军事地形。

很多学者开始研究多源海陆数据共享和集成这个热点问题。目前,国外学者主要基于同一坐标系统,进行垂直基准的转换研究[158~160];国内学者主要集中在地形图和数字海图融合的理论探讨以及二维平面坐标系统的转换问题[161~163]。本节将为解决多源海陆数据中基准不一致、数据模型及格式不统一、同一地物表达上的差异等问题,建立战场地形高程数据的统一规范。

5.2.1　地形高程数据不统一的表现

传统上陆部和海部数据分别由地形测量和水深测量获取。由于应用范围和目的、测量方式、执行的规范和标准等方面的不同,造成海陆数据在数学基础、测量精度、测量基准、数据格式、产品形式等诸多方面都不尽相同,主要体现在以下四个方面[164]:

(1)平面基准不一致。我国过去的陆地和水深测量成果,多采用 BJ-54 坐标系统。随着 GPS 系统的使用,不少测量成果开始采用 WGS-84 坐标系统,而矢量电子海图的数据也已采用 WGS-84 系统作为平面基准。

(2)垂直基准不一致。中国陆地高程基准采用全国统一的平均海面,即 1985 国家高程基准。而为保证航行安全,海图深度、干出礁和暗礁的起算面采用基于当地平均海面下的理论最低潮面,即"理论深度基准面"。另外,岛屿、明礁的干出高度起算面为当地平均海面,而灯塔等助航标志的高度起算面为平均大潮高潮面。

(3)数据格式不同。海陆数据来源不同,包括实测水深数据、实测地形数据、数字海图数据、数字地形图数据等,这些数据在存储格式上存在较大的差异。

(4)表达模型的差异。如陆地地形表达主要采用等高线,而海底地形采用水深注记。

5.2.2　水平测量基准的统一

水平测量基准的统一是指在测量时要统一坐标系,这就意味着在不同的坐标系下,必须对数据进行坐标转换。常用的矢量电子海图数据一般是在 WGS-84 坐标测定,而我国实测的原始数据基本上是在 BJ-54 坐标系下测定的,所以需要采用四参数法实现二者之间的坐标转换,下面就是坐标转换的换算公式:

$$\begin{bmatrix} x \\ y \end{bmatrix} = \begin{bmatrix} \Delta x_0 \\ \Delta y_0 \end{bmatrix} + (1+m) \begin{bmatrix} x_g \\ y_g \end{bmatrix} + \begin{bmatrix} 0 & \theta \\ -\theta & 0 \end{bmatrix} \begin{bmatrix} x_g \\ y_g \end{bmatrix} \tag{5.1}$$

式中,θ、m、Δx_0、Δy_0 分别为平面上的旋转参数、尺度因子和两个平移参数。集成后采用高斯平面 6°带投影,而矢量电子海图数据采用墨卡托投影。实现二者之间转换的模型为高斯正算公式:

$$\begin{cases} x = X + \dfrac{N}{2\rho''^2} \sin B \cos B l''^2 + \dfrac{N}{24\rho''^4} \sin B \cos^3 B (5-t^2+9\eta^2+4\eta^4) l''^4 + u \\ y = \dfrac{N}{\rho''} \cos B l'' + \dfrac{N}{6\rho''^3} \cos^3 B (1-t^2+\eta^2) l''^3 + v \end{cases} \tag{5.2}$$

其中,X 为子午线弧长;u、v、η、t 由式(5.3)给出:

$$\begin{cases} u = \dfrac{N}{720\rho''^6} \sin B \cos^5 B (61-58t^2+t^4) l''^6 \\ v = \dfrac{N}{120\rho''^5} \cos^5 B (5-18t^2+t^4+14\eta^2-58\eta^2 t^2) l''^5 \\ \eta = e' \cos B \\ t = \tan B \end{cases} \tag{5.3}$$

5.2.3　垂直测量基准的统一

垂直测量基准的统一指把陆地高程基准面和水深高程基准面的相对高度数据统一转换为地球椭球面的绝对高度数据。实现海陆数据垂直基准的统一可根据服务的对象和目的进行不同基准的转换。在实现水深基准到陆地高程基准的转换时,根据测图区域内验潮站的平均海面信息,采用各验潮站加权平均的方法计算出各点的平均海面(L):

$$L = \frac{\sum\limits_{i=1}^{n} \dfrac{h_i}{S_i}}{\sum\limits_{i=1}^{n} \dfrac{1}{S_i}} \quad (5.4)$$

然后将基于深度基准面的水深转换到基于平均海面的水深,再转换为基于 1985 国家高程基准的水深,同理也可实现陆地高程到理论深度基准面的转换。目前,无论陆地高程基准还是水深基准,都是一种不规则、非连续和时变的垂直基准。为此,我们探讨基于椭球面的、连续的、时不变的垂直基准实现海陆数据垂直基准统一。利用 GPS 控制网厘米级大地高和几何水准联测数据,可确定各控制点的正常高,进而求出这些点上的高程异常。根据曲面拟合方程,利用最小二乘法建立该区域陆地 1985 国家高程基准和椭球面之间的关系:

$$\xi = a_0 + a_1 x + a_2 y + a_3 xy + a_4 x^2 a_5 y^2 \quad (5.5)$$

同时,利用式(5.4)将水深基准转换为椭球面高度,从而建立统一稳定的垂直基准。

5.2.4 多源数据记录与转换格式的统一

由于测量条件、测量时间、测量方式及数据来源渠道的不同,不同源的数字地形图可能使用不同的数据模型。同样,不同的水深实测数据也可能采用不同的数据模型。数字海图中,尽管海陆部数据均采用 ArcIIInfo 的 Shape 格式,但在陆部采用等高线表达,海部采用离散的水深点和等深线表达。海陆数据集成必须解决的问题是进行数据格式的转换,将不同格式的数据转换为统一的格式,建立统一标准的数据格式。数字海图采用矢量海图格式(vector chart format, VCF),是在纸质海图基础上经过数字化仪矢量化后得到的。VCF 是以 Shape 文件格式为基础建立的,数据结构简单,占用磁盘空间较小,只含有主要的信息,即点、线、多边形目标的空间坐标和属性记录,没有拓扑关系。存储的文件类型主要包含控制文件(.rec)、图形文件(.shp)、索引文件(.shx)和属性文件(.dbf)4 类。控制文件主名为 chart,图形文件、索引文件和属性文件具有相同的主名,主名由数字海图层名加上几何要素类型标识符构成。利用数据库编程打开属性文件,读取表头信息,根据记录的表头信息,循环读取属性文件,得到各个要素的属性值。最后将陆地地形相关数据转成文本表达形式。

5.2.5 统一的海陆高程数据的建立方法

1. 不规则三角网的快速构建

随着浅水多波束系统的普遍应用,传统生长网法构建 Delaunay 三角网无法满足全覆盖测量海量水深数据构网的要求。根据离散水深数据的特点,对逐点插入算法进行有效改进。基本思路是建立数据点的网格索引,确立网格与数据点的对应关系,在包含所有数据点的超级三角形中,按照网格与数据点的对应关系插入数据点,依据网格记录的首三角形号,按照方向搜索的方法,找到包含数据点的初始三角形,如图 5.1 所示。利用三角形记录的拓扑关系和 Delaunay 三角形的空圆特性确定影响域,依次连接插入数据点与影响域多边形的各个顶点,剖分该区域为新的三角形集,如图 5.2 所示。重复上述步骤直至所有数据点被插入三角网中[164]。

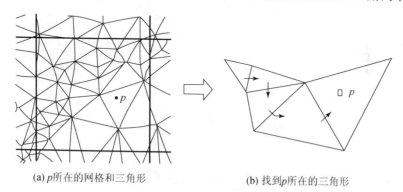

(a) p 所在的网格和三角形   (b) 找到 p 所在的三角形

图 5.1 插入点所在三角形的快速定位

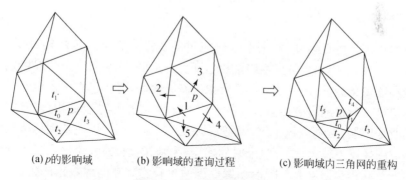

(a) p 的影响域   (b) 影响域的查询过程   (c) 影响域内三角网的重构

图 5.2 影响域的确定过程

海岸地形数据多用等高线表示,为与海部的离水深点进行集成,共建无缝的DEM,需先对等高线进行离散化。等高线数据都是经过矢量数字化处理后得到的,在等高线文件中每条等高线都是以点序列的形式进行排列,但由于离散化等高线的这种数据点比较密集,数据量很大,在构网后进行三维显示时,速度很慢,应对离散化的等高线模型进行相应简化。

2. 不规则三角网的简化

不规则三角网的简化主要是研究基于点删除的 DEM 模型简化算法。基于点删除的简化算法是根据一定规则(曲率或点到平面的距离$\leqslant\varepsilon$),把三角网中不重要的点删除,然后对剩下的多边形区域重构三角网。在地形较为平坦的区域保留较少的点,在地形复杂起伏的地区保留较多的点。点的重要性可由点到平均平面的距离来确定。距离越大,该点越重要;反之距离越小,该点越不重要。可以设置一个域值,当距离小于等于这个域值时,删除该顶点。图 5.3 为基于等高线的数据模型。

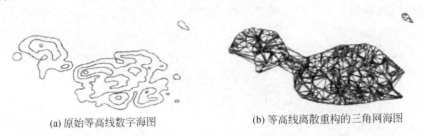

(a) 原始等高线数字海图　　　　　(b) 等高线离散重构的三角网海图

图 5.3　基于等高线的数据模型

5.3　军用大地形无缝拼接技术

5.3.1　拼接需求

在军用视景仿真领域,根据军事研究对象及作战想定的多样性需要,不同层次、不同类型的军用视景仿真系统被相继开发。然而,这些系统中的战场地形不能被扩展和通用化继承,造成了地形的资源浪费。因此,需要建立一套地形拼接的通用扩展接口。但是地形拼接会出现若干技术难题,如地形结合处拼合的缝隙,高程数据的跳变问题,数据组织不统一导致的调度 LOD 失败,纹理及文化特征的融合不当造成图像反差较大,图形渲染时的跳变,毛刺、闪动、帧频跳变不稳等现象。地形拼接涉及高程数据生成与图形图像处理两个技术。在高程数据的生成方面,有很多大地形生成算法[152~154,165],这些算法主要是在没有高程数据或者高程数据精度不够的情况下解决一块大地形的一次原始地形高程建模和二次地形高程建模的问题,其实质并没有完全解决两个或者多个已有地形的拼接问题。也有一些研究[166~169]在地形拼接方面做出了一些成果,但都是探索性的,很难应用到工程实际。因此,在两个地形之间建立一个统一的拼接接口,类似积木一样进行组合的问题在实际工程中就凸显出来。

在图像融合方面也有很多成果[170~173],这些方法解决了已有的原始图像和探测图像(如雷达图像)之间的部分融合问题,且对图像之间的色差、饱和度差、像素差、光强差及信息的丢失与重叠等问题的处理给出了一定的指导思想,但归根结底仍然未能解决由于纹理直接的拼合带来的彩色图像不自然过渡、对比度下降等问题。

结合以上地形生成算法和图像融合算法,提出了一种基于视域的无缝拼接算法,该算法在地形高程重组与纹理图像融合方面能够很好地达到一种拼接效果。算法给出了测试条件与结论,能够很好地解决大地形的通用化扩展需求。

5.3.2　拼接方案

多块小地形拼接成大地形要符合一定的拼接条件,只有按照一定的拼接规则才能方便地按照拼接算法建立地形拼接接口。该拼接的条件一定从距离、多分辨率等级、参考、格式等方面提出要求,因为距离太大,已经失去了拼接的意义,不同的分辨率拼接失去了视觉的真实性,参考不一容易给管理、调度及算法的利用造成混乱,不同的格式地形或者图像有可能不能编辑,故这里把拼接条件归纳为以下五点:

(1)各地形块需要拼合的边界距离在经度或者纬度上的差距不可超过 5°。

(2)各地形小块必须在同级 LOD 层次才能拼接。

(3)在拼接之前必须给出用于定位和调度的主控地形参考块。

(4)地形小块的格式必须是基于 OpenFlight、可用于编辑的三维地形模型,反之则需要转换为该格式类型。

(5)地形纹理必须有经纬度信息,不能是一般的不带地理信息的图片格式。

遵循以上拼接条件,并按照地形待拼接边界的距离 D 的大小,考虑到各种拼接问题,把地形拼接处理情况按冗余度等级划分为以下三种方案:

(1)差量冗余。5°的经纬距>D>L(L 为最大 LOD 的直角三角形边长),说明此时两块地形有一定的距离,这里采用分形技术建立两地形块中间的过度地形,直至 L>D>0。具体方法参考文献[152]和[174]。

(2)微量冗余。L>D>0,说明此时两块地形有较小距离,采用别的算法把两边地形都向中间推进,这里选用加权外推算法生成促使两地形延伸至同一经度或者纬度上,此时 D=0。具体方法参考文献[154]。

(3)有缝冗余。D=0,说明此时两块地形没有距离,但由于边界顶点不统一组织,没有构成统一地形,故会出现缝隙,这里采用无缝拼接算法重新构造,使之最终拼接成一个大地形,达到无缝拼接。

5.3.3　拼接算法

1. 高程拼接原理

高程拼接是指把体现地形复杂情况的网格在地形边界处建立接口关系,实现两块地形高程的无缝对接。具体建模方法如下:首先指定两块拼接地形的主副关系,然后按照拼接的一般组合形式,并考虑到地形四边都可以拼接,这里省略了其他三个接口,只对右侧接口做地形拼接示意加以分析,如图 5.4 所示。

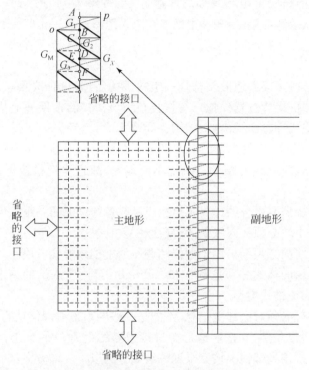

图 5.4　高程拼接示意图

一. 原有数据组织方式;--. Master 原有数据组织;—. 新的数据
组织接口;○. 旧的地理数据信息;·. 新的地理数据信息

G 表示地形的地理信息(包含地形所有特征点的经、纬、高),设主控地形拼接部分的坐标矩阵为 G_M,副控地形拼接部分的坐标矩阵为 G_S,且有以下表示:

$$G_M = \begin{bmatrix} X'_{1n} & Y'_{1n} & Z'_{1n} \\ \vdots & \vdots & \vdots \\ X'_{mn} & Y'_{mn} & Z'_{mn} \end{bmatrix}, \quad G_S = \begin{bmatrix} X''_{11} & Y''_{11} & Z''_{11} \\ \vdots & \vdots & \vdots \\ X''_{m1} & Y''_{m1} & Z''_{m1} \end{bmatrix} \tag{5.6}$$

G 为 G_M、G_S 连线与拼接中线的交点矩阵,G_i(i 为小于等于 m 的自然数)为 G 的元素。为了求得 G 矩阵各元素的值(如 G_1),由参考价值最大的两个相邻的同经度原地形信息特征点(如 A 和 B)加权求得,又因为任何一种波形曲线都可以由正弦函数叠加而成,可得

$$G = k_1 G_M + k_2 G_S, \quad k_1、k_2 \in (0,1) \tag{5.7}$$

式(5.7)不可添加扰动量,否则得到的 G 矩阵各元素不一定在拼接中线上。每一个特征点坐标都含有三个空间位置坐标信息,所以有以下变换:

$$\begin{bmatrix} G_1 \\ \vdots \\ G_m \end{bmatrix} = k_1 \begin{bmatrix} X'_{1n} & Y'_{1n} & Z'_{1n} \\ \vdots & \vdots & \vdots \\ X'_{mn} & Y'_{mn} & Z'_{mn} \end{bmatrix} + k_2 \begin{bmatrix} X''_{11} & Y''_{11} & Z''_{11} \\ \vdots & \vdots & \vdots \\ X''_{m1} & Y''_{m1} & Z''_{m1} \end{bmatrix}, \quad k_1 、k_2 \in (0,1) \quad (5.8)$$

下面给出求加权算子 k_1、k_2 的方法。

由于 G 矩阵各元素必须在拼接中线上,且经度 X 相等,故有 $k_1 + k_2 = 1$。为了控制 G 矩阵各元素的纬度平移,可以参考几何变换求得以下关系式:

$$\frac{|AP|}{|OB|} = \frac{|AG_1|}{|G_1B|} \Rightarrow \frac{|AP| + |OB|}{|OB|} = \frac{|AG_1| + |G_1B|}{|G_1B|} \Rightarrow \frac{|AP| + |OB|}{|OB|} = \frac{|AB|}{|G_1B|}$$
$$(5.9)$$

设主地形该 LOD 级的最小正方形边长为 L',副地形该 LOD 级的最小正方形边长为 L'',Y_{S_A}、Y_{M_B} 分别为 A、B 两点的纬度值,经过最后的几何变换,得出 G_1 的纬度 Y_1:

$$Y_1 = \frac{L'}{L'+L''}Y_{S_A} + \frac{L''}{L'+L''}Y_{M_B} \quad (5.10)$$

把式(5.10)与矩阵加权变换进行对比,不难看出加权的系数:

$$k_1 = \frac{L''}{L'+L''}, \quad k_2 = \frac{L'}{L'+L''} \quad (5.11)$$

把加权系数代入矩阵方程中,可得无缝拼接方程为

$$\begin{bmatrix} G_1 \\ \vdots \\ G_m \end{bmatrix} = \frac{L''}{L'+L''} \begin{bmatrix} X'_{1n} & Y'_{1n} & Z'_{1n} \\ \vdots & \vdots & \vdots \\ X'_{mn} & Y'_{mn} & Z'_{mn} \end{bmatrix} + \frac{L'}{L'+L''} \begin{bmatrix} X''_{11} & Y''_{11} & Z''_{11} \\ \vdots & \vdots & \vdots \\ X''_{m1} & Y''_{m1} & Z''_{m1} \end{bmatrix} \quad (5.12)$$

式中,L'、L'' 分别为主、副地形同级 LOD 之最小正方形边长。

2. 图像融合技术

图像融合是指把两块本具有相位差、像素差、HIS(色度、亮度、饱和度)差的图像按照某种方法拼接到一起,达到平滑连续的过渡效果。这里采用了基于色彩空间的径向权图像融合方法,基于色彩空间的径向权图像融合方法是结合色彩空间边界检测与特征匹配方法与径向权图像融合方法的一种自然推广。它首先对两幅图想拼接边界进行检测与文化特征匹配,然后通过径向权融合方法对两幅拼接的图像进行边界融合处理。

1)边缘检测

边缘检测示意图如图 5.5 所示。主控地形 M 和副控地形 S 是相邻的两个模型,所对应的图像分别记为 IM 和 IS,首先对这两帧图像作边缘检测得到边缘图像 EA 和

EB。边缘检测是一项基本的数字图像处理技术,有许多不同的边缘检测算法。本节应用了基于半像素点距的 Canny 边缘检测方法,该方法对受白噪声影响的阶跃型边缘是最优的[173],普遍应用性也比较好[174]。

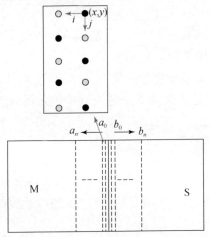

图 5.5　边缘检测示意图

　　Canny 边缘检测算法的理论比较完善,只应用了它的一个简化的实现版本,下面以图像 IA 的边缘检测为例。该算法仅由一个平滑参数 σ 控制,首先用方差为 σ 的高斯滤波模板卷积平滑 IA,平滑后的图像记为 IA′。然后应用某个梯度算子计算图像 IA′的梯度幅值 MA 和方向 DA。梯度方向用来细化边缘,如果像素的梯度响应不大于梯度方向上相邻的两个像素点的梯度,抑制该像素的梯度响应,从而使边缘得到细化,这种方法称为非最大抑制(non-maximum suppression),它是 Canny 算法的核心思想。最后根据经过非最大抑制后的梯度幅值 MA 二值化原图像得到边缘图像 EA。边缘图像 EA 标记了原图像中的特征点像素的位置。

　　2)特征点匹配

　　提取对应点集对的目标是拟合模型间的坐标转换矩阵,理论上只需要 3 对对应点就可以计算出转换矩阵,所以并不需要对每一个重叠区域的像素都找到匹配点,实际上只对局部特征比较明显的像素进行匹配。匹配操作分两步来完成:第一步,初始匹配,匹配边缘图像中的边缘像素点,将匹配结果返回到原图像中,得到原图像特征点的初始匹配结果;第二步,优化匹配,以初始匹配结果作为初始值,在一个较小的范围内搜索更好的匹配点,更新匹配结果。在匹配时使用了邻域相异性测度算子[175],假设要测度边缘图像 EM 中的一个特征像素点(x,y)和边缘图像 ES 中的特征点(x',y')的相异性,相异性测度算子由式(5.13)给出:

$$d(x,y,x',y') = \sum_{i=-w}^{w} \sum_{j=-h}^{h} \left[E_{\mathrm{M}}(x+i,y+j) - E_{\mathrm{S}}(x'+i,y'+j) \right]^2 \quad (5.13)$$

式中,w 和 h 分别表示邻域窗口的宽与高。原图像的相异性测度也可以类似定义。

初始匹配时,通常根据相机的运动方式预先确定特征点 (x,y) 的初始匹配点 (x'',y'') 的搜索区域点集 $S(x,y)$,则初始匹配点 (x'',y'') 由式(5.14)决定:

$$d(x,y,x'',y'') = \min_{(x',y') \in S(x,y)} d(x,y,x',y')$$

$$= \min_{(x',y') \in S(x,y)} \sum_{i=-w}^{w} \sum_{j=-h}^{h} \left[E_{M}(x+i,y+j) - E_{S}(x'+i,y'+j) \right]^2$$

$$(5.14)$$

优化匹配时,所有的操作都在原图像上进行。特征点 (x,y) 的最佳匹配点 (X,Y) 的搜索区域点集由初始匹配点 (x'',y'') 决定,记为 $S'(x,y,x'',y'')$,则最佳匹配点 (X,Y) 由式(5.15)给出:

$$d(x,y,X,Y) = \min_{(x',y') \in S(x,y,x'',y'')} d(x,y,x',y')$$

$$= \min_{(x',y') \in S(x,y,x'',y'')} \sum_{i=-w}^{w} \sum_{j=-h}^{h} \left[I_{M}(x+i,y+j) - I_{S}(x'+i,y'+j) \right]^2$$

$$(5.15)$$

局部模型的 3D 坐标数据和它所对应图像的像素点一一对应,根据图像间特征点的对应关系,就可以提取出对应的 3D 坐标数据特征点集对[168]。

3)径向权图像融合

径向权图像融合方法是基于这样一种思想:多幅图像经过边缘检测及特征点对提取后进行拼接,拼接的图像在拼接边缘仍存在颜色值及光线饱和度的跳变现象,这使得拼接的图像具有明显的人工切割痕迹。为削除这种现象,把径向权函数引入图像处理过程中,在基于一个像素点距的支撑域中,通过对四个径向权函数与四个像素点属性值(特指颜色值与光线饱和度的二维矩阵)之间的加权融合,把图像拼接处图像平滑过渡。

图 5.6 就是图像中一个像素点距的径向函数的支撑域。因前面边界检测与特征点集对都是基于半个像素大小进行切割与匹配图像的,又由于一副图像的像素点排列整齐有序,所以图像拼接处可以按照两幅半像素点距进行拟合拼接。图中 A、B、C、D 为像素点中心。分别以 A、B、C、D 为圆心,以一个像素点距为半径作圆,可以得到四个圆,这四个圆的拼接域就是正方形 $ABCD$。且 AB 长为一个像素点距,正方形 $ABCD$ 就是一个完整的像素点块。

径向权函数的定义与选取非常重要,以正方形 $ABCD$ 的中心点 O 为圆心,以一个像素点距 l 为半径构造一个圆,由圆心向圆周作一个从 1 到 0 的径向函数,如图 5.7 所示。表现为一个以圆内区域为支撑域的草帽形径向衰减函数,高斯函数就是这种函数的典型代表。同理,以 A、B、C、D 为中心,以一个像素距为半径的四个圆也可以作四个径向权函数。在一个拼接域内,相邻像素点块对其的覆盖问题就演变为,覆盖该拼接域的径向权函数有且仅有与之相邻的那 4 个像素点块的径向权函数。

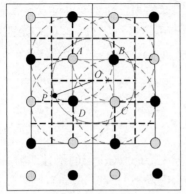

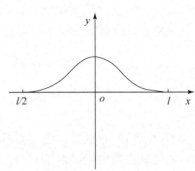

图 5.6　一个像素点距的径向函数的支撑域　　　　图 5.7　径向权函数

像素点块的融合加权方法中,图 5.8 给出了该方法融合两条参数曲线的例子。曲线 MON 与 SPT 是两条参数曲线,它们分别由两个径向权函数控制。

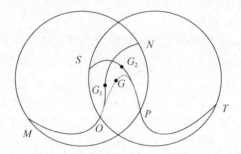

图 5.8　通过径向权函数融合为一体的两条曲线示意图

在两个权函数的共同支撑区域内,设曲线段 ON 与 SP 均取自然参数形式,则对于同一个参数 t,可得两条曲线上的两个点 G_1 与 G_2,由权函数可得此两点的径向权系数 k_1 和 k_2。最终可通过如下方法得 G_1 与 G_2 的融合 G:

$$G=\frac{k_1 G_1+k_2 G_2}{\sqrt{k_1^2+k_2^2}} \tag{5.16}$$

对于覆盖在同一拼接域上的 4 幅扩像素点块,设 $G_p(i,j)$ 与 $k_p(i,j)(p=0,1,2,3;i,j=0,1,\cdots,2n-1)$ 坐标分别为 (i,j) 处的高度值及相应的权函数值,则这 4 幅扩展块的融合 $G_p(i,j)$ 为

$$G_p(i,j)=\Big[\sum_{p=0}^{3}k_p(i,j)G_p(i,j)\Big]\Big[\sum_{p=0}^{3}k_p(i,j)^2\Big]^{-1/2} \tag{5.17}$$

由于扩展块具有一定的连续性特征以及权函数自身的连续性,上述融合方法可以有效地消除地形块拼接处的人工拼接断痕;进一步地,由于权函数的有限支撑性和覆盖区域的特征,两个相邻拼接域之间的边界处也不会出现新的断痕。鉴于所采用

的地形块是大小一致的,故融合过程中涉及的权函数可以用单个矩阵来表示。

5.3.4　拼接测试

以 OpenFlight 格式小块地形拼接作为基于视域地形无缝拼接算法的测试示例。在军用视景仿真中,小块地形中很大一部分是采用 Multigen Creator 工具建立的 OpenFlight 格式地形,这个格式有支持它的 API 函数库,具体实现步骤如下:

（1）提取高程数据的边缘。自动遍历 OpenFlight 数据库所有节点,查到经度为某一参数的所有点,提取同一经度的空间坐标矩阵 G_M、G_S。

（2）对提取的边缘矩阵进行加权处理。根据高程数据正方形边长计算选择加权系数,然后对 G_M、G_S 加权计算得到接口矩阵 G,抛出原有边缘坐标矩阵,对新生点坐标矩阵进行赋值,并重新组织该层 LOD 的数据结构。

（3）图像边缘检测及特征点集对提取。调出映射到地形高程数据边缘的纹理图像,按照算法检测纹理图像边缘并提取特征点集对,然后依照像素点距切割图像,删除多余的图像,按照分割边缘拼接两幅图像。

（4）径向权图像融合处理。对两幅图像拼接处进行径向加权处理,方法按照以上算法实行,保存为一幅图像。

（5）纹理映射坐标对称。对原有纹理映射到高程上的映射关系进行修改,实现纹理到高程坐标的一一对应。无缝拼接算法的流程如图 5.9 所示。

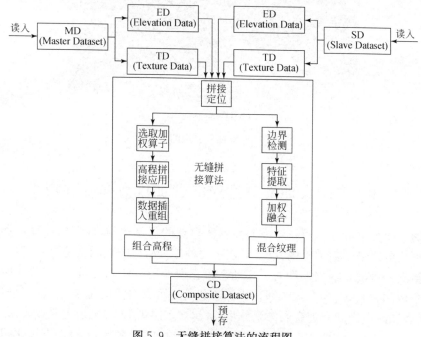

图 5.9　无缝拼接算法的流程图

主/副控地形及复合地形的测试条件及结论如表 5.1 所示,三维视景显示的拼接效果如图 5.10 所示。测试结果说明,对于一般的小块地形的拼接,采用无缝拼接算法可以对常规的两块地形进行拼接处理,得到的复合大地形的显示帧频在 25 帧以上,拼接后的大地形视景显示效果也比较逼真,综合指标满足可视化仿真的实时性与逼真性要求,适用于工程实际。

表 5.1　拼接算法应用的帧频对比

地形块	网格数	LOD 层次	高程耗时/ms	有纹理耗时/ms	帧频/fps
Master Dataset	3600	3	8.179	13.298	75.2
Slave Dataset	22500	3	16.478	21.413	46.7
Composite Dataset	26102	3	31.963	37.879	23.4

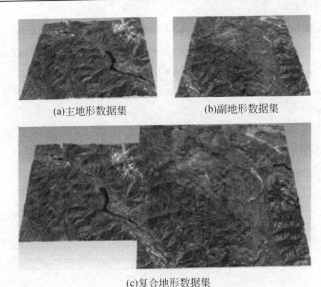

(a)主地形数据集　　　　(b)副地形数据集

(c)复合地形数据集

图 5.10　三维视景显示的拼接效果

5.4　军用大地形自适应混合加权数据处理技术

通过研究原始地形粗粒度模型高程数据点的权重比,对加权内插算法和加权外推算法分别进行数学建模分析,对使用两种方法所得子点的误差进行定性分析,然后给出一种混合加权推算新子点动态校正误差的方法,利用视距与单元网格内插值个数的关系,结合多级 LOD 调度与视域内研究对象的细节度,从超宏观、宏观、微观和超微观四个观察层次划分步长,建立多层级 LOD 插值关联度表格模型,在可视化过程中会自适应地根据该模型进行调度,实现多级 LOD 动态细化粗粒度模型,并削弱跳变强度。

大地形生成和调度算法的基本原理:在视域范围内,大地形由粗粒度模型生成细粒度模型的方法有两种——内部插值与外部推算。每一种方法都能生成地形子点,但是其不具有自校正子点能力,现对两种方法产生的子点进行混合加权来校正子点,生成符合多级梯度场的最佳子点,并根据视距通过多层 LOD 实现自适应分级调度。

混合加权动态推算方法的物理意义:两控制点原始真实数据的变化趋势反映在其连线上的子点,也反映在连线以外的子点,且子点偏离控制点连线越远,受其变化趋势影响越小,子点与最邻近参考点连线的方向与梯度变化方向夹角越大,受其变化趋势影响越小。图 5.11 为自适应混合加权动态推算地形生成算法的数据处理流程。

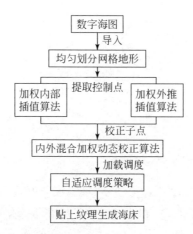

图 5.11　自适应混合加权动态推算地形生成算法的数据处理流程

5.4.1　加权内部插值算法及数学分析

一般的地形模型都是等间距的网格结构,从侧面看,对两个三维坐标数据点的插值就演变成一维的几何关系,插值示意图如图 5.12 所示。这里新生成的子点 P_x 的经纬度信息可以从插值个数及相邻两点得到,其高度信息可以通过加权得出。随机数可以上下浮动。

$$z_x = \frac{k_1 z_1 + k_2 z_2}{k_1 + k_2} + \varepsilon \tag{5.18}$$

式中,分别取 k_1、k_2 为 $\frac{1}{r_1}$、$\frac{1}{r_2}$;ε 为 $-1 \sim 1$ 的随机数。

上述方法虽然理论上正确,但是失真太大,主要原因是没有考虑相邻的其他点对其影响。二维的平面插值示意图如图 5.13 所示。这里新生成的子点 Q_x 的经纬度信息可以从插值个数及相邻两点得到,其高度信息可以通过加权得出。z_i 分别是相邻点的高度值。

$$z_x = \frac{k_1 z_1 + k_2 z_2 + k_1 z_3 + k_3 z_4 + k_4 z_5 + k_3 z_6}{2k_1 + k_2 + 2k_3 + k_4} + \varepsilon \qquad (5.19)$$

式中,分别取 k_1、k_2、k_3、k_4 为 $\dfrac{1}{\sqrt{r_1^2 + (r_1 + r_2)^2}}$、$\dfrac{1}{r_1}$、$\dfrac{1}{\sqrt{r_2^2 + (r_1 + r_2)^2}}$、$\dfrac{1}{r_2}$;$\varepsilon$ 为 $-1 \sim 1$ 的随机数。

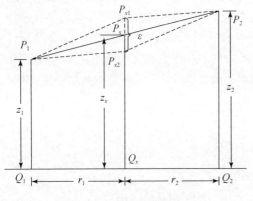
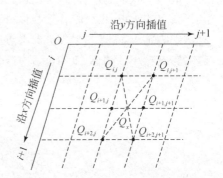

图 5.12　一维的插值示意图　　　　图 5.13　二维平面内部插值示意图

5.4.2　加权外部推算算法及数学分析

　　图 5.14 为一维加权外推模型分析示意图,设空间任意两点 P_1 和 P_2 在基准平面(平行于水平面)的投影为 Q_1 和 Q_2,相对于基准面的高度分别为 z_1 和 z_2。现在推算 Q_1 和 Q_2 两点区间外任一子点 Q_x 的高度,它距离 Q_1、Q_2 点分别为 r_1、r_2。首先考虑最简单的线性外推方法,则得到图中的 P_v 点,但这样形成的海底轮廓线为直线,不符合真实海底以曲面起伏波动的特点。因为子点的高度值在其相邻控制点的高度值附近波动,且距离越近的控制点,对子点的影响越大,故可采用对子点附近的控制点高度作加权平均的方法来推算子点的高度,距离越远,权重越小。首先选取距离平方的倒数值为加权系数,对控制点进行加权平均后,假设得到高程点为 P'_x,其高度的计算公式为

$$z'_x = \frac{\dfrac{z_1}{r_1^2} + \dfrac{z_2}{r_2^2}}{\dfrac{1}{r_1^2} + \dfrac{1}{r_2^2}} \qquad (5.20)$$

整理式(5.20)可得

$$z'_x = \frac{z_1 r_2^2 + z_2 r_1^2}{r_1^2 + r_2^2} = \frac{z_1 r_2^2 + (z_2 r_1^2 + z_2 r_2^2) - z_2 r_2^2}{r_1^2 + r_2^2} = \frac{z_1 - z_2}{r_1^2 + r_2^2} r_2^2 + z_2 \qquad (5.21)$$

　　P_1 点到 P_2 点的高度场梯度变化是降低的,但对式(5.21)分析可知,P'_x 点总是高过 P_2 点,当 r_2 逐渐增大时,z'_x 相对于 z_2 的增量部分的变化趋势为

$$\lim_{r_2 \to \infty} \frac{z_1 - z_2}{r_1^2 + r_2^2} r_2^2 = (z_1 - z_2) \lim_{r_2 \to \infty} \frac{1}{\left(\dfrac{r_1}{r_2}\right)^2 + 1} = (z_1 - z_2) \lim_{r_2 \to \infty} \frac{1}{\left(\dfrac{r_2 + \overline{Q_1 Q_2}}{r_2}\right)^2 + 1} = \frac{z_1 - z_2}{2}$$

$$(5.22)$$

式中，$\overline{Q_1 Q_2}$ 为 Q_1 和 Q_2 两点间的距离；P'_x 点的变化曲线如图 5.14 中曲线段 1 所示。

　　显然，推算式(5.20)不符合控制点的梯度变化趋势，且 r_2 越大，误差越大。考虑到线性推算得到的 P_v 点高度小于 P_2 点高度，故可将 P_v 点加权引入式(5.22)，其中，加权系数选为子点与较近的控制点的距离 r_2 的平方的倒数。下面证明，由式(5.22)得到的子点 P_x 小于 P_2，符合控制点变化趋势。期望子点变化曲线如图 5.14 中曲线段 2 所示。修正后的推算公式为

$$z''_x = \frac{\dfrac{z_1}{r_1^2} + \dfrac{z_2}{r_2^2} + \dfrac{z_v}{r_2^2}}{\dfrac{1}{r_1^2} + \dfrac{1}{r_2^2} + \dfrac{1}{r_2^2}}$$

$$(5.23)$$

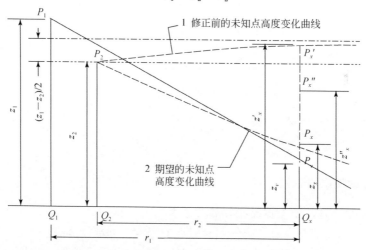

图 5.14　一维加权外推模型分析示意图[154]

　　同理，当 $z_1 < z_2$，沿 P_2 和 P_1 点向左推算时，可以类似地推出以上结论，修正公式总是合理的。

　　由 P'_x 点的变化曲线和期望曲线可知，随着 r_2 的增加，其误差加大，这种变化趋势在修正后的式(5.23)中依然存在，因此可加大线性推算点 P_v 的权重，只取距离一次方的倒数为权重系数，加权平均公式如式(5.24)所示，求得 P_x 点的高度 z_x 会比 z_2 更小。

$$z_x = \frac{\dfrac{z_1}{r_1^2} + \dfrac{z_2}{r_2^2} + \dfrac{z_v}{r_2}}{\dfrac{1}{r_1^2} + \dfrac{1}{r_2^2} + \dfrac{1}{r_2}}$$

$$(5.24)$$

需要说明的是,对于生成子点 $Q_{x,y}$ 做加权外推需要做六次计算,外推参考点分别是 $Q_{i+1,j+1}\ Q_{i+2,j+1}$、$Q_{i+1,j}\ Q_{i+2,j}$、$Q_{i+3,j}\ Q_{i+2,j}$、$Q_{i+3,j+1}\ Q_{i+2,j+1}$、$Q_{i+2,j-1}\ Q_{i+2,j}$、$Q_{i+2,j+2}\ Q_{i+2,j+1}$。但是前四次加权外推对子点影响不大,因为两参考点外推方向即梯度变化方向,只能说明生成子点在 x 轴方向上的变化趋势,不能表明其在 y 轴上的变化情况,且新生子点必须在沿 y 轴方向两相邻参考点 $Q_{i+2,j}\ Q_{i+2,j+1}$ 内。所以只能从 $Q_{i+2,j-1}$ 到 $Q_{i+2,j}$、从 $Q_{i+2,j+2}$ 到 $Q_{i+2,j+1}$ 做两次加权外推计算。然后对两次外推取均值即可得到 $Q_{x,y}$。二维平面外部推算插值示意图如图 5.15 所示。

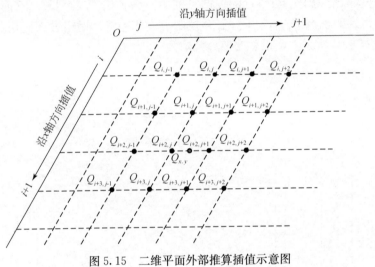

图 5.15　二维平面外部推算插值示意图

5.4.3　混合加权动态校正方法

内部插值方法主要根据其相邻的参考点得出子点的高程,优点是所得子点具有一定的可信度,缺点是没有考虑外侧参考点的影响。外部推算方法则是根据外侧到相邻参考点的梯度变化进行推算的,其子点的梯度变化符合地形变化规律,但是失去了其他相邻参考点对子点的影响。综合两种方法,把外侧到参考点的梯度变化和相邻高权重参考点对子点的影响通过加权的方法进行二次拟合,两个子点相互校正,得出最新子点满足真实地形数据特征。两种方法得到的子点做差,设值为 a,然后设 $[-1,1]$ 为新随机变量 ζ 的范围。取两个子点高程的均值,则可求出新子点的校正位置。

$$z_x = \frac{z_内 + z_外}{2} + \frac{|z_内 - z_外|}{2}\zeta, \quad \zeta \in [-1,1] \tag{5.25}$$

式中,$z_内$ 和 $z_外$ 分别表示内部插值方法和外部推算方法所得子点的高程数据。

5.4.4　自适应分级调度策略

为了实现自适应功能,根据视觉效果需要对视距与地形网格内插值点个数结合多层 LOD 调度进行关联,常规的 LOD 细分方法为每层按照 $2n-1$ 个点进行插值,其跳幅变化较大。此时,可以按照自然数顺序使用逐级插入子点对多层 LOD 进行预处理,LOD 层级数与插值点数一一对应,设定 17 级 LOD,超过 17 级的更多插值可以使用云计算进行处理。多层级 LOD 插值关联度表格模型如表 5.2 所示。

表 5.2 多层级 LOD 插值关联度表格

超宏观视距/m	宏观视距/m	微观视距/m	超微观视距/m
10000	1000	60	3
5000	500	20	1
4000	200	10	0.5
2000	100	5	0.3
1～4 级 LOD	5～8 级 LOD	9～12 级 LOD	0.1

注:超微观视距分为 5 级,为精细模型特增加一层 LOD。

视距就是指视点到地形模型的最短距离,当视距超过 10000m 时,可视化效果很差,此时的地形模型可以用一个平面代替,从 10000m 到 0 的视距可划分为超宏观、宏观、微观与超微观四种,每一种视距都以递减形式分别设定多级 LOD 层的变换步长,递减步长分别为 5000m、2000m、1000m、500m、300m、100m、40m、10m、5m、2m、1m、0.5m、0.2m 等。

5.4.5 算法实施步骤

基于地形模型,对海底地形进行视景仿真的步骤如下:

(1)确定控制点的高度。以单位长度 r 为步长划分海底区域均匀网格,生成 N 个控制点。利用随机函数产生各控制点高程数值,并保存到一个数组中。

(2)细化网格。将地形分为三层 LOD,相对应的网格点间距分别为 $0.2r$、$0.1r$、$0.05r$。按照最粗的一层 LOD 要求将步骤(1)中的网格五等分,利用式(5.25)求出新网格顶点高程值。

(3)根据视点距海底的距离,调度海底地面 LOD。对步骤(2)形成的网格进行双三次样条插值拟合曲面,由拟合函数得到与期望 LOD 对应的网格间距下的高程数据。

(4)地形大小、起伏程度的调节。可通过单位图形长度表征不同的真实长度以改变地形大小,故在网格数不变的情况下表示不同的地形面积,显然地形起伏程度变得平缓,实际应用中希望这两个参数互相独立。为此,需要将图形长度与实际长度的比例固定下来,地形面积通过在步骤(1)中增减网格点数目来改变;起伏度通过在步骤(2)中给混合加权公式乘以一个比例系数来调节。

(5)连接网格顶点,形成地面。利用 OpenGL 的绘制三角形指令,将各相邻的高程点依次连接起来,形成海底地表。

5.4.6　算法实施实例

以 100m 为间距划分海床区域为均匀网格,从数字海图中读取 4×4 控制点的均匀网格控制点高程数据。并存于数组 A_N 中,其海床地形如图 5.16 所示。再使用自适应混合加权动态推算地形生成算法,设视距为 2000m,此时自动调用关联度模型,动态调度并插入子点成为 4 级 LOD 地形,即每一个单元格内每一级插入一个子点,共插入四个子点,数组变为 16×16 控制点,保存在 A_S 中。其海床地形如图 5.17 所示。

$$A_N = \begin{bmatrix} 2.911 & 2.707 & 2.461 & 2.240 \\ 2.473 & 3.333 & 3.320 & 3.100 \\ 2.735 & 2.761 & 2.961 & 2.387 \\ 2.864 & 2.651 & 2.372 & 2.456 \end{bmatrix}, \quad A_S = \begin{bmatrix} A_{11} & A_{12} & A_{13} & A_{14} \\ A_{21} & A_{22} & A_{23} & A_{24} \\ A_{31} & A_{32} & A_{33} & A_{34} \\ A_{41} & A_{42} & A_{43} & A_{44} \end{bmatrix}$$

$$A_{11} = \begin{bmatrix} 2.911 & 2.599 & 2.547 & 2.549 \\ 2.980 & 3.185 & 3.030 & 3.239 \\ 3.190 & 3.037 & 3.284 & 3.024 \\ 3.258 & 3.019 & 2.819 & 3.097 \end{bmatrix}, \quad A_{12} = \begin{bmatrix} 2.537 & 2.707 & 2.973 & 2.554 \\ 2.833 & 2.853 & 3.127 & 2.807 \\ 3.109 & 3.263 & 3.325 & 3.059 \\ 3.185 & 2.903 & 3.169 & 3.309 \end{bmatrix}$$

$$A_{13} = \begin{bmatrix} 2.834 & 2.698 & 2.461 & 2.269 \\ 3.136 & 3.272 & 2.841 & 2.708 \\ 3.180 & 3.037 & 3.014 & 2.624 \\ 3.089 & 3.325 & 2.918 & 2.499 \end{bmatrix}, \quad A_{14} = \begin{bmatrix} 2.367 & 2.319 & 2.198 & 2.240 \\ 2.354 & 2.324 & 2.466 & 2.761 \\ 2.554 & 2.795 & 2.771 & 2.992 \\ 2.961 & 3.376 & 3.111 & 3.214 \end{bmatrix}$$

$$A_{21} = \begin{bmatrix} 2.903 & 2.814 & 2.803 & 3.083 \\ 2.473 & 2.527 & 2.748 & 2.758 \\ 3.008 & 2.899 & 2.926 & 3.188 \\ 3.199 & 2.979 & 2.844 & 2.934 \end{bmatrix}, \quad A_{22} = \begin{bmatrix} 2.800 & 3.025 & 3.374 & 3.100 \\ 2.975 & 3.333 & 3.510 & 3.258 \\ 3.181 & 3.346 & 3.172 & 3.103 \\ 3.306 & 3.293 & 3.418 & 3.353 \end{bmatrix}$$

$$A_{23} = \begin{bmatrix} 2.853 & 2.686 & 2.672 & 3.061 \\ 3.234 & 3.195 & 3.320 & 3.150 \\ 3.102 & 3.121 & 3.063 & 3.326 \\ 2.999 & 2.576 & 2.516 & 2.830 \end{bmatrix}, \quad A_{24} = \begin{bmatrix} 3.241 & 3.367 & 3.174 & 3.231 \\ 3.081 & 3.096 & 3.028 & 3.100 \\ 3.105 & 2.740 & 2.578 & 2.821 \\ 2.833 & 2.942 & 2.642 & 2.504 \end{bmatrix}$$

$$A_{31} = \begin{bmatrix} 2.907 & 2.644 & 2.873 & 3.219 \\ 2.560 & 2.663 & 2.827 & 2.871 \\ 2.735 & 2.717 & 2.959 & 3.296 \\ 3.114 & 3.060 & 3.203 & 2.983 \end{bmatrix}, \quad A_{32} = \begin{bmatrix} 3.442 & 2.959 & 3.128 & 3.483 \\ 3.169 & 2.962 & 2.810 & 3.146 \\ 3.105 & 2.761 & 2.683 & 2.653 \\ 3.264 & 3.198 & 3.209 & 2.873 \end{bmatrix}$$

$$A_{33} = \begin{bmatrix} 3.344 & 2.933 & 2.666 & 2.396 \\ 3.388 & 2.967 & 2.880 & 2.602 \\ 2.860 & 3.044 & 2.961 & 2.569 \\ 2.574 & 2.757 & 2.815 & 2.737 \end{bmatrix}, \quad A_{34} = \begin{bmatrix} 2.536 & 2.743 & 2.748 & 2.403 \\ 2.391 & 2.754 & 2.625 & 2.426 \\ 2.435 & 2.263 & 2.572 & 2.387 \\ 2.449 & 2.286 & 2.329 & 2.395 \end{bmatrix}$$

$$A_{41} = \begin{bmatrix} 3.184 & 3.805 & 2.967 & 2.738 \\ 2.995 & 2.776 & 2.994 & 2.934 \\ 2.976 & 2.682 & 2.607 & 2.614 \\ 2.864 & 2.752 & 2.418 & 2.326 \end{bmatrix}, \quad A_{42} = \begin{bmatrix} 2.796 & 2.759 & 3.098 & 3.116 \\ 2.579 & 2.723 & 3.060 & 3.073 \\ 2.487 & 2.747 & 3.806 & 3.126 \\ 2.651 & 2.737 & 2.895 & 2.856 \end{bmatrix}$$

$$A_{43} = \begin{bmatrix} 2.684 & 2.400 & 2.561 & 2.839 \\ 2.954 & 2.608 & 2.311 & 2.712 \\ 3.056 & 2.720 & 2.292 & 2.477 \\ 2.758 & 2.770 & 2.372 & 2.227 \end{bmatrix}, \quad A_{44} = \begin{bmatrix} 2.647 & 2.394 & 2.240 & 2.125 \\ 2.564 & 2.721 & 2.618 & 2.583 \\ 2.325 & 2.502 & 2.484 & 2.513 \\ 2.158 & 2.444 & 2.406 & 2.456 \end{bmatrix}$$

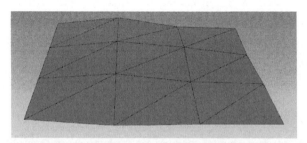

图 5.16　原始数据生成的 4×4 控制点的均匀网格控制点高程数据

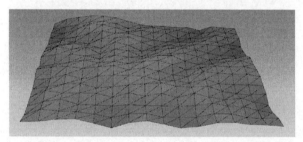

图 5.17　混合加权后新生的 16×16 控制点的均匀网格控制点高程数据

　　根据需要又测试了其他三种方法。表 5.3 为算法应用的属性对比。通过属性对比可知,在实时性方面,混合加权算法的平均帧频能够满足 25 帧/s 的可视化要求。虽然混合加权算法的耗时比其他三种算法缺少优势,但是牺牲了部分耗时的同时又获得了更好的逼真度。

表 5.3　算法应用的属性对比

算法	网格数	计算耗时/ms	LOD 层数	平均帧频/fps	视觉效果对比
分形算法	627264	19.278	3	43.7	跳变严重、误差重复累计
内插算法	627264	11.481	7	52.3	跳变缓和、误差无校正
外推算法	627264	15.427	7	47.6	跳变严重、误差无校正
混合加权算法	627264	23.217	7	26.5	跳变缓和、误差有校正

5.5　大地形管理模块设计

在较大型的军用视景仿真系统中,场景地形所覆盖的地理区域很广,纹理采用大量真实的卫星遥感数据。需要构建大面积复杂的场景库,这样生成的地形场景库数据量庞大,如何管理这么大量的数据是目前视景仿真领域研究的重要内容之一。

为了保证数据总量超过计算机内存上限的地形文件能被实时显示,本章设计专门用于处理大面积地形数据的 LADBM 模块。LADBM 模块解决这一问题的方案是,将大规模数据库通过区域分解为系统可以处理的一系列小单元并按照一定的规则进行重新组织,仅把当前视点可视范围内的数据调入内存,其余不可见部分放在硬盘上等待处理,当内存中的数据不再可见时,将其从内存中卸载,释放内存,以便其他数据使用。它包括三部分内容:数据转换、存储调度和绘制显示。每一部分的功能又分别由各自的一系列相关类进行实现和维护。下面对这三部分进行具体设计。

5.5.1　地形数据转换

大地形管理中的数据转换主要指模型坐标转换和地形模型数据格式转换。涉及大地形参考坐标转换和地形数据格式的转换内容,在本章 5.2 节中已经给出。它通过一个数据转换 TerrainDataConvert 父类和几个相关的派生子类来完成。TerrainDataConvert 类继承了 LADBM 类。通过该 TerrainDataConvert 类可以使用坐标修改器配置坐标系统的类型、经纬度、HPR、坐标单位、椭球/投影类型、大地基准面及相应的地理坐标参数信息。该类又派生两个子类:Modifier 和 CoordSysConverter 类,它们是 TerrainDataConvert 的实际执行类,而 CoordSysConverter 类又派生了两个子类:GeoRefVec3 和 GeoRefMatrix 类。图 5.18 为 TerrainDataConvert 类的继承关系图。TerrainDataConvert 类和 GeoRefMatrix 类设计见附录 B。

5.5.2　地形组织与存储调度

经过数据转换后统一规范的地形数据如何组织、存储和调度? 我们采用了几何网格数据集 LADBMGeometryGridDataset 的形式组织地形数据,几何分页数据库 GeometryDatabasePager 的形式存储地形数据,分页 LOD 动态调度策略动态加载数据。LADBMGeometryGridDataset 类继承自数据库管理数据集类和 GeometryDatabasePager 类,主要负责网格化地形数据集。它有一个子类 LADBMGeometryGridDatasetTXP,代表一个网格数据单元,专门处理片元地形数据。GeometryDatabasePager 继承自 DBMDataset 类,是分页数据库的直接执行者。该类还有一个子类 LADBMTile,封装网格的片式微元地形数据,并处理地形数据片元化的调度与存储。LADBMTileTXP 是 LADBMTile 的派生类,代表一个地形分页文件

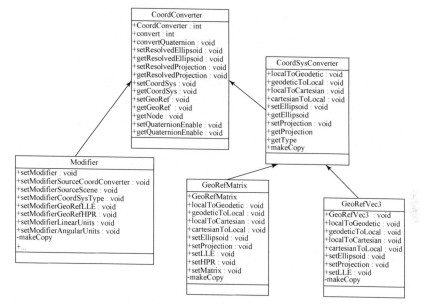

图 5.18　TerrainDataConvert 类的继承关系图

中的片式微元，本质上就是最小能控的微元面片。LADBMTileTXP 类主要负责分页调度时的分离细节层次面片工作，以便实现地形数据加载。图 5.19 为数据库管理类的继承关系图。GeometryDatabasePager 类和 LADBMGeometryGridDataset 类设计见附录 B。

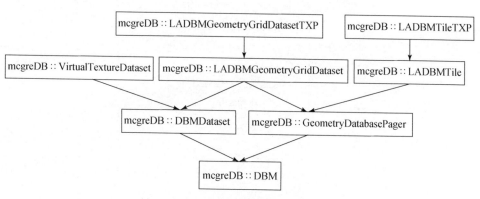

图 5.19　数据库管理类的继承关系图

5.5.3　地形实时绘制算法

经过数据转换、数据组织、存储优化和调度后，如何把数据绘制并真实显示到屏幕设备上？这就是地形实时绘制算法的工作。地形实时绘制算法包括两种：第一种是为了提高绘制工作的快速性,对地形数据进行合理的几何简化处理,如大地形无缝拼接技术;第二种是为了提高三维地形的真实性,在绘制的同时进行必要的美化渲染,如大地形自适应混合加权数据处理技术。第一种比较具有代表性的算法有大地形无缝拼接、LOD 技术、多分辨率技术等;第二种典型的算法有分形技术、光照技术、纹理映射技术、地物叠加方法等。也有两种方法共用的算法,如基于图像的绘制技术既含有简化处理的过程又含有真实感表现的内容,而且两种算法都可以使用 GPU 硬件加速技术进行绘制。

在实际的大规模战场地形的实时绘制中,要两者结合才能绘制出最好的效果。图 5.20 给出了地形实时绘制算法的基本处理流程图。

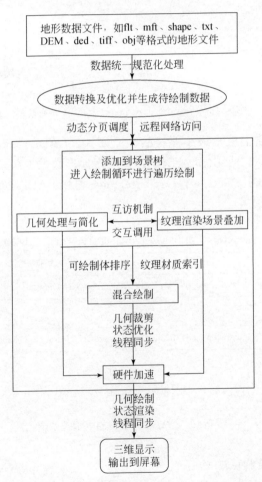

图 5.20 地形实时绘制算法的基本处理流程图

第6章 MCGRE 接口技术

MCGRE 接口技术解决 MCGRE 的集成封装问题。该技术包括人机交互界面的开发、功能接口的封装与实现。但是 MCGRE 的特点是可定制和军用,为了实现这些功能,本章首先将对可定制策略进行设计,对接口封装方法进行研究,然后对人机界面进行开发,建立界面的内部数据接口,最后对战场场景渲染进行测试。

6.1 可定制策略

6.1.1 插件可定制功能设计

由于插件不可能包罗万象,部分没有的插件需要用户自己定制编写,这种可定制功能就是根据自己项目的需要或平台的需求自定义一种新的文件格式。自定制文件插件的方法很多,下面介绍一种比较实用的方法:加密已有的格式并修改扩展名。这种方法非常方便,同时也能达到保护成果的目的。这种插件可定制功能主要是自定义一个插件读写类,继承自引擎内核的读写类,然后根据需要重写一些模板函数,这些模板函数的返回值均为枚举变量,函数的返回值主要体现判断函数的执行结果。这里给出了读取的示意代码。

```
enum ReadStatus  //读取状态
{
FILE_NOT_HANDLED,  //没有找到句柄
FILE_NOT_FOUND,  //没有找到文件
FILE_LOADED,  //文件已经加载
FILE_LOADED_FROM_CACHE,  //文件从 cache 中加载
ERROR_IN_READING_FILE  //读取文件错误
}
```

6.1.2 算法可定制功能设计

几何体优化算法一直在更新,今天的最优算法很快就成为了明天的最差算法,为了让引擎紧跟图形学技术前言,必须设计一种可定制功能的算法库。该算法库装配了很多优化算法,当用户不用某些算法时,多余的算法就被筛选出引擎系统,

实行臃肿功能卸载。而新的算法可以让用户按照模板进行自定义编写,编写好的算法被装配到算法库中实现注册,最后被用户定制调用。这种设计思路能够保证较快嵌入与更新到最优秀的算法,并且基于这种可定制机制,开发者可以对自己的引擎平台版本随时进行更新,及时升级核心算法库,保证了仿真引擎平台在关键技术上永远领先。

　　根据应用范围及实现功能类型,可定制算法可划分为几何体裁剪算法、光照渲染算法、地形简化算法、硬件加速算法和绘制优化算法五种类型库。用户自定义的算法可以根据其特点集成到某一类算法库中,而这种集成及算法体的注册都被封装到模板类中。MCGRE 把算法的可定制功能抽象成一个模板类,用户可以调用这个模板类来封装自定义的算法,进而实现可定制功能并装配到自己的三维图形绘制引擎系统中。该模板类定义了定制算法的类型、名称、输入输出参数信息、算法体函数体及回调函数。可定制算法模板类的定义见表 A.11。

6.1.3　可定制功能接口设计

　　可定制功能接口设计主要解决用户定制界面与引擎内部仿真组件的信息管理调度问题。信息管理调度分为五部分内容:用户事件的响应、信息表生成、信息传输及提取、信息对仿真组件的匹配与调度、引擎生成的向导及测试。

　　用户事件的响应指人机界面的用户操作变成响应信息,这在基于 Windows 的编程中可以实现。信息表生成指把全部响应的信息按照 XML 格式生成 XML 信息表,可以先对用户界面转换成固定 XML 表,然后根据定制操作对表内缺省部分进行动态修改。信息传输及提取指把 XML 信息表传进引擎内部的用户代理,用户代理会把表中的定制信息提取出来,生成引擎识别的序列码,序列码的格式也是按照"引擎版本-系统-子系统-模块-组件"自动生成的,每一个序列码与一个仿真组件永远保证一一对应,且用户在自定义新算法时信息表会向用户代理注册一个新序列号,最后所有序列码存储在序列码表中。信息对仿真组件的匹配与调度指序列码表对仿真组件进行搜索分拣出对应的仿真组件,然后调度出来,等待集成命令生成新版本引擎。引擎生成的向导及测试指发布仿真组件集成命令,生成新版本引擎,然后给一个固定的渲染绘制几何体例子,进行测试,测试完成即可发布该引擎版本。

　　可定制功能接口设计的流程图如图 6.1 所示[114]。

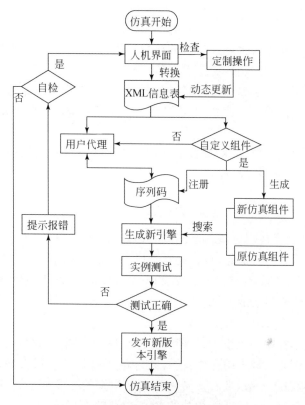

图 6.1　可定制功能接口设计流程图[114]

6.2　接　口　封　装

6.2.1　接口封装方法

接口封装方法主要是对 MCGRE 的用户接口进行集成的一种处理手段。一般情况下,接口的封装都是采用应用程序接口集(API)和动态链接库(DLL)两种形式进行封装。应用程序接口集大都是通过顶层任务分解及主要功能类集成来实现封装;而动态链接库则是把主要功能类及函数封装成隐式库,然后通过一个地址链接供用户调用这些库,且用户不能对这些库进行二次编辑。MCGRE 则采用了这两种方法进行接口封装。

1. API 接口封装原理

接口分为绘制引擎底层接口和用户应用接口,针对接口的设计如下:

(1)首先对底层绘制引擎的应用程序接口和用户应用接口进行回执,遴选出需要留出的部分。

(2)对应用程序接口集设计统一的接口标准,包括统一的输入输出格式、统一的函数调用方式、统一的函数功能说明等。

(3)针对底层绘制引擎接口,封装常用的类模板库及函数库,并且预留扩展接口,封装扩展类模板库及函数库,以备开发人员或用户进行扩展开发时需要与绘制引擎进行交互。

(4)针对用户应用接口,根据各个功能模板的任务需求,进行任务分解。封装应用层这种类模板库及函数库。

2. 动态链接库的接口封装

MCGRE 将程序代码做成动态链接库形式,供用户调用。DLL 实际上就是一种接口的封装。用户可以通过这种动态链接库实现外界对绘制功能的引用和数据的场景驱动。DLL 的封装原理在很多文献上都有介绍,这里不再赘述。而为什么使用 DLL 并把代码封装成函数呢? 这就是 DLL 的必要性。下面介绍 DLL 的接口封装功能:

(1)扩展应用程序。由于 DLL 能被应用程序动态载入内存,所以,应用程序可以在需要时才将 DLL 载入内存中,这让程序的可维护性变得很高。例如,场景组织的场景图功能需要升级,那么负责编写场景组织的程序员不必将场景组织所有代码都重写,只需将场景图功能相关的 DLL 文件重写即可。

(2)便于程序员合作。因程序员及使用编程语言的不同,究竟放在哪个编译器中进行编译成了一个共同的问题。而有了 DLL 后,可以让 VC 程序员写一个 DLL,然后 VB 程序员在程序中调用,无需将它们都编译为一个单独的 EXE。

(3)节省内存。如果多个应用程序调用的是同一个动态链接库,那么这个 DLL 文件不会被重复多次装入内存中,而是由这些应用程序共享同一个已载入内存的 DLL。

(4)共享程序资源。DLL 文件提供了应用程序间共享资源的可能。资源可以是程序对话框、字符串、图标或者声音文件等。

(5)解决应用程序本地化问题。下载了程序的升级包后,用下载包中的 DLL 文件覆盖掉程序原来的 DLL,就完成了升级。这些程序都是将执行代码和应用程序界面分开编写了,所以只需将其中和程序界面相关的 DLL 升级并发布即可。

下面就以场景组织模块中 DLL 输出函数的实现为例,说明 DLL 封装方法。

```
enum RegisterClass//定义场景类标志名
{
e_Default=0,
```

```
e_DynamicObject,
e_LightSource,
e_Sky
}
void addNode (ScriptInterface**pobj,unsigned int name)//为场景树添加一个
```
节点
　　{//场景组织接口通过传入一个 ScriptInterface 类型的指针地址和场景类标志名,得
到一个 ScriptInterface 类型的对象指针
```
    switch(name)
    {
        case e_DynamicObject:
            *pobj=newHuman;
            SceneGraph->addChild(*pobj);
            break;
        case e_LightSource:
            *pobj= newLightSource;
            SceneGraph->addChild(*pobj);
            Break;
        case e_Sky:
            *pobj=newSky;
            SceneGraph->addChild(*pobj);
            break;
    }
}
```

6.2.2　基于共享内存的通用化柔性接口设计

　　基于共享内存的通用化柔性接口设计主要解决两个问题:①MCGRE 的海量
数据传输易造成数据传速率及调用机制响应较慢;②在不同的通讯方式或不同的
调用机制下数据的传输与调用速率不同。

　　为 MCGRE 的接口创建一个基于共享内存的通用化柔性接口程序,将接收到
的数据通过共享内存的方式传入三维图形绘制引擎系统。同时,代码生成工具在
程序中加入了创建共享内存并通过其接收数据的内容,只要数据接口程序正确地
索引到该共享内存区,就能实现数据的快速传递,其速度比从文件直接读取数据要
快很多。该通用化接口程序包含两个相互独立的进程(外界数据接口程序和引擎
绘制场景程序),这两个进程又是通过文件映射对象来分配和访问同一个共享内存
块的流程。由发送方程序负责向接收方程序发送数据,文件映射对象由发送方创
建和关闭,并且指定一个唯一的名字供接收方使用。接收方直接通过这个唯一指

定的名字打开此文件映射对象,并完成对数据的接收和处理。图 6.2 为视景数据传输发送方伪代码,图 6.3 为视景数据传输接收方伪代码。

```
CreateFileMapping();//创建一个内存映射文件对象
MapViewOfFile();//映射视图到内存地址空间
HWND hDeCode=::FindWindow();//创建窗口辨识句柄
if (hDeCode! =NULL)//数据传输没用结束
{
    PostMessage();//通知接收方视图已经打开
    memcpy();//数据复制到共享内存
}
else//数据传输结束
{
    PostMessage();//通知接收方视图已经关闭
}
UnmapViewOfFile();//卸载内存文件映射对象试图
CloseHandle();//释放内存文件资源
```

图 6.2　视景数据传输发送方伪代码

```
OpenFileMapping();//打开一个内存映射文件对象
MapViewOfFile();//映射视图到内存地址空间
memcpy();//数据复制到共享内存
UrmapViewOfFile();//卸载内存文件映射对象试图
CloseHandle();//释放内存文件资源
```

图 6.3　视景数据传输接收方伪代码

6.3　引 导 界 面

6.3.1　界面设计

1. 用户界面的设计原则

应用软件用户界面以 5 个主要原则为中心,即简约、美观、高效、可定制和面向对象透明,具体如下:

(1)简约。尽管一些计算机化的用户任务相对复杂和麻烦,但是软件对象在现实世界中的相对物比较简单。在用户界面中,软件对象提供的增加生产效率的特性并不特别复杂。尽管简约和分层次被广泛用于入门介绍性和交互性的风格中。尽量使对象简约化,并分层次。用户仅被告知一次即可知道如何得到结果。

(2)美观。图画来自于现实世界,流行的实体对象需要符合美学和人类工程学。软件对象要用相同的方法展现给用户。要广泛使用图形设计和可视化。

(3)高效。软件对象的使用,最好几个简单的步骤就可完成最终用户的任务。用户界面的实现无需层次较多的窗口或不必要的键盘或鼠标步骤。尽量避免太多屏幕和太多步骤(或者相当于使用多样的用户界面风格)等最常见的缺陷。

(4)可定制。为了适合个人需要,软件对象可以使用很多形式。软件用户界面对象以及最终用户创建的对象是可调整的。应允许用户选择相互交流的技术以及整体外观和对用户所需优化方法的存取权限。

（5）面向对象透明。一个面向对象的用户界面设计对用户是透明的。面向对象的特色（外观、行为、交互需求和功能）应包含在用户界面中。就这意味着类对象的概念类层次结构和对类层次结构的继承易于学习和理解。

2. MCGRE 的用户界面设计

MCGRE 的用户界面的名称为 GuideforMCGRE。用户界面如图 6.4 所示，可以看出，界面主要包括五部分内容：可定制仿真组件、自定义仿真组件、组件参数设置、预览组件库及装配引擎。使用时用户需要按照顺序依次进行选择可定制仿真组件、自定义仿真组件、组件参数设置、预览组件库及装配引擎。每选择一项，在列表中就有相关项与之对应。可定制仿真组件供用户选择输入；自定义仿真组件及组件参数设置两部分需要用户手工输入仿真组件及参数的属性信息；预览组件库则可以供用户浏览每个算法库中封装的算法组件；装配引擎则是把定制的所有仿真组件生成 XML 定制组件信息列表。引擎自检是定制的最后一步，它把上一步生成的 XML 信息表输给用户代理。用户代理通过一个典型的军事作战想定，把战场场景绘制出来。绘制过程中没有报错，则说明引擎定制成功。由于新仿真组件功能的多样性，该自检过程不可能全部测试，所以用户需要自己进行测试新的仿真组件功能。若是报错，用户可以通过报错信息查询引擎故障原因，进一步更正后重新配置 MCGRE。每一个算法库中都有很多算法，这些算法作为仿真组件供用户点击选择。

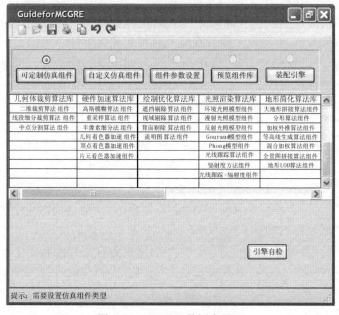

图 6.4　MCGRE 的用户界面

几何体裁剪算法库包括：二维裁剪算法、线段细分裁剪算法、中点分割算法、Cyrus-Beck 三维裁剪算法、Liang-Barsky 齐次坐标裁剪算法、Sutherland-Hodgman 多边形裁剪算法、Weiler-Atherton 凹裁剪算法等。

硬件加速算法库包括：GLSL 顶点着色器加速算法、GLSL 片元着色器加速算法、几何着色器加速算法、重采样算法、高斯模糊算法、滤波算法、半像素细分法、HLSL 语言底层操作技术、CG 语言底层加速技术等。

绘制优化算法库包括：视域剔除、遮挡剔除、背面剔除、中心圆拼接方法、视图插值法、视图变形法、流明图法、三维图像变形法、深度图像分层法、纹理映射模型法、增量地平线法、八叉树优化算法等。

光照渲染算法库包括：环境光照模型、漫反射和 Lambert 模型、镜面反射、透明模型、恒定明暗处理模型、Gouraud 模型、Phong 模型、光线跟踪算法、辐射度算法、光线跟踪与辐射度结合算法、光线跟踪反走样算法等。

地形简化算法库包括：大地形无缝拼接算法、全景图拼接算法、LOD 技术、地形数据分块调度技术、多分辨率技术、二叉剖分技术、层次图像存储算法、点面混合绘制技术、线性插值算法、等高线绘制法、分形算法、渐次插入算法、地形定量描述法、地形半定量描述法、分页调度技术、静态导入与动态调度技术、动态导入与调用技术、Instance 技术、纹理映射方法、地物叠加方法、混合加权动态校正算法。

自定义仿真组件有定义新仿真组件的数目、隶属仿真组件库类型、新仿真组件的名称、新仿真组件的参数个数及仿真组件描述等属性。组件参数设置有组件参数数目、参数类型、参数名称及参数描述等属性。预览组件库是把定制的仿真组件以表格的形式可以供用户浏览，装配引擎则是把定制的仿真组件装配到 XML 表中，以备用户代理调用。

6.3.2 内部数据接口

内部数据接口主要解决的问题是从用户界面到用户代理之间的数据接口。用户界面是用户手工操作完成的，而这些操作基本上是仿真组件的定制或定义相关内容。用户界面的操作是通过生成 XML 信息表与用户代理进行数据交换的。用户界面 GuideforMCGRE 生成固定的 XML 信息表，把信息表中待定制项做成缺省状态，由用户通过定制功能取动态修改 XML 定制项内容。很多大型软件的用户界面都是这样设计的，如 VegaPrime 软件的用户配置文件编辑器 LynxPrime。用户代理可以解析 XML 信息表并根据信息表内容进行注册和排序仿真组件，XML 解析包含读写两种解析模式。XML 解析类设计伪代码见图 A.7，图 6.5 为解析后生成的 XML 信息表。

```
<! -edited with XMLSpy v2008 (http://www.altova.com) by TEAM ViRiLiTY (VRL)
-<Script 系统时间="22.59"生成日期="2.11/9/26"引擎版本="MCGRE1.0">
  -<ListOfIntance>
    -<SimualationComponentLibrary 组件库 GUID="11092601"组件库名称="几何体裁剪算法库">
      <ComponentInstance ID="11092601001"Name="中点分割算法"类型="原组件"/>
      <ComponentInstance ID="11092601002"Name="Liang-Barsky 齐次坐标裁剪算法"类型="原组
        件"/>
      <ComponentInstance ID="11092601003"Name="Weiler-Atherton 凹裁剪算法"类型="原组
        件"/>
      <ComponentInstance ID="11092601008"Name="Cyrus-Beck 三维裁剪算法"类型="原组件"/>
      -<ComponentInstance ID="110926010011"Name="NichollLee-Nicholl 二维裁剪算法"类型="新组
        件">
        <ParameterInstance ID="1109260100110001"Name="P1"类型="point*"/>
        <ParameterInstance ID="1109260100110002"Name="P2"类型="point*"/>
        <ParameterInstance ID="1109260100110003"Name="Xl"类型="double"/>
        <ParameterInstance ID="1109260100110004"Name="Xr"类型="double"/>
        <ParameterInstance ID="1109260100110005"Name="Yl"类型="double"/>
        <ParameterInstance ID="1109260100110006"Name="Yr"类型="double"/>
      </ComponentInstance>
    </SimualationComponentLibrary>
    +<SimualationComponentLibrary 组件库 GUID="11092602"组件库名称="硬件加速算法库">
    +<SimualationComponentLibrary 组件库 GUID="11092603"组件库名称="光照渲染算法库">
    +<SimualationComponentLibrary 组件库 GUID="11092604"组件库名称="地形简化算法库">
    +<SimualationComponentLibrary 组件库 GUID="11092605"组件库名称="绘制优化算法库">
  </ListOfInstance>
</Script>
```

图 6.5　解析后生成的 XML 信息表

6.4　实例测试

引擎外挂中利用通用化框架设计了一个多机协同作战视景仿真系统,该系统主要目的是对战场地形及引擎的绘制品质进行测试。系统开发分为四步:系统规划与作战描述、建模、接收自定义路径规格数据、视景驱动与显示。按照 GuideforMCGRE 的向导,在自检阶段通过测试该系统能够基本保证 MCGRE 的可用性。该视景仿真系统的硬件环境为 CPU2.8G＋Nvidia GF9800 GTX,软件环境为 vs.net2003＋MCGRE。最后的绘制帧频为 59fps,逼真度良好。

该系统利用的通用化框架主要表现在各粒度层级模型编辑的通用化、模型特效编辑的通用化、摄像机编辑的通用化等方面。为了简易说明 MCGRE 的可用性,图 6.6 给出了多机协同作战视景仿真效果图。

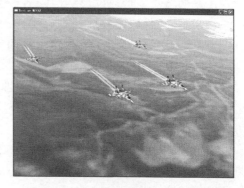

图 6.6　多机协同作战视景仿真效果图

第 7 章　军用视景仿真引擎系统设计与开发

7.1　系统模型的需求分析

针对军用视景仿真引擎系统的设计过程的需要,应分析主要军用视景仿真中作战对象和潜在作战对手以及敌我双方的武器装备、平台的特点,完成相应平台、武器的建模以及对应的武器上的电子对抗系统、火炮、雷达等。

确定视景仿真中所含模型以后,三维实体模型的建立首先应具有等级细节、多边形删减、逻辑删减、绘制优先级、分离平面等先进的实时功能。其次,所创建的三维模型大小比例应与实际物体一致,通过选择合适的视点方式,可以在视景演示时实时地观看各个参选模型。同时,具有等级细节等实时功能的模型既可以满足不同的观测效果又尽可能地减少了系统运行负担。最后,为了增强模型的逼真性,需要模型六个方位的图片,以提供纹理。

在建立适应系统仿真所需要的丰富、逼真的三维实体模型后,需要将其储存在数据库中,要求对三维实体模型及其组件和纹理进行有效的管理,具有数据库的基本功能,如模型文件的添加、删除、查询、调用、存储等操作,以方便后续仿真使用。

按照统一管理需求,对实体模型实行标准化要求:①统一的命名规则;②统一的 LOD 分级标准;③统一的尺寸比例;④统一的坐标系;⑤统一的分辨率。

实体模型在开发过程中,需按层次顺序开发,模型的层次结构图中将各部分放在不同的节点下形成树形结构以利于模型的修改与扩充。在实体模型的存储中三维模型、组件以及纹理都是以文件的形式出现。在数据库中分别对上述文件的信息(如名称、存储路径、创建日期等)建立字段,通过字段来对数据源进行操作,对数据库的一些操作如查询、删除、增加。要求不仅可以对字段进行操作,还要对数据源进行操作。如果要对数据源进行操作,则需要相应的开发或者编辑工具,如 Creator、图片编辑器等。对模型的数据库操作主要有以下两个方面:

(1)查询与编辑。可以根据模型(组件、纹理)的名称、日期、分类等进行单一条件的精确查询或者模糊查询,也可以进行多个条件的组合查询。查找到相应记录后可以对其进行编辑。

(2)删除与添加。删除包括两个部分,一是数据库中有关文件记录的删除;二是文件的物理删除。删除文件记录后,位于删除记录后的所有记录索引值都减 1;在进行删除操作时可以选择是否同时删除磁盘数据文件,如果选择否,则在日后有必要时可以恢复被删除的记录。

添加也包括两方面内容:文件记录的增加和磁盘数据文件的增加。追加时首先增加一条文件记录,同时记录指针加 1;然后根据数据库的要求输入各个字段的信息;最后按照文件记录中所提供的文件名称和文件路径对磁盘文件(模型、组件或者纹理)进行存储。

7.2 三维视景模型建立

三维实体的建模有基于 OpenGL 编程建模和利用专业工具建模两种方式。例如,视景仿真系统中可以应用 MultiGen-Paradigm 公司的适用于实时视景仿真的多边形建模工具 MultiGen-Creator。在使用 Creator 建立三维实体模型的过程中引入基于增量模型的软件开发过程,寻求优化的建模手段,使所建立的模型在视景仿真实时性与逼真性、准确性的矛盾中达到平衡,满足实时分布交互视景仿真系统的需求。各实体模型具有等级细节、多边形删减、绘制优先级等先进的实时功能。

例如,建立舰艇模型,为了满足系统模块化设计要求,完成多种模块不同组合方式下的功能对比,能够在制定的舰艇上根据实际要求生成所需模型的模块组合,并且可以生成两艘不同的舰艇,在同一环境中进行性能对比,如侦查距离、无源干扰能力及距离、有源干扰能力等。这样对舰艇模型的开发提出了更为精细的要求。舰艇模型的逼真度直接关系到逼真性和性能对比的精细度,由于系统是对舰载武器装备进行仿真,模型的精细度要求非常高,层次与附属关系复杂,为便于对模型数据库的管理,舰艇模型开发过程中应注意以下几点:

(1)统一的命名规则。

(2)统一的 LOD 分级标准。

(3)统一的尺寸比例。

(4)统一的坐标系。例如,所有模型的中心都应在其几何中心,x 轴指向其宽度方向,y 轴指向舰艏。

(5)舰载雷达、火炮、干扰弹发射器等组件,均以逆时针方向为正方向。

以某舰艇平台的开发为例,武器搭载情况如图 7.1 所示。

统一的命名规范可使模型修改与查询等操作更加方便,因此,可根据先上后下、先左后右的命名规则将以上组件命名,如图 7.2 所示。

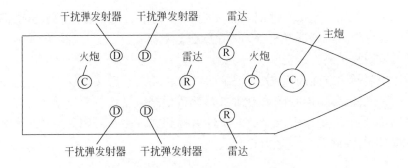

图 7.1　某舰艇平台武器搭载情况

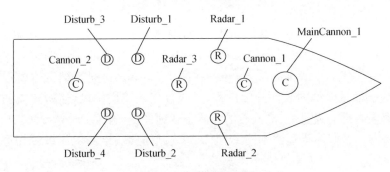

图 7.2　组件命名规则

　　然后，基于 MultiGen Creator 3.0 开发模型，将整个舰船的结构分为底部、舰岛、武器、栏杆等几部分，以先下后上、先简单后复杂的原则逐步建立。首先，建立舰艇的底部，根据底部不同横剖面的形状建立 8～10 个横界面，如图 7.3 所示；然后，采用放样技术生成船体底部模型，如图 7.4 所示。

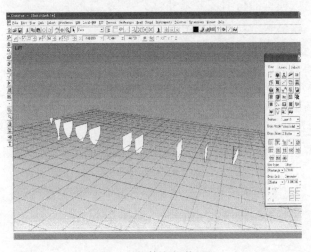

图 7.3　船体底部截面组

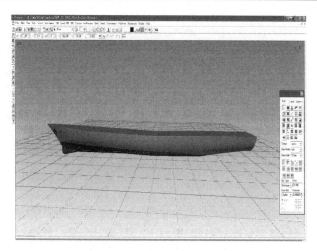

图 7.4　截面放样得到船体底部

根据实体图片,在已建立船体底部模型的基础上,建立舰岛部分与其他细节部分,如图 7.5 和图 7.6 所示。

舰岛完成后,开始建立舰艇上搭载的武器装备,也是整个组件化模型建立的关键部分,以搭载某型火炮为例,首先建立该火炮的整体模型,将其命名为 Cannon2,由于底座以上的部分是可以自由旋转的,因此,生成一个 DOF 节点,命名为 Can-BotDof_1,并将舰炮以上部分分离出来放入该 DOF 节点中,DOF 的局部坐标系设置为与舰艇的坐标系一致,如图 7.7 所示。

在舰炮模型中,炮管具有俯仰姿态,因此,炮管部分也应该作为一个 DOF 节点,将其命名为 CanBarDof_1,该节点作为 CanBotDof_1 的子节点,定义其坐标系与舰艇的坐标系一致,如图 7.8 所示。

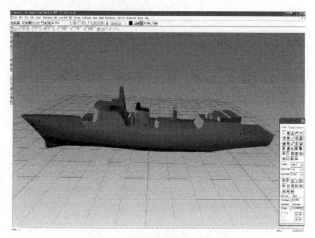

图 7.5　完成舰岛部分视图

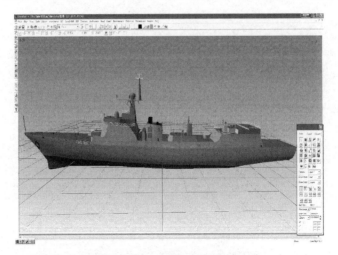

图 7.6　经过继续细化后视图

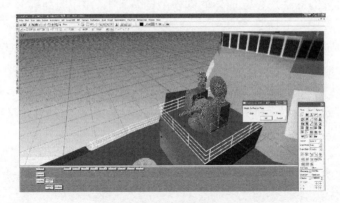

图 7.7　舰载火炮局部坐标系

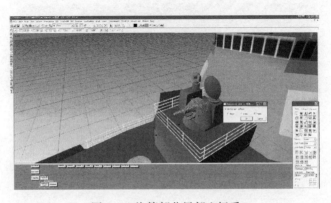

图 7.8　炮管部分局部坐标系

7.3　三维视景开发架构

三维视景用于营造立体虚拟战场环境,直观、逼真地演示各实体的运行状况。一般的开发流程如下:

(1)开发三维模型。如果数据库中没有所需的模型,则可以用三维建模工具开发实体模型和环境模型。

(2)开发视景仿真模型。从三维模型数据库中选取所需的三维模型,从特殊效果库中选取模型对应项,利用开发/测试工具进行组合,得到视景仿真模型,存入数据库。

(3)开发场景描述文件。利用场景生成工具,从视景仿真模型库中选择模型,建立模型间的关联关系,定义模型对应的数据接口,生成场景描述文件。

(4)生成视景仿真程序框架代码。代码生成工具读取场景描述文件中对视景仿真模型及其行为的定义,生成程序代码。

(5)完成程序代码。在上一步所生成的程序框架代码中添加用户自定义的功能函数,完成视景仿真程序。再利用编译工具进行编译和调试,最后生成系统可执行文件。

(6)系统的执行和调试。

这样,以 Vega Prime 2.2 为实时视景仿真运行环境,Vega Prime 视景仿真三个阶段之间的关系及视景开发框架设计如图 7.9 所示。根据流程整个三维视景显示模块的开发可以分为以下三个阶段:

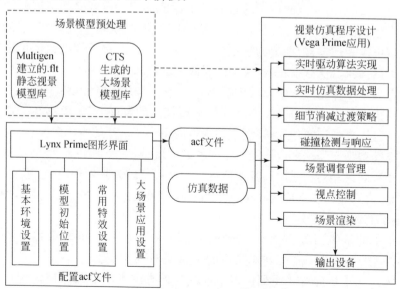

图 7.9　Vega Prime 视景仿真框架图

（1）实体对象生成。解析想定配置信息 XML 文件，对想定中所涉及的实体动态地生成相对应的实体类及其对象，同时对视景中相关场景模型进行预处理操作。

（2）视景配置文件生成。Vega Prime 提供了一个图形化的集成开发界面 Lynx Prime，用于定制应用程序配置文件 ACF。在 Lynx Prime 中可以完成以下工作：三维模型的导入；各种特殊效果的触发与结束；环境效果的设定和视点工作方式的选择。根据系统的工作要求，使用 Vega Prime 提供的 API 函数动态修改并配置想定 acf 文件。

（3）仿真运行。从共享内存区中读取各个实体所对应的数据，在 Vega Prime 中调用实体模型并进行数据驱动，主要内容包括实时驱动算法实现、实时仿真数据处理、碰撞检测与响应、场景调度与管理和视点控制等。

7.4　系统的关键技术配置

7.4.1　三维模型表现形式转换技术

由于三维模型及其组成的三维场景能够提供比二维图像或其他物体表示方式更多、更丰富的物体信息和更好的视觉效果，是物体更为直观的表现形式，受到工业界和学术界的广泛青睐。常见的三维模型表现形式包括点云模型、网格模型、体素模型等。

点云模型是一种新的三维模型几何表现形式。点云模型是由一系列三维坐标系中的点组成的，这些点的位置通过三维坐标值确定。点云模型不需要网格化处理就可直接表示由三维扫描仪获取的数据，并且不需要拓扑信息，海量点的数量使点云模型可以表达丰富、细节的模型信息。绝大部分的点云模型数据由三维扫描仪等三维数据获取仪器来获取，这些仪器能够定位物体表面的点，并将点的二维坐标值保存到一个存储文件中。点云模型以点为基本几何基元，由于点的图形学对基于点的模型的表示、处理、渲染和几何造型技术的发展，点云模型在工业部件制造、测量度量、虚拟现实、三维模型重建等方向得到了广泛的应用。

网格模型是指利用多边形网格组成的表面模型，一般情况下，网格模型包括点的坐标和法向量、颜色、材质和其他信息。网格模型因为其处理简单、速度快捷、显示效果好、表达能力丰富成为主流的三维几何模型之一，近些年在二维动画、数字娱乐、电子商务等方向有着广泛的应用。

体素指的是体图形学中表示体模型的基本数据单元，可以理解为由二维像素向三维栅格的拓展，体素方式描述的模型具有简单、稳定、不需要拓扑信息等特点。体素化是指通过一系列体素将连续几何方法表示的几何物体转化为原物体近似模型的处理过程，既包含模型的表面信息，又包含模型的内部信息。体素模型主要应用在流体力学、医学成像、实体造型、地形建模、碰撞检测、机械部件制造等领域。

1. 点云模型与网格模型转换

绝大部分的点云模型由三维扫描仪等三维数据获取仪器获取,由于网格模型具有处理简单、速度快捷、显示效果好、可以较好表现复杂几何形状模型的优点。因此,很多时候我们需要将点云模型网格化,通常采用的点云模型网格重建方法是:通过相同辅助特征将网格重建、去噪、简化等系列单独的步骤进行整合,以减少点云模型网格重建的工作量。

若需要这些离散点云数据的多边形网格信息,就必须对数据进行预处理,如去噪、拓扑处理、简化、网格重划、形状特征重建等处理操作,以获取高质量的、易处理的网格模型。一般情况下,二维扫描获得的物体表面数据有噪声,常常有突兀部分和漏洞部分,不同部位点的密度差异比较大,所以在对其建模和渲染之前应该进行实质上的处理。通常采用网格去噪、简化和特征修复等步骤整合在一起的点云模型网格重建方法。

2. 网格模型与体素模型转换

虽然网格模型具有处理简单、速度快捷、显示效果好和可以较好表现复杂几何形状模型的优点,但网格模型一般只有三维物体的表面形状信息,而在三维模型的某些应用方面,如流体力学、医疗影像、实体建模、地形造型、碰撞检测和机械零件制造等领域中,需要模型的内部信息体素化是三维模型数据规则化的一种很实用的方法,将网格模型转换为既有表面信息又有内部信息的实体体素模型具有重要的研究价值。

3. 三维模型通用存储格式转换

由于不同的需求方向,各个研究单位和公司开发了各种各样的三维模型存储文件,主流的三维模型存储格式有 3DS、FLT、OBJ 等,这就导致模型的共享程度低、复用难度大和资源浪费现象严重。可以利用 OpenGL 对三维模型进行重建来实现通用的存储格式的转换。

使用 OpenGL 对三维文件进行模型重建是一种常用的方格式转换法,具体步骤如下:

(1)配置好 OpenGL 环境,主要包括 OpenGL 库文件的引用、OpenGL 的初始化、逻辑调色板的设置、像素格式的设置、显示场景的设置,如在 OnSize() 里设置投影变换和视口变换,在 OnTimer() 里设置响应、缓冲时间,在 OnCreate() 里设置像素格式,以及在 OnDraw() 里的模型数据缓冲区。

(2)由于 OpenGL 的窗口与 Windows 显示窗口的逻辑位置不同,所以需要在 PreCreateWindows(cs)里调整窗口位置,简单且直接的做法是对 OpenGL 的显示窗口进行定位:

cs. x= 0; cs. y= 0; //调整窗口的位置

cs. cs= 1024;cs. cy= 768; //调整显示窗口大小

(3)在 RenderScene()或 OnCreate()里调用显示函数 Draw3DOBJect()。

通用显示函数 Draw3DOBJect()的主要流程如下:①判断模型数据有没有法向量,若有法向量,则通过通用结构里的数据,先获取面的数目对面进行循环;②在面的循环中获取点的数目对点进行循环,通过此嵌套循环读取到所有点的位置、法向量信息进行绘制,其中对有无材质颜色信息进行判断,若有则绘,若无则不绘,若没有法向量,则通过嵌套循环只绘制点和材质即可。这样,就完成了通用结构中的三维数据重建为三维模型的工作,并显示于窗口。

7.4.2　场景显示

为了保证三维场景的实时速度生成,至少要求图形的刷新频率不低于 24 帧/s,它取决于画面的透明度、阴影、纹理和图形的复杂度等因素,因此,如何选择合适的算法来降低场景的复杂度是场景显示的关键问题。目前,常用的方法有场景分块、可见消隐、细节选择等。

三维视景仿真的场景显示根据视景仿真的引擎不同而不同,本节以 Vega Prime 的场景显示为例。它是用来模拟现实的跨平台实时工具,它构建在 VSG (Vega Scene Graph)框架之上,是 VSG 的扩展 API,包括一个图形用户界面 Lynx Prime 和一系列可调用的、用 C++实现的库文件、头文件。Vega Prime 在不同层次上进行了抽象,并根据不同功能开发了不同的模块,每个应用程序由多个模块组合而成,它们都由 VSG 提供底层的支持。图 7.10 为 Vega Prime 系统内部结构。

其中,Lynx Prime 是通过对面板进行一系列的操作来完成视景仿真环境等基本配置的初始化,生成应用程序配置文件(application configuration file,ACF),即所谓的战情文件。Vega Prime 的基础是场景图库 Vega Scene Gragh(VSG)。场景图库,是指允许用户以图像数据结构表述场景中的物体,这样就能在一个地方指定整个组的共同属性。场景图库能够自动管理,并且忽略那些减缓场景实时显示的不必要的细节。VSG 是用 C++开发的,融入了许多现代 C++的特性和技术,如泛型、设计模式等。

Vega Prime 的工作流程可以分为五个阶段,即初始化 VP 仿真环境、定义配置文件、配置系统、帧循环及关闭 VP,接口流程如图 7.11 所示。

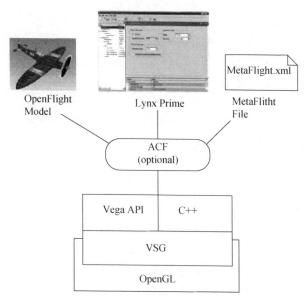

图 7.10　Vega Prime 系统接口关系图

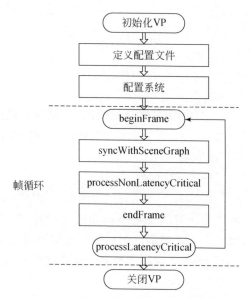

图 7.11　Vega Prime 接口工作流程

1)初始化 VP 仿真环境

核对许可并主要完成对静态变量、内存分配器、渲染库(rendering library)、场景库(scene graph)、ACF 解析器、模块接口、内核类(kernel classes)七个方面的初始化工作。

2)定义配置文件

调用 vpKernel::define 函数解析 acf 文件。acf 文件中定义了系统运行所需要的部分类实体,通过解析 acf 文件,Vega Prime 将自动生成这些实体,其余的不便在 acf 文件中定义的类实体可以通过代码直接生成。

3)配置系统

基于上一阶段的各项参数设置,完成对系统的配置,如设置多线程模式及线程的优先等级、分配处理器、测试多线程环境下帧缓存大小、建立各个实体的关系等。主要流程如下:

(1)向 subscribers 发送 PreConfigure 消息。

(2)配置服务管理器(vsServiceMgr),主要完成三项任务:给各个通道代理发送 Configure 消息、给所有已注册服务发送 Configure 消息、配置服务器控制的多线程缓存对象。

(3)向消息订阅者发送 Configure 消息。

(4)给所有已初始化模块发送 Configure 消息。

4)帧循环

每一个帧循环周期程序都生成一组新的帧数据(载入新的数据库、更新视点的位置、重新计算仿真时间等),每一帧都有一个帧号(依次为 1,2,3,…)。一个帧循环周期可以分为五个阶段:beginFame、syncWithSceneGraph、processNonLatency-Critical、endFrame、和 processLatencyCritical。

5)关闭 VP

完成释放资源的工作,如释放内核分配的内存、调用各模块的 shutdown 函数以释放运行期间申请的内存、终止各异步线程、将许可返回给许可服务器(License Server)等。

7.4.3　运动模型

运动模型建模技术主要研究的是物体运动的处理和对其行为的描述,体现了三维虚拟场景建模的特征。运动模型建模在创建模型的同时,不仅赋予模型外形、质感等表现特征,同时也赋予模型物理属性和与生俱来的行为及反应能力,并服从一定的客观规律。

在运动模型建模中,其建模方法主要有基于数学插值的运动学方法和基于物理运动学的仿真方法:

(1)运动学方法。运动学方法是通过几何变换(如物体的平移和旋转等)描述运动,在运动中无需知道物体的物理属性。

(2)运动学仿真方法。动力学仿真是运用物理定律而非几何变换来描述物体的运动。在该方法中,运动是通过物体的质量和惯性、力和力矩以及其他的物理作用计算出来的。这种方法的优点是对物理描述更精确、运动更自然。

　　动力学仿真能生成更复杂更逼真的运动,而且需要指定的参数较少,但是计算量很大,难以控制。

7.4.4　环境构成

　　视景仿真的环境包括 4 个主要部分:大气环境、地形模型、海洋环境和水下环境。它们都有两个特点:一是模拟的内容庞大、繁杂,二是数据量巨大,例如,海洋环境除了海浪生成算法外还包括海面的纹理、光照等,而且数据还随时间变化。虚拟自然环境可以表示为四元组:A、O、S 分别表示大气、海洋、陆地,T 表示时间。这样虚拟自然环境可离散化为动态的参数序列:

$$E=\langle A,O,S,T\rangle$$

　　大气环境是指包括天空、云层、雨雪天气等在内的环境。Vega Prime 的内部模型中提供了基本的元素:天空、云层、天体(太阳、月亮、星空)和风,但是没有建立天气模型。

　　地形是环境的一部分,在 Vega Prime 中,地形通常采用两种方法来实现:一是从外部读入由建模工具建造的三维地形文件,二是利用 OpenGL 实时绘制地形。建模工具通常能够利用各种地形数据(如 ded、dem 文件,等高线图等)生成地形模型以及地面上相应的地貌和人文特征,所建立的地形精确、逼真,但是这种外部引入的方式不具备在仿真过程中动态调整模型的能力。因此在某些需要与地形发生交互并对地形产生影响的仿真系统中,需要用 OpenGL 实时绘制地形。

　　海洋环境和水下环境在后续章节介绍。

7.4.5　大场景管理

　　计算机效率在很大程度上取决于数据的组织。由于计算机在处理过程中经常会发生内、外存储器之间的数据交换,如果数据组织不合理,就会延缓处理过程,降低工作效率。在地理信息系统中,数据的组织必须有利于空间中对数据的查找,这种查找是以二维以上的方式进行的。

　　面向三维场景仿真的空间数据组织的目的就是要将所有相关的空间数据通过合理的数据组织方法有效地管理起来,并根据其空间或位置分布建立统一的空间索引,进而可以快速调度场景中任意范围的数据,实现对整个仿真区域的无缝漫游。

　　本节介绍有关面向大规模三维场景可视化的空间数据管理方法。其基本思想就是通过数据分割、加工和索引机制,将三维场景空间数据,包括 DEM 数据、地物模型数据、纹理影像数据及元数据,组织成一个由不同细节层次、不同地域覆盖范围的多个子场景构成的金字塔形结构。该数据组织方法能够与动态调度策略很好地配合,以实现大规模三维场景动态可视化的目标。

1. 大规模三维场景数据组织

为了研究合理有效的数据组织管理方法,有必要先对三维场景可视化的具体需求进行分析。根据目前普遍的理解,将三维可视化问题按照最终提供给用户使用的功能情况划分为两类。

1)平行投影方式下浏览

三维场景在平行投影方式下的可视化可以比喻为一个电子沙盘,用户从比较高的位置对整个三维场景进行全局性的观察,同时可以通过放大缩小、平移和旋转等操作,改变视点与沙盘的距离和角度。在距离较远时,根据人眼的观察规律,用户对场景的细节描述程度要求比较低,只需要将主要的地形与地物特征表现出来,而随着场景的逐级放大,要求所绘制的场景越来越详细,但由于屏幕空间有限,此时用户实际见到的场景范围也越来越小。

2)透视投影方式下浏览

透视投影方式下的浏览常常被称为场景中的实时飞行或漫游,这种方式下用户仿佛置身于场景之中,可以随意地升高降低、前进后退、左右旋转以及改变视点的俯仰角度,是一种简单意义上的虚拟现实方式。此时,用户距离场景的距离很近,要求场景以最高的细节程度进行绘制,而由于视距和角度的限制,此时的观察范围也是非常有限的。

根据上述对三维场景可视化功能的分析,在场景绘制中不可避免地存在细节描述程度的变化,因此需要引入 LOD 的处理思想;另外,由于人眼的可视范围有限,在距离较近时只需要对可见范围内的场景进行绘制,而不需要将所有的空间数据都事先读入内存中,因此考虑对整个场景进行分割,以实现分块调度。采用的数据组织方法的主要思想就是利用不同细节层次、不同地域覆盖范围的多个子场景来代替原来的一个大规模三维场景。

2. 大规模三维场景数据调度

大规模的三维场景可视化涉及大量的空间数据,而计算机的内存资源和计算能力是有限的,这种矛盾决定了不可能将大规模三维场景的空间数据事先一次性调入内存,而必须是根据当前场景绘制的需要,在内外存之间进行动态的调度。数据调度的执行效率直接影响到场景绘制的连贯性和交互能力,对大规模空间数据的可视化效果具有举足轻重的作用。本节将阐述一种基于平行投影方式下的数据调度方法。

按照一般应用的需要,在平行投影方式下,系统首先为用户提供一个全局性的电子沙盘,此时整个场景范围出现在屏幕上,需要表达主要的地形与地物信息;然后用户可以利用系统提供的放大缩小、平移和旋转功能,改变视点的位置和视线的角度,其中主要的是改变视点与观察目标的距离。当观察距离由远及近时,要求场景的描述越来越详细准确,反之则越来越概括和粗糙。

在数据组织阶段,我们已经处理生成了不同细节层次的多个子场景,根据观察的需要和机器性能状况,对地形、地物的几何和纹理信息进行了简化预处理,其中对地物信息还针对其重要性和形状特点在数量上进行了删减。

系统在启动阶段已经将场景金字塔索引信息读入内存中,并且首先绘制金字塔第一层(顶层)结点所指向的空间场景数据。地形信息在第一层子场景结点中已经指明,系统按照索引中文件的存放路径到硬盘上读取所需的 DEM 及纹理数据。为了获得第一层子场景中的地物信息,系统按照金字塔顶层结点中指明的路径将该子场景对应的规则划分四叉树索引读入内存,此处比较特殊的是不需要进行空间关系的计算,或者理解为观察范围覆盖整个子场景,因此只需按照索引中的实体标志 ID,将相应的所有地物信息由数据库读入。数据读入后,便可以可视化,绘制全局的三维子场景。

接下来,用户可能不满足这种概括性的视觉效果,希望进行更加详细的观察,即用户对场景进行放大操作,并且还可能伴随着平移和旋转操作。从数据调度的角度出发,重点考虑场景缩放与平移对场景细节程度的影响,而认为场景的旋转操作通过可视化处理来实现。场景的缩放实际上相当于改变视点与地形表面的距离,这种距离的计算是假设视线与地形表面在垂直情况下进行的,由于场景的旋转总是以地形中心点为轴心,因此视点距离可通过计算视点与 DEM 中心网格点之间的空间距离来获得。注意到在场景金字塔索引的每个子场景结点中,记录了子场景适用的最近观察距离,该距离表明子场景的细节表达程度在怎样的观察距离范围内能够满足场景绘制的要求。

当用户在全局场景中选择放大操作,使得视点距离小于第一层子场景的最近观察距离时,数据调度的目标转向金字塔第二层结点所指向的四个子场景,并且将全局场景空间数据所占用的内存空间释放掉。至于具体需要读入哪一个或几个子场景的数据则与平移操作对视点位置的改变有关。系统首先将可见的地形区域边界点(左上角与右下角网格点)的屏幕坐标换算为实际的空间坐标,然后计算该可见区域与四个子场景地形区域的空间关系,将发生相交的一个或多个子场景数据读入。子场景的地形信息借助金字塔场景索引直接读取,地物的信息则需要首先读入子场景相应的地物四叉树索引,然后根据可见区域与四叉树结点的空间关系将可见地物的空间数据读入。也就是说,并不一定要将子场景包含的所有地物的数据一次读入,因为接下来一定范围内的放大操作(在没有引起细节层次变化之前)只会使得可见区域逐渐缩小,即便是由于平移操作使得需要调入新的地物数据,也可通过分析可见区域的变化特点,采用增量的方式只调入内存中没有的地物数据。当视点的可视范围已经移出某个子场景的覆盖区域时,可将该子场景占用的内存空间释放,以节约资源便于读入新的数据。

第 8 章　分布式对海作战视景仿真引擎系统开发与应用

8.1　海战场的二三维规划与同步

8.1.1　海战场的二三维规划

通过海战场视景仿真系统的功能分析,其工作过程可以规划为想定解析、模型配置、三维显示等步骤,根据工作流程来实现二三维的规划,详细仿真流程如图 8.1 所示。

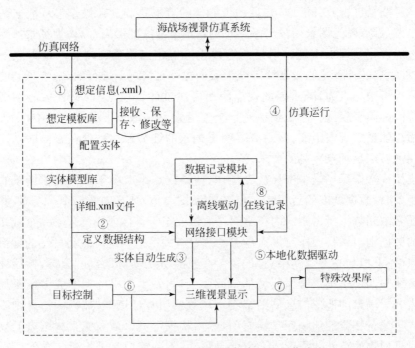

图 8.1　分布式海战场视景仿真系统工作流程

(1)解析配置想定文件。解析接收到的想定文件,根据想定文件生成视景仿真所需的想定配置信息,从武器实体模型库中提取对应的实体模型和相关的特殊效果模型。

(2)定义数据结构。详细想定配置信息传递给网络接口模块。网络接口模块从想定配置信息中读取想定中各个实体的数据结构信息,以备程序利用。

(3)实体对象自动生成。视景仿真程序接收想定配置文件并解析,根据所得到的想定实体信息在程序中动态生成所对应的想定实体模型类对象,在关联模型库中的实体模型之后将其动态加入场景之中。

(4)仿真数据产生。仿真开始后,其他仿真实体根据仿真想定进行模型解算,产生各实体实时仿真数据。

(5)本地化数据驱动。网络接口模块实时接收其他仿真系统的实体信息并将其转换至本地坐标系中,根据图 8.1 中实体数据结构信息进行数据匹配、分发和管理,驱动三维视景中的实体运动。

(6)目标控制。实现工作方式的选择,包括在线仿真和离线仿真两种方式。在线仿真时,根据视景观察的要求,触发相应视点控制事件;离线仿真时,主要操作包括仿真的回放暂停、回放继续和回放速度控制。

(7)调用特殊效果。在仿真过程中,利用交互类参数实现战场特殊效果和对抗效果的调用,以生动形象的方式展示战场作战中所涉及的作战效果。

(8)数据记录。数据记录模块接收外部仿真系统实体实时数据并记录至对应数据文件中,用于以后离线仿真。

8.1.2　二三维同步实现

一般在视景仿真中的二三维同步的实现是利用实时的网络接收来实现的。

为了将视景程序与具体的网络通信协议分开,系统中使用了共享内存技术,针对系统所使用的 UDP、TCP 通信协议,网络接口模块在接收到网络数据后都将其写入本地共享内存数据缓冲区内,视景程序在仿真时根据数据匹配原则读取共享内存区中相应实体的信息,实现模型驱动。

由于通过网络传递过来的实体位置信息均为地球坐标系中的经纬度,而视景中需要的是笛卡尔坐标系中的 x、y、z 坐标值,因此需要对其进行数据转换。系统中使用 CCoordinateConverter 坐标转换类来实现经纬度到直角坐标的转换,其数学模型示意图如图 8.2 所示。

图 8.2 中,(lo, la) 是参考舰船在地球坐标系中的经纬度;(loz, laz) 是中心舰船在地球坐标系中的经纬度;(x, z) 是参考舰船在中心舰坐标系中的坐标值。

所得到的 POSX、POSY 即为所对应实体的直角坐标参数值。

将网络接口与视景驱动分开,即相当于在网络接口与具体的视景仿真程序之间添加一个数据接口转换器。数据接口转换器的功能在于针对具体的数据通信方式,将武器实体模型解算数据经匹配后写入共享内存,而视景驱动部分在接收到数据更新的消息后直接从共享内存中读取各实体的仿真数据进而驱动对应模型在虚拟场景中运动。

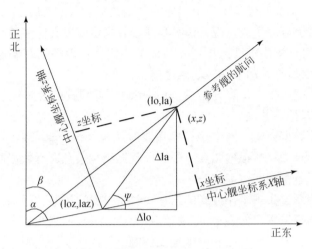

图 8.2　经纬度与地面系转换示意图

8.2　海洋环境配置

海洋环境主要包括天空、海面和水下空间等,本节以 Vega Prime 为例介绍海洋环境的配置。就视景仿真的视觉效果而言,自然属性中天空包括天体、空景和云、雨、雪、雾等天气效果,海面包括浪、涌、风等,水下空间包括亮度、浊流,海底包括地形、地貌、光影效果等。人为因素包括舰艇、尾迹、爆炸等。下面简要介绍各个部分的实现和配置方法。

1)天空

天空的可视化主要包括三个部分:天空包围盒的建立,在包围盒上建立天体星辰,创建云、雨、雪等天气模型。这些工作的主要部分在 Vega Prime 的 vpEnv 类中已经完成,我们要做的是根据不同的应用需求对具体的设置参数进行调整。海洋环境中天空的视景效果与普通场景中的天空效果并没有明显的不同。对于无特殊需求的仿真应用,可以使用 Lynx 提供默认环境。它提供了一个包含 vpEnv-Sun、vpEnvMoon、vpEnvSkeyDome、vpEnvCloudLayer、vpEnvWind 5 个对象的环境设置。vpEnvSun 和 vpEnvMoon 分别以纹理贴图方式实现了天空中太阳和月亮的效果。vpEnvCloudLayer 对天空中的云彩进行仿真。vpEnvSkeyDome 实现了天空包围盒。如果需要表现雨、雪等天气状况,需要在 vpEnv 中添加相应的 vp-EnvRain、vpEnvSnow 等对象。它们都是使用例子效果来模拟自然景观,需要设置的参数主要包括粒子数、产生范围和纹理等,为了体现天空阴霾的效果,还要将 vpEnv 中的天空颜色调暗。Vega Prime 中并没有提供专门的雾效对象,雾的效果可以使用降低 vpLayer 或 vpEnvCloudVolume 对象的云层高度的方法实现。

2）海面

海面可视化的重点和难点是逼真地模拟出海面的波浪起伏。可视化仿真对于海面波动的模拟一般是将其看成是一个随机过程，在统计意义上对海面的各质点的运动状态进行描述。

Vega Prime 中提供了专门的海面波浪产生引擎 vp Marine Wave Generator FFT 类。它提供了一种以快速傅里叶变换算法（fast Fourier transform，FFT）为核心的海洋波浪的统计学计算模型，同时，提供了具体的参数设置和蒲福风级设置两种方式。对于一般的应用，简单的蒲福风级设置，已经可以满足应用需求。

当海洋的动态面积很大时，波浪模型的运算量相当大，甚至会影响可视化仿真的实时性。实际情况下，距离视点很远的海面波浪是肉眼分辨不出来的。使用近似的纹理来代替动态的网格模型就可以达到满意的效果。因此，Vega Prime 中提供了两种海面波浪模型的产生方式：定点式和视点跟随式。定点式海面模拟，是指在固定的范围内产生一块具有起伏效果的动态海面，这种方式比较适合湖泊等小范围水域的模拟。视点跟随方式，是指在视点周围指定的范围内产生一片动态网格区域，而在指定范围之外则使用静态的海面，这样可以在控制系统开销和满足可视化需求的前提下模拟出大面积的海洋场景。图 8.3 为海面场景配置后的效果。

图 8.3　海面场景渲染效果

3）水下空间

水面以下空间中光影效果的模拟，一直是计算机图形模拟的一大难点，甚至是令好莱坞电脑特技师挠头的问题。在 Vega Prime 中也没有提供相应的开发模块。本节利用 Vega Prime 中现有的能力实现了对水下空间的简单模拟。水下空间的模拟分为海水的模拟和海底的模拟两部分来实现。

海水的模拟可以使用 Vega Prime 中云层 vpEnvCloudLayer 对象模拟雾化的效果

实现。在海平面以下添加一定厚度的、透视率适当的淡蓝色雾来模拟浑浊水下情景。另外,由于 vpEnvCloudLayer 的 Elevation 属性不能为负,为了将雾化效果放置在海面以下,需要将海平面抬高。可以将 vpEnvCloudLayer 的 Elevation 属性设置为 0,ElevationTop 设置为海水的深度值,海平面的高度比 ElevationTop 略高。

海底的视觉特性由海底地形和海底地貌决定。

对于海底真实地形模型,可以使用 Creator 的地形建模工具来创建。它支持地形数据文件格式,包括数字高程数据(digital elevation data,DED)和数字特征数据(digital feature data,DFD)等。利用 Delaunay 算法,根据所读取的地形数据,以三角形网格创建生成地形模型。

海底地貌主要由砂石以及闪烁的水面投影构成。水面投影是一种动态的闪烁效果,可以使用 Greator 中的动态纹理属性实现。在 Greator 中使用 FlipBook 为模型添加动态纹理属性。对纹理文件的处理是影响显示效果的关键。相邻纹理文件要通过微小而近似连续的变化表现出闪烁的效果。另外,作为大面积的重复纹理应用,纹理文件要求在单幅重复贴图情况下可以无缝拼接。图 8.4 为水下空间场景配置后的效果。

图 8.4　水下空间渲染效果

8.3　作战想定规划与解析

8.3.1　作战想定文件的描述

作战想定文件统一采用 XML 的数据格式。想定解析模块接收仿真想定 XML 文件后,利用 ADO.NET 方法对其解析,同时提取仿真想定中实体的组成、型号、相对位置等相关信息,按照想定内部层次关系直接在 SQL Server 2000 数据库中进行储存,生成仿真实体初始化信息。想定解析模块可以快速方便地对想定形式等信息进行修改，并支持新的态势下想定形式的形成。图 8.5 为用 XML 语言开发的系统的部分仿真想定。

```xml
<? xml version="1.0"encoding="GB2312"? >
<! -edited with XMLSPY v2004 rel. 2 U (http://www.xmlspy.com) by nwpu (nwpu)-->
<? xml-stylesheet type='text/xml' href='dom.xsl'? >
<! --sample xml file created using XML DOM object.-->
-<NewDataSet xmlns="http://tempuri.org/想定1.xsd">
 -<Red Name="飞机编队"EnglishName="plane_formation"ID="1"longitude="116.7083"latitude="20.8503"Height="0"Type="plane_formation">
  -<Plane Name="飞机～1"EnglishName="plane～1"ID="2"longitude="116.7083"latitude="20.8503"Height="0"Type="PlaneType">
    <Missile Name="Missile-1"EnglishName="Missile-1"ID="3"longitude="116.7083"latitude="20.8503"Height="0"Type="MissileType"/>
    <Missile Name="Missile-2"EnglishName="Missile-2"ID="4"longitude="116.7083"latitude="20.8503"Height="0"Type="MissileType"/>
    <Missile Name="Missile-3"EnglishName="Missile-3"ID="5"longitude="116.7083"latitude="20.8503"Height="0"Type="MissileType"/>
    <Missile Name="Missile-4"EnglishName="Missile-4"ID="6"longitude="116.7083"latitude="20.8503"Height="0"Type="MissileType"/>
   </Plane>
  -<Plane Name="飞机～2"EnglishName="Plane～2"ID="7"longitude="116.7083"latitude="20.8503"Height="0"Type="MissileType">
    <Missile Name="Missile-5"EnglishName="Missile-5"ID="8"longitude="116.7083"latitude="20.8503"Height="0"Type="MissileType"/>
    <Missile Name="Missile-6"EnglishName="Missile-6"ID="9"longitude="116.7083"latitude="20.8503"Height="0"Type="MissileType"/>
    <Missile Name="Missile-7"EnglishName="Missile-7"ID="10"longitude="116.7083"latitude="20.8503"Height="0"Type="MissileType"/>
    <Missile Name="Missile-8"EnglishName="Missile-8"ID="11"longitude="116.7083"latitude="20.8503"Height="0"Type="MissileType"/>
   </Plane>
  -<Plane Name="飞机～3"EnglishName="Plane～3"ID="12"longitude="116.7083"latitude="20.8503"Height="0"Type="MissileType">
    <Missile Name="Missile-9"EnglishName="Missile-9"ID="13"longitude="116.7083"latitude="20.8503"Height="0"Type="MissileType"/>
    <Missile Name="Missile-10"EnglishName="Missile-10"ID="14"longitude="116.7083"latitude="20.8503"Height="0"Type="MissileType"/>
    <Missile Name="Missile-11"EnglishName="Missile-11"ID="15"longitude="116.7083"latitude="20.8503"Height="0"Type="MissileType"/>
    <Missile Name="Missile-12"EnglishName="Missile-13"ID="16"longitude="116.7083"latitude="20.8503"Height="0"Type="MissileType"/>
   </Plane>
  -<Plane Name="飞机～4"EnglishName="Plane～4"ID="17"longitude="116.7083"latitude="20.8503"Height="0"Type="MissileType">
    <Missile Name="Missile-13"EnglishName="Missile-13"ID="18"longitude="116.7083"latitude="20.8503"Height="0"Type="MissileType"/>
    <Missile Name="Missile-14"EnglishName="Missile-14"ID="19"longitude="116.7083"latitude="20.8503"Height="0"Type="MissileType"/>
    <Missile Name="Missile-15"EnglishName="Missile-15"ID="20"longitude="116.7083"latitude="20.8503"Height="0"Type="MissileType"/>
    <Missile Name="Missile-16"EnglishName="Missile-16"ID="21"longitude="116.7083"latitude="20.8503"Height="0"Type="MissileType"/>
```

```
   </Plane>
   -<Plane Name="警戒机"EnglishName="WarnPlane"ID="22"longitude="116.7083"latitude="
20.8503"Height="0"Type="MissileType">
   </Red>
-<Blue Name="船编队"EnglishName="ship_formation"ID="23"longitude="25.9675"latitude="19.
82736"Height="0"Type="ship_formation">
   -<Ship Name="护卫舰 1"EnglishName="ProtectShip1"ID="24"longitude="25.2883"latitude="
60.1687"Height="0"Type="ProtectShipType">
      <Radar Name="Radar-1"EnglishName="Radar-1"ID="25"longitude="116.7083"latitude="
20.8503"Height="0"Type="Radar"/>
      <Radar Name="Radar-2"EnglishName="Radar-2"ID="26"longitude="116.7083"latitude="
20.8503"Height="0"Type="Radar"/>
   </Ship>
      <Ship Name="护卫舰 2"EnglishName="ProtectShip2"ID="27"longitude="28.2883"latitude="
70.1687"Height="0"Type="ProtectShipType"/>
      <Ship Name="护卫舰 3"EnglishName="ProtectShip3"ID="28"longitude="25.2883"latitude="
80.1687"Height="0"Type="ProtectShipType"/>
   </Blue>
</NewDataSet>
```

图 8.5　基于 XML 语言的作战想定

作战仿真系统的想定内容包含两方面内容:军事意义下的作战想定描述和对仿真系统各模型运行的基本描述。

作战想定描述是系统运行和仿真结果分析的数据来源,仿真剧情对作战行动、环境和任务等进行了描述,是作战人员和分析人员对系统的共同描述。

作战想定的结构设计是通过分析组成战场态势的各部分,形成层次化的结构。在对各部分进行描述的时候,通过对军事专家的咨询,忽略影响小的因素,从而简化描述,提高结构清晰度,同时保证了想定描述的专业性与科学性。

描述的结构应呈现层次化、逐级细化,这符合 XML 技术对数据描述的特点,因此使用 XML 文档对作战想定进行描述是一种很好的解决方案。

8.3.2　使用 ADO. NET 存取 XML

ADO. NET 在对象模型中封装了以下几个层次的对象。

数据表(DataTable):DataTable 表示一个内存中关系数据的表,数据对所处的基于. NET 的应用程序来说是本地数据,但可从数据源(如使用 DataAdapter 的 Microsoft SQL Server)中导入。

(1)数据列(DataColumn):DataColumn 表示一个 DataTable 所具有的属性。

(2)数据行(DataRow):DataRow 表示在表中包含的实际数据。DataRow 及其属性和方法用于检索、计算和处理表中的数据。在访问和更改行中的数据时,DataRow 对象会维护其当前状态和原始状态。

(3)数据集(DataSet):数据集是一个或多个表的集合,DataSet 可以保存多个独立的表并维护有关表之间关系的信息,相比记录集来说,它可以保存丰富得多的数据结构,包括自关联的表和具有多对多关系的表。

　　DataSet 是一个内存中的数据模型,它不是数据库,但它也包含数据表、数据关系,而这些对象都是内存对象。DataSet 所包含的数据可能来自于数据库,也可能来自于 XML 文件,如图 8.6 所示。因此,使用 ADO. NET 来存取 XML,关键就在于将 XML 文件加载到 DataSet 对象中,或者将 DataSet 写入 XML 文件中。DataSet 类封装了几个存储 XML 的函数,如表 8.1 所示。

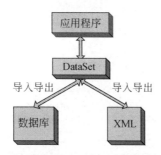

图 8.6　DataSet、XML 文件、数据库关系示意图

表 8.1　XML 操作函数表

方法	含义
ReadXml(String)	将指定 XML 文件的数据和架构读入 DataSet
ReadXmlSchema(String)	从指定的 XML 文件中将架构信息读入 DataSet
WriteXml(String)	将 DataSet 的内容写入指定的 XML 文件
WriteXmlSchema(String)	将 XML 架构形式的 DataSet 结构写入 XML 文件

　　系统中,利用 ReadXml() 函数可以将用 XML 文件描述的想定读入 DataSet 对象中,仿真程序后续只需操作这个 DataSet 对象即可。反过来,可以利用 WriteXml() 函数将当前的 DataSet 对象写入 XML 文件中。

　　针对图 8.5 中的作战想定文件,利用 ReadXml() 函数将其读入对应的 DataSet 对象中,DataSet 对象可以自动生成仿真想定中各实体数据表及实体之间的架构关系,图 8.7 为如图 8.5 所示的仿真想定文件的实体数据表视图,图 8.8 为该仿真想定文件对应的实体架构关系视图。

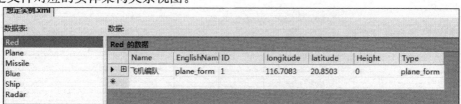

(a) 红方数据列表

想定实例.xml

数据表:

Red
Plane
Missile
Blue
Ship
Radar

数据:

Plane 的数据

	Name	EnglishNam	ID	longitude	latitude	Height	Type
	飞机~1	plane~1	2	116.7083	20.8503	0	PlaneType
	Plane Missile						
	飞机~2	plane~2	7	116.7083	20.8503	0	PlaneType
	Plane Missile						
▶	飞机~3	plane~3	12	116.7083	20.8503	0	PlaneType
	Plane Missile						
	飞机~4	plane~4	17	116.7083	20.8503	0	PlaneType
	Plane Missile						
	警戒机	WarnPlane	22	116.7083	20.8503	50	WarnPlane
	Plane Missile						
*							

(b) 红方飞机数据列表

想定实例.xml

数据表:

Red
Plane
Missile
Blue
Ship
Radar

数据:

Missile 的数据

	Name	EnglishNam	ID	longitude	latitude	Height	Type
▶	Missile-1	Missiles-1	3	116.7083	20.8503	0	MissileType
	Missile-2	Missiles-2	4	116.7083	20.8503	0	MissileType
	Missile-3	Missiles-3	5	116.7083	20.8503	0	MissileType
	Missile-4	Missiles-4	6	116.7083	20.8503	0	MissileType
	Missile-5	Missiles-5	8	116.7083	20.8503	0	MissileType
	Missile-6	Missiles-6	9	116.7083	20.8503	0	MissileType
	Missile-7	Missiles-7	10	116.7083	20.8503	0	MissileType
	Missile-8	Missiles-8	11	116.7083	20.8503	0	MissileType
	Missile-9	Missiles-9	13	116.7083	20.8503	0	MissileType
	Missile-10	Missiles-10	14	116.7083	20.8503	0	MissileType
	Missile-11	Missiles-11	15	116.7083	20.8503	0	MissileType
	Missile-12	Missiles-12	16	116.7083	20.8503	0	MissileType
	Missile-13	Missiles-13	18	116.7083	20.8503	0	MissileType
	Missile-14	Missiles-14	19	116.7083	20.8503	0	MissileType
	Missile-15	Missiles-15	20	116.7083	20.8503	0	MissileType
	Missile-16	Missiles-16	21	116.7083	20.8503	0	MissileType
*							

(c) 红方导弹数据列表

想定实例.xml

数据表:

Red
Plane
Missile
Blue
Ship
Radar

数据:

Ship 的数据

	Name	EnglishNam	ID	longitude	latitude	Height	Type
▶	护卫舰1	ProtectShip	24	25.2883	60.1687	0	ProtectShip
	Ship Radar						
	护卫舰2	ProtectShip	27	28.2883	70.1687	0	ProtectShip
	Ship Radar						
	护卫舰3	ProtectShip	28	25.2883	80.1687	0	ProtectShip
	Ship Radar						
*							

(d) 蓝方舰艇数据列表

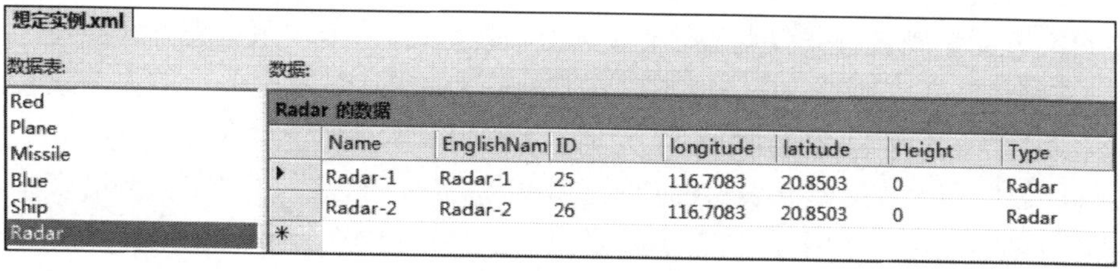

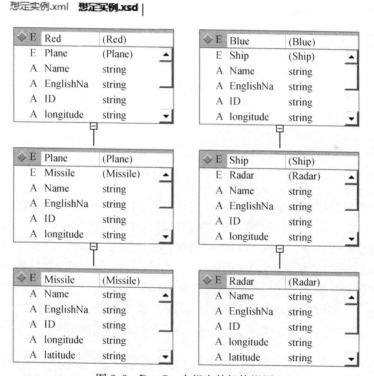

(e) 蓝方雷达数据列表

图 8.7　DataSet 中数据表视图

图 8.8　DataSet 中想定的架构视图

由此架构可清晰地分析出，Plane 是 Red 的子节点，而 Missile 是 Plane 的一个子节点。Ship 是 Blue 的子节点，而 Radar 是 Ship 的一个子节点。

8.3.3　关联仿真数据库

利用 ADO. NET 的数据库相应操作，可以将 DataSet 中的数据存入视景仿真系统数据库中，主要分为两种存储方式：单向数据表存储和双向数据表存储。

在架构视图中,若元素只有父节点或者只有子节点,则应该按照单向数据表方式存储;若元素既具有父节点又具有子节点,则应该按照双向数据表方式存储。

在将单向数据插入数据表时,将"在它自己表中的序号"这项参数人为设置为0,表示这是一个单向数据,没有子元素。Missile 属于单向数据形式,图 8.9 为 Missile 数据存入数据库分表后的形式。分析图 8.9 可以看出,"在它自己表中的序号"这项参数为 0,代表它没有子元素;1～4 枚导弹的"父节点在父节点中的位置"这项参数是 0,代表 1～4 枚导弹是附属于第一架飞机的子节点;5～8 枚导弹的"父节点在父节点中的位置"这项参数是 1,代表 5～8 枚导弹是附属于第二架飞机的子节点;依此类推。

表 "Missile" 中的数据,位置是 "GraphicShow" 中、"ZXD" 上

名称	英文名称	实体ID	经度	纬度	高度	类型	在它自己表中的顺	它的父节点在父
Missile-1	Missiles-1	3	116.7083	20.8503	0	MissileType	0	0
Missile-2	Missiles-2	4	116.7083	20.8503	0	MissileType	0	0
Missile-3	Missiles-3	5	116.7083	20.8503	0	MissileType	0	0
Missile-4	Missiles-4	6	116.7083	20.8503	0	MissileType	0	0
Missile-5	Missiles-5	8	116.7083	20.8503	0	MissileType	0	1
Missile-6	Missiles-6	9	116.7083	20.8503	0	MissileType	0	1
Missile-7	Missiles-7	10	116.7083	20.8503	0	MissileType	0	1
Missile-8	Missiles-8	11	116.7083	20.8503	0	MissileType	0	2
Missile-10	Missiles-9	13	116.7083	20.8503	0	MissileType	0	2
Missile-11	Missiles-10	14	116.7083	20.8503	0	MissileType	0	2
Missile-12	Missiles-11	15	116.7083	20.8503	0	MissileType	0	2
Missile-13	Missiles-12	16	116.7083	20.8503	0	MissileType	0	3
Missile-14	Missiles-13	18	116.7083	20.8503	0	MissileType	0	3
Missile-15	Missiles-14	19	116.7083	20.8503	0	MissileType	0	3
Missile-16	Missiles-15	20	116.7083	20.8503	0	MissileType	0	3
Missile-16	Missiles-16	21	116.7083	20.8503	0	MissileType	0	3

图 8.9　Missile 数据分表

在将双向数据插入数据表时,由于表与表之间的关联,如一个表的子元素记录在另一个表中,则在生成分表时,在"在它自己表中的序号"这项参数中,数据表利用数据库操作语句读入 DataSet 中该项的参数,代表子元素中"父节点在父节点中的位置"项的序号。Plane 属于双向数据形式,图 8.10 为 Plane 数据存入数据库分表后的形式。分析图 8.10 可以看出,飞机～1 的"在它自己表中的序号"这项参数为 0,飞机～2 的"在它自己表中的序号"这项参数为 1,依此类推,刚好对应子元素 Missile 数据分表中"父节点在父节点中的位置"这项参数的值。

表 "Plane" 中的数据,位置是 "GraphicShow" 中、"ZXD" 上

名称	英文名称	实体ID	经度	纬度	高度	类型	在它自己表中的顺	它的父节点在父节
飞机-1	plane-1	2	116.7083	20.8503	0	PlaneType	0	0
飞机-2	plane-2	7	116.7083	20.8503	0	PlaneType	1	0
飞机-3	plane-3	12	116.7083	20.8503	0	PlaneType	2	0
飞机-4	plane-4	17	116.7083	20.8503	0	PlaneType	3	0
警戒机	WarnPlane	22	116.7083	20.8503	50	WarnPlaneType	4	0

图 8.10　Plane 数据分表

DataSet 中数据表之间的关联就是通过上述方法实现的。通过"在它自己表中的序号"和"父节点在父节点中的位置"这两项参数的值,可以将各表间的关系汇总起来,存入仿真程序数据库中。

8.3.4　关联实体属性

视景程序调用特效库中与实体关联的特效时，需要用到各个实体的关联属性信息，关联属性信息是一组用来说明与实体关联的特效的属性信息，如舰船具有航行声音、爆炸声音、航迹颜色、尾流位置、尾流宽度、艏浪位置、艏浪宽度等关联属性。

当视景程序从网络上接收仿真想定 XML 文件，并通过 ADO. NET 中的 Data-Set 将想定中的实体型号、相对位置等相关信息存入数据库中后，需要连接仿真数据库中描述实体关联属性的"视景模型信息表"，以便得到各实体的关联属性，完成实体运动中关联特效的参数配置。

针对图 8.5 中的仿真想定，通过仿真想定中实体"类型"项来关联"视景模型信息表"，最终将各个实体及其属性参数一并存入"仿真实体初始化信息表"中，如图8.11 所示。在仿真开始后，通过读取"仿真实体初始化信息表"中的信息，调用三维实体模型库中相应的三维模型和特效库中与模型关联的特效。

图 8.11　仿真实体初始化信息表

8.4　推演规则动态建模

作战推演是一种以计算机为基本设施，按照一定的推进机制和态势可视化方法把想定中设定的作战过程模拟表现出来的动态建模方式。这种方式的人工操作量小，数据的解算和态势信息的显示均由计算机完成，并且采用数字地图可以方便地改变作战区域范围，人力、物力消耗较小。

为了以动态视图直观地表现仿真想定中所涉及的军事活动，需要将仿真想定在时间轴线上运行起来。但是，仿真想定中包含了丰富的信息，并不是所有信息都需要进行演播，为了演示基本的作战过程和战场的全局态势，只需要抽取相关的信息即可。由于目前在仿真想定的规范化描述、开发和管理等方面还缺乏统一的标准，这就增加了分析仿真想定和进行信息抽取的难度。因而，需要以一个规范化的方式从仿真想定中抽取推演所需的信息。

建立想定推演模型的目的是服务于作战仿真系统,是在仿真运行前的建模活动。想定推演模型的建立与仿真想定和军事概念模型有关,因而需要先明确二者在建立想定推演模型过程中的关系。

系统采用基于 MFC 的多线程技术实现系统各实体的推演和对抗控制。在单位时间内,既要接收、处理网络上的数据,又要驱动实体模型、渲染场景,即使在驱动和渲染场景功能内部也需要同时处理用户代码、消隐(把视点范围之外的实体剔除)、绘制与渲染场景等几项工作。因此,系统中引入多线程技术,尽量将需要同时处理的任务分散到不同的线程中去,对提高系统的实时性是很有必要的。

对于单核的处理器,多线程的运行是串行的,即并发性,每个线程被分散成多个时间片,多个线程交替执行其时间片,因此,处理器在同一时刻只能对一个线程进行操作。随着计算机硬件技术的发展,多处理器及多核处理器被应用于普通计算机,使得多个线程或者进程能够同时在多个处理器内核上执行,是真正意义上的并行执行。图 8.12 为并发与并行的区别。

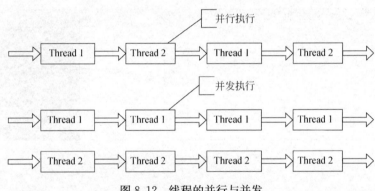

图 8.12　线程的并行与并发

系统中的数据接收与处理中的多线程技术,结合 Vega Prime 2.2 中多线程工作的特点,经过比较不同工作流程与各线程的组合对资源的消耗情况,对多线程进行了设计,以尽可能多的线程处理并发的工作,最大限度地利用硬件资源,使得显示画面的刷新率提高,满足系统的实时性。

8.5　参战实体规划与建模

8.5.1　基于特征约束的随机误差建模

1. 分形布朗运动理论的引入

分形布朗运动理论(fractal Brownian motion,FBM)是由 Mandelbrot 等提出

的描述自然界中随机分形的一种数学模型。在鱼雷、声呐、直升机、舰船、潜艇等的一次建模中，随机变量决定 Flames 各个模型的形态特征和多样性，以往的随机变量难以保证水下战模型的局部稳态，特别是在声呐探测和鱼雷攻击过程中位置等信息的随机性方面。因此，设计一个好的随机变量至关重要。

假设 $X \in En, B(X)$ 是关于点 X 的实值随机函数，若存在常数 $H(0<H<1)$，使得函数是一个与 X 及 ΔX 无关的分布函数，则 $B(X)$ 就称为分形布朗函数。H 为 Hurst 指数，$H \in (0, 1)$。

对于水下战动力学仿真模型，$X \in (x, y, z) \in E3$，代表该模型状态、位置、速度在仿真过程中的状态。模型的姿态有横滚角、偏航角和俯仰角；位置和速度都具有 X、Y、Z 方向的分量。

2. 特征约束的随机误差

本节选取随机化函数 $\omega(t)$，来选取特征的随机变量。定义 $\omega(t)$ 为

$$\omega(t) = c_1 b - H\sin(bt + d_1) + c_2 b^{-2H}\sin(b^2 t + d_2) + c_3 b^{-3H}\sin(b^3 t + d_3) + \cdots$$

式中，c_i 为一个服从正态分布的 Gauss 随机函数；d_i 在 $[0, 2\pi]$ 上服从均匀分布，利用这个方法生成随机的布朗运动；Gauss() 为服从 $N(0, 1)$ 的高斯函数；H、b 为分形特征参数。为了保证随机误差的合理性即消除随机变量的大幅度波动，这里引入调节 H 值，控制随机误差的粗糙程度。

以一艘直升机和一艘潜艇为水下战视景系统的典型应用实例，对该特定仿真应用进行研究，可以为如何构建其他不同的水下对抗仿真提供经验，同时为其他式样水下战的扩展打下基础。

8.5.2　典型应用

1. 典型的水下战假定

假定参与作战仿真实体如下。

红方：作战平台——潜艇，装载武器——鱼雷，装载传感器——声呐。

蓝方：作战平台——反潜直升机，装载武器——空投鱼雷，装载传感器——吊放声呐。

初始态势想定为：以红方潜艇与蓝方直升机在某一海域作战为背景，仿真开始时，潜艇在某一海域低速巡逻；反潜直升机在潜艇必经阵地进行巡逻、搜索，协同反潜，通过友军的舰载声呐对潜艇进行探测，舰载直升机配置在潜艇来袭的方位，并使用吊放声呐进行搜索，准备对潜艇进行攻击。

将上述实体进行二三维同步仿真。

2. 态势显示与分析

通过对上述想定的模拟,Flames 仿真中的态势如图 8.13 所示,从中可以看出水下战中攻防对抗的态势。

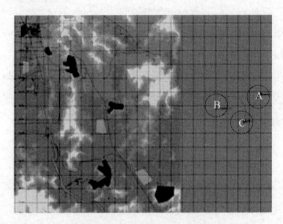

图 8.13　Flames 仿真态势图

作战双方依照各自作战的目的,在不同的阶段使用不同的方式攻击或防御对方。图 8.13 中,A 为红方潜艇,B 为蓝方声自导鱼雷,C 为蓝方反潜直升机。C 到达投雷点,进行空投鱼雷,B 入水后进行环搜,追踪红方潜艇 A,而 A 则根据声呐探测到 B,进行规避操作。

确定该随即误差的分布情况。根据蒙特卡罗统计方法对加入的随机误差进行 1000 次数理统计,结果如表 8.2 所示。可以看出,随着特征指数 H 的减小,相同的环境下鱼雷的命中次数越来越少。

表 8.2　不同特征随机误差的蒙特卡罗统计

FBM	1000 次数理统计		
	$H=0.75, b=1.2$	$H=0.50, b=1.2$	$H=0.25, b=1.2$
命中次数	934	869	791

8.6　实体特殊效果开发

实体特殊效果的开发一般利用两种方法实现:一种是直接封装 VP 的 API 函数;另一种是利用底层图形学语言进行开发。

VP 的特效模块提供了一个实时的特效库。使用 Vega Prime FX 模块的特殊效果模块时,通过 Lynx Prime 可以方便地配置各种特效,具体配置包括特效的类型、大小、位置、持续时间、颜色等。但是在作战过程中,实体类型与数量均不确定,特殊效果的类型与规模也不确定,此时就要通过 Vega Prime 提供的 API 函数来实现动态的调用。Vega Prime FX 所提供的特殊效果如表 8.3 所示。

表 8.3　Vega Prime 中 FX 模块所包含的特殊效果类型

类型	功能描述	归属类
Blade	模拟旋转的螺旋桨,可以缩放和定位,适合用于直升机和飞机的螺旋桨效果	vpFxBlade
Missile Trail	用有烟的轨迹来代表飞机或导弹的飞行效果,可以随着时间而变淡、消失	vpFxMissileTrail
Debris	模拟飞扬的碎片效果,经常用于爆炸	vpFxDebris
Explosion	模拟地面或空中的爆炸效果	vpFxExplosion vpFxExplosion2 vpFxExplosion3
Fire	模拟火焰效果	vpFxFire
Flame	模拟气体火焰效果	vpFxFlame
Flash	模拟发光体闪烁效果	vpFxFlash
Rotor Wash	模拟旋转的下降气流效果	vpFxRotorWash
Smoke	模拟翻滚的烟云	vpFxSmoke
Smokeball	模拟球状物的烟	vpFxSmokeball
Splash	模拟巨大的水的爆炸效果	vpFxSplash
Flak	模拟体积小的空中爆炸	vpFxFlake
Particle System	模拟粒子系统	vpFxParticleSystem

　　系统中涉及的特殊效果非常多,对不同的特殊效果应该根据观察者感兴趣的部分灵活地采用不同的方法予以描述。例如,编队指挥关系只要定性表示,而舰载雷达的探测范围等就需要定量地表示;爆炸冲击波用不同的爆炸着色的程度表示;电磁等探测范围可用图线示意等。对于这些特殊效果的可视化,可以利用 Open-GL 和 Cg 语言实现部分特殊效果的复杂逼真显示,也可以结合 Vega Prime 所提供的 FX(special effects)模块、粒子系统 vpFxParticleSystem 技术、Marine 模块的 marine effects 技术来实现部分特殊效果的可视化。

　　下面对系统中涉及的通信链路、指控关系、导弹尾焰、爆炸特效、雷达探测、航迹可视化方法进行详细设计说明。

8.6.1　通信链路可视化

　　在现代高技术信息化战争中,电磁通信、电磁对抗无处不在,并且在战争中的作用日益凸显。特别在海战场的武器防空作战中,电磁环境主要涉及武器平台之间电磁通信、电磁干扰等,各武器平台电磁通信过程中电磁波传输可视化技术主要通过通信链路可视化来实现。

通信链路的可视化实现有两种方法:一种是利用 OpenGL 动态纹理贴图来实现;另一种是利用 Cg 语言动态纹理着色来实现。

1. 利用 OpenGL 实现通信过程的可视化

将电磁波由发射方传输到接收方的整个传输过程可视化,可以直观地表示出本次通信中的信号源和信号传输目标。由于该过程是个动态的过程,因此可以利用在 OpenGL 中实时解算两者间的相对位置并动态绘制电磁波三维空间模型来实现。

利用 OpenGL 语言绘制电磁波三维空间模型时要重点用到融合函数 glBlend-Func()。在 OpenGL 中,融合是将两种颜色分量依据一定的比例混在一起,融合的比例来源于 Alpha 值,即 RGBA 中的 A 的值。融合处理包含了对两个融合因子的操作,即源因子和目的因子,由函数 glBlendFunc()来产生这两个融合因子的值。设源色为(Rs, Gs, Bs, As),目标色为(Rd, Gd, Bd, Ad),源因子为(Sr, Sg, Sb, Sa),目的因子为(Dr, Dg, Db, Da),则融合结果为$(Rs*Sr+Rd*Dr, Gs*Sg+Gd*Dg, Bs*Sb+Bd*Db, As*Sa+Ad*Da)$。

glBlendFunc (GLenum sfactor, GLenum dfactor)函数的作用是控制源因子和目的因子的结合方式,参数 sfactor 指明怎样计算源因子(指明源颜色值所占比例),dfactor 指明怎样计算目的因子(指明目的颜色值所占比例)。

利用 OpenGL 动态纹理贴图绘制方法为:利用 OpenGL 中参数为 GL_QUADS 的绘图函数绘制出表示通信链路的四边形平面;用 PhotoShop 处理得到通信链路图片纹理,并为图片纹理设置坐标,将图片纹理映射到 OpenGL 绘制的四边形平面上,并把纹理和顶点颜色融合便得到最终的通信链路纹理;信号的动态传递可以通过图片纹理的坐标变化来实现,图片纹理每帧得到不同的位置坐标,进而产生一个动态的图像,就会表现出连续的通信链路,模拟出电磁波传递过程。该方法部分程序代码如下:

```
//读取图片纹理
vrTexture*texture1=textureFactory1->read("blue.bmp");
textureElement1.m_enable[0]=true;
textureElement1.m_texture[0]=texture1;
//绘制四边形平面,并且将图片纹理映射到面上
glBegin (GL_QUADS);
glTexCoord2f (0.0f+txtVec,1.0f);
```

```
glVertex3f (width*sin(angle)+startx,starty,width*cos(angle)+startz);
......
glEnd()
```

根据上述方法,使用 OpenGL 绘制空间电磁波的传输过程,可视化效果如图 8.14 所示。

图 8.14　通信链路的传输过程可视化

2. 利用 Cg 语言动态纹理着色实现通信过程可视化

利用 Cg 语言绘制通信链路,其顶点着色结构体和片段着色结构体分别如下:

```
struct a2v
{
float4 Position:POSITION;//位置
float4 Tex:TEXCOORD0;//纹理
};
struct v2f
{
    float4 HPosition:POSITION;
    float4 Tex:TEXCOORD0;
}
```

其中,POSITION、HPosition 和 Tex 是结构成员;float4 表示一个向量数据类型,是 Cg 标准库的一部分;POSITION 和 TEXCOORD0 表示语义。在某种意义上,语义是一种黏合剂,它把一个 Cg 程序和图形流水线的其他部分绑定在一起。当 Cg 程序返回它的输出结构时,POSITION 和 TEXCOORD0 指明了各个成员的硬件资源。POSITION 语义是被变换的顶点在剪裁空间的位置,以后的图形流水线阶段将使用和这个语义相关联的输出向量作为顶点变换后剪裁空间的位置来进行图元装配、剪裁和光栅化。TEXCOORD0 语义与纹理坐标相关。图 8.15 是绘制通信链路时所用到的两幅纹理图片。

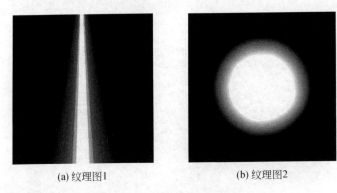

(a) 纹理图1　　　　　　　　　(b) 纹理图2

图 8.15　通信链路纹理图

利用 Cg 语言绘制通信链路时，首先利用顶点着色程序接收物体空间的顶点位置，通过世界变换、取景变换、投影变换转换到剪裁空间之中。顶点着色程序的代码如下：

```
v2f object_vp(a2v In,uniform float4x4 viewProj:state.matrix.mvp,uniform
float4x4 world)
{
v2f Out;
float4 psW=mul(world,In.Position);//世界变换
Out.HPosition=mul(viewProj,posW);//取景变换及投影变换
Out.Tex=In.Tex;//纹理坐标传递
return Out;
}
```

将顶点位置变换到裁剪空间后，再利用片段着色器进行纹理采样和像素运算。由于纹理操作可以使处理器对一组纹理坐标存取纹理图像，所以考虑通过在应用程序中对 uniform 标记的参数进行设置，并将此参数当成第二幅纹理的位移参数附加到第一幅纹理位置上，通过片段着色器的采样函数不断地进行纹理坐标的计算，从而得到第二幅纹理当前的纹理坐标位置，最后利用附加后的纹理坐标进行纹理图像的采样，形成基于上述纹理的动态通信链路传输效果。片段着色器的代码如下：

```
float4 object_fp(v2f In,uniform float4 colorBase):COLOR
{
float uvOffset=dir==0 ?-panner:panner;
```

```
float2 moveUV=In.Tex.xy+float2(0,uvOffset);//在纹理坐标上叠加位移量
moveUV.y*=4;
float4 moveColor=tex2D(samTexMove,moveUV);//用叠加后的纹理坐标采样纹理
float4 result=moveColor*0.3f+tex2D(samTexBase,In.Tex.xy);//效果相互叠加
return result.xyzx*colorBase;
}
```

利用 Cg 语言动态纹理着色实现的通信链路关联实体后效果如图 8.16 所示。

图 8.16　通信链路 Cg 可视化效果图

8.6.2　指控关系可视化

舰载武器防空作战中各武器平台之间存在着复杂的指挥控制关系,以某种仿真想定下红方编队为例,其指控关系树形结构如图 8.17 所示。

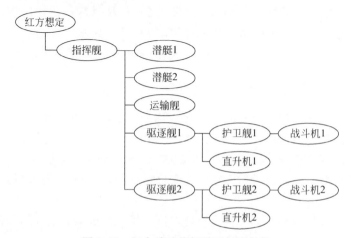

图 8.17　红方编队指挥关系树形结构

由于指挥关系不能定量地表示,因此只需要根据其逻辑关系定性地表示即可。为直观地将指挥关系在三维可视化大场景中显示,根据红方编队的层次关系,可用不同醒目颜色的逻辑模型标志对应实体模型,并用相同颜色的指挥关系线链接其指挥的下级武器实体,从而形成层次清晰的逻辑指挥关系网。利用 Vega Prime 的 OverLayPointToPoint 模块连接实体成员实现指挥关系的连线。红方编队作战指挥关系可视化效果如图 8.18 所示。

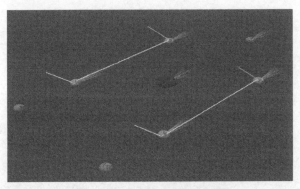

图 8.18　指控关系可视化效果

8.6.3　雷达探测可视化

雷达是影响战场电磁环境的主要元素之一,应将雷达的探测过程或探测范围以形象的方式表现出来。

探测范围是雷达的主要战术指标,也是布置防空雷达网的主要依据,其大小取决于雷达本身的技术性能、目标二次辐射性能以及周围空间的电磁对抗环境等因素。自由空间中雷达的探测范围是一个闭合的空间区域,只要找出雷达在以其部署位置为中心各个方向上的最大探测距离,所有最大探测距离处的点的集合即为雷达的作用范围,而不需要把整个探测范围内的点全都表现出来。

1. 扫描探测过程的二维可视化

雷达电磁波探测扫描过程的可视化可以采用绘制二维扫描图的形式表示,通过动态控制雷达扫描扇形区绘制的速度表现雷达扫描的速度、频率。实现方法为在场景中加入利用三维建模工具 Multigen Creator 所建立的采用 Animation 技术动态替换纹理的雷达表盘模型。在独立窗口雷达扫描探测过程的二维可视化效果如图 8.19 所示。

雷达正常运作时和受到干扰时雷达探测二维全局效果如图 8.20 所示。

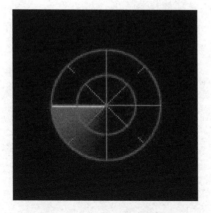

图 8.19　二维显示效果图

(a) 雷达正常运作时效果图

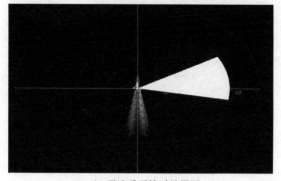

(b) 雷达受干扰时效果图

图 8.20　雷达探测过程二维效果图

2. 扫描探测过程的三维可视化

图 8.21 为雷达扫描范围的示意图,雷达的扫描范围可近似表现为半球形。但

是对同一雷达来说,其对空警戒探测范围、对空打击范围、防空范围需求的值是不相等的,当同时显示所有范围时,小范围会因为包含于大范围而不可见。因此,对各种范围的显示应采用半透明的半球形表示。

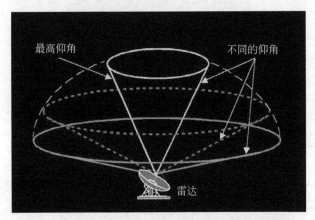

图 8.21　雷达扫描范围的三维示意图

如果采用添加 Creator 绘制的三维透明半球模型来实现,由于 Vega Prime 不支持多层透明显示,即不能透过透明物体显示其他透明物体,因此采用在场景中利用 OpenGL 中的混色技术来实现多层透明的显示技术,绘制出的多种探测范围同时显示的可视化效果如图 8.22 所示。

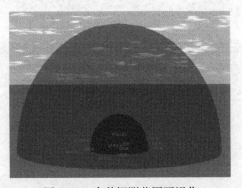

图 8.22　多种探测范围可视化

开发雷达的三维探测效果,可以通过两种方法实现。一种是运用 Creator 建模工具建立雷达的三维模型,利用 Animation 技术实现雷达波束的转动,从而达到雷达探测的三维动态效果。由于模型是以三维实体形式载入场景之中的,所以会在海面上产生模型倒影,波束转动后倒影就会随之转动,在配置文件中去掉 shader 选项便可以解决以上问题。然而,VP 中海面的绘制实际上是通过 Cg 语言中 shader 技术进行实时渲染的,这样便会影响海面的绘制。

另一种是运用 Cg 语言进行实时绘制,由于 Cg 语言有把握顶点和像素的能力,所以可以轻易屏蔽对场景中其他实体的绘制影响。在运用 Cg 语言实现雷达在三维场景中的可视化过程中,利用到了 Cg 标准库中提供的部分数字函数、纹理贴图函数、几何函数。其中,数字函数对三角学、求幂、舍入和向量矩阵操作非常有用,所有的函数工作于大小相同的标量和向量;纹理贴图函数对纹理坐标的查询与计算非常重要;几何函数具有对向量进行标准化等功能。在片段程序中,运用了一些标准库函数,这些"数学表达式"展示了数学表达式是如何计算新的顶点和片段值的,片段着色程序中运用到的重要函数如表 8.4 所示。

表 8.4　片段着色程序中运用到的 Cg 标准库函数

Tex2D(sampler2D tex, float2 s)	2D 非投影纹理查询
saturate(x)	把 x 限制在 $[0,1]$
frac(x)	x 的小数部分
min(a,b)	a 和 b 的最小值
max(a,b)	a 和 b 的最大值
normalize(v)	返回一个指向与向量 v 一样,长度为 1 的向量

Cg 顶点着色结构体和片段着色结构体分别如下所示。其中,顶点着色程序执行顶点的世界变换、取景变换、投影变换后,将顶点转换到剪裁空间之中。

```
struct a2v
{
    float4 Position:POSITION;
    float4 Tex:TEXCOORD0;
};
struct v2f
{
float4 HPosition:POSITION;
    float4 Tex:TEXCOORD0;
}
```

在片段着色程序的执行过程中,将雷达波束的旋转角度设置为 Uniform 限制符参数,Uniform 限制符指明了一个变量初始值的来源。当一个 Cg 程序声明了一个变量为 Uniform 时,它指明了这个变量的初始值来自指定的 Cg 程序的外部环境。这个外部环境包括三维编程接口状态或者通过 Cg 运行库建立起来的名字/值对,"参数"解释了 Cg 程序是如何处理参数的。在程序的执行过程中,可以在应用程序中改变此 Uniform 限制符的参数设置,从而达到旋转三维波束的效果。

雷达探测的显示主要通过纹理操作进行绘制,运用 sampler2D 指定相应的纹理单元,在顶点着色器计算出顶点位置后,传递给片段着色器,同时传递纹理坐标,片段着色器利用纹理坐标对 sampler2D 指定的纹理图进行采样。在存取一个纹理时,纹理坐标指定了在哪里查找,"纹理样本"解释了片段程序是如何存取纹理的。运用 Cg 着色器绘制的雷达探测三维效果图如图 8.23 所示。

图 8.23　雷达探测过程三维显示效果图

8.6.4　导弹尾焰可视化

在以往的视景程序开发过程中,涉及尾焰的可视化时,往往利用 Creator 建立三维模型,并利用动态纹理技术为该模型动态贴图,运用这种技术开发的尾焰效果如图 8.24 所示,加入场景中的效果如图 8.25 所示。

图 8.24　利用 Creator 建模尾焰效果图

利用 Creator 建模虽然可以采用逼真的贴图,使得视觉停留效果达到一定的逼真度,但是随着仿真运行,无法掩饰将火焰加入场景后的僵硬感,从而不能达到逼真的可视化效果。本节讨论如何利用 OpenGL 显示列表技术绘制动态、具有生动性的导弹尾焰。

图 8.25　加入场景中的尾焰效果图

OpenGL 显示列表（Display List）是由一组预先存储起来的留待以后调用的 OpenGL 函数语句组成的，当调用这张显示列表时就依次执行表中所列出的函数语句。普通的绘制函数均是瞬时给出函数命令，OpenGL 瞬时执行相应的命令，这种绘图方式叫做立即或瞬时方式（immediate mode）。采用显示列表方式绘图一般要比瞬时方式快，在单用户的机器上，显示列表可以提高效率。因为一旦显示列表被处理成适合于图形硬件的格式，不同的 OpenGL 实现对命令的优化程度也不同。例如，旋转矩阵函数 glRotate*()，若将它置于显示列表中，则可大大提高性能。因为旋转矩阵的计算并不简单，包含平方、三角函数等复杂运算，而在显示列表中，它只被存储为最终的旋转矩阵，于是执行起来如同硬件执行函数 glMultMatrix()一样快。

OpenGL 提供类似于绘制图元的结构即 glBegin()与 glEnd()的形式创建显示列表，其相应的函数为 void glNewList(GLuint list, GLenum mode)；在建立显示列表以后就可以调用执行显示列表的函数来执行它，并且允许在程序中多次执行同一显示列表，同时也可以与其他函数的瞬时方式混合使用。显示列表执行的函数形式为 void glCallList(GLuint list)；其中，参数 list 指定被执行的显示列表。显示列表中的函数语句按它们被存放的顺序依次执行；若 list 没有定义，则不会产生任何事情。

OpenGL 显示列表绘制导弹尾焰的步骤主要包括两步：第一步，利用 OpenGL 图元绘制方法，绘制尾焰的基本轮廓形态；第二步，调制火焰色彩，并通过附加位移动态改变色彩所对应的顶点位置。

主要绘制代码如下：

```
void BattleEffect_MisFireTrail::MakeFireList()
{
    int k,l,list;
```

```
    for(list=0; list<LIST; list++)
    {
        glNewList(list+1,GL_COMPILE);//创建显示列表
        glEnable(GL_BLEND);
        glBlendFunc(GL_SRC_ALPHA,GL_ONE);
        glDisable(GL_LIGHTING);
        glDisable(GL_DEPTH_TEST);
        for(k=0;k<VN;k++)
        {
            for(l=0;l<CN-1;l++)
            {
                glBegin(GL_POLYGON);
    glColor4f(vetxm[list][k][l][3],vetxm[list][k][l][4],vetxm[list][k]
[l][5],vetxm[list][k][l][6]);
    glVertex3f(vetxm[list][k][l][0]*FIRESIZE,vetxm[list][k][l][1]*0.5*
FIRESIZE,vetxm[list][k][l][2]*FIRESIZE);
    ......
                glEnd();
                glFlush();
            } glBegin(GL_POLYGON);…… glEnd();
        }
        glFlush();
        glDisable(GL_BLEND);glDisable(GL_CULL_FACE);
    glEnable(GL_DEPTH_TEST);
        glEndList();
    }
}
```

调用显示列表的代码如下：

```
static GLuint RedFireList= 0;    const int LIST=6;
glPushMatrix();
MakeFireList();
glCallList(RedFireList+1); //调用显示列表
RedDofFireList=(RedFireList+1)% LIST;
glPopMatrix()
```

　　将尾焰效果加入 VP 场景之后的效果图如图 8.26 所示。仔细观察可以发现，通过颜色的不断变化，火焰形态不断变化，具备一定的生动性。此外，利用 VP 自带的跟随函数将绘制好的尾焰加入场景中之后，并没有降低场景的运行速度，可见此处运用 OpenGL 显示列表技术是比较合适的。

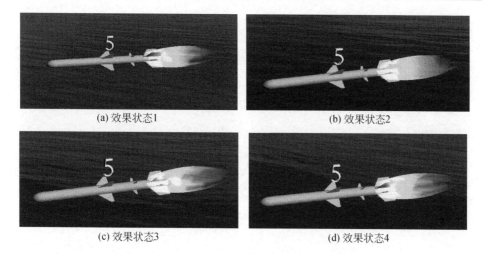

(a) 效果状态1　　　　　　　　　　　　　　　(b) 效果状态2

(c) 效果状态3　　　　　　　　　　　　　　　(d) 效果状态4

图 8.26　火焰显示效果图

8.6.5　爆炸特效可视化

纹理动画技术是将一系列连续的图像逐次贴到一个物体对象上,通常是贴到一个矩形对象上,也就是将这些连续的图像在矩形上播放出来,在具体应用时,还可以结合广告板技术,使矩形对象总是面对观察者。采用纹理动画技术实现动画效果,可以节省对系统资源的开销,运行速度比较快。对于像爆炸这样的瞬间动画,采用纹理动画技术就比较合适。

由于纹理变换的原理是将多幅图像按照连续的顺序以一定的时间间隔显示出来,可以考虑运用 sample2D 对应多个纹理单元,将多个纹理图依次与之关联,并逐次映射到矩形对象上。然而,这将加大着色器的负担。

由于顶点着色器处理简单数学运算的能力非常强,考虑将爆炸的整个过程截图集中在一张大纹理图中,在进行绘制时,通过 Cg 顶点着色器将矩形对象划分为多个等份,并将坐标位置传递给片段着色器,片段着色器通过传递过来的纹理坐标对整个大纹理进行采样,将分割之后的纹理图像逐次映射到物体表面,再将经过分割的小纹理图以一定的时间间隔显示出来,纹理图数目的减少无疑减小了着色器的负担,而着色器强大的数据处理能力更加快了程序的运行速度。图 8.27 为渲染爆炸效果时所用到的两幅纹理图。

仔细观察图 8.27 中的纹理可以发现,两张纹理图中各自包含了 16 个小纹理。将横向和纵向分别平均划分后可知,第一个小纹理图处于横向 2/16～4/16、纵向 2/16～4/16 的位置点,以此类推,可以得出其他小纹理图的位置信息。在得出各个小纹理图位置的基础上,将纹理采样的坐标传递到片段着色器中。顶点着色部分程序如下所示:

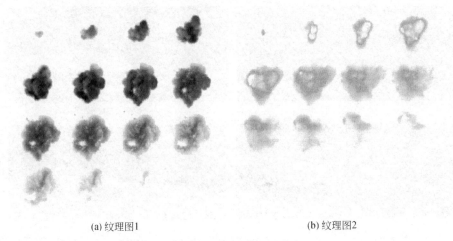

(a) 纹理图1　　　　　　　　　　　　(b) 纹理图2

图 8.27　爆炸效果纹理图

```
v2f object_vp(a2v In,uniform float4x4 proj,uniform float4x4 viewProj:
state.matrix.mvp,uniform float4x4 world,out float size:PSIZE)
    {
        v2f Out=(v2f)0;float2 tex;
        float texcoef=In.Age.x/duration;
        tex.y=min(texcoef,0.9375); //we don't want more than 15/16
        tex.x=modf(tex.y*4.0,tex.y); //把第一个参数分解成整数和分数两部分,每部
分都和第一个参数有着相同的符号;整数部分被保存在第二个参数中,分数部分由函数返回
        float blend=modf(tex.x*4.0,tex.x); //integer part of tx*4 and get the
blend factor
        Out.Tex1.xy=tex/4;
        tex.y=min(texcoef+0.0625,0.9375);tex.x= modf(tex.y*4.0,tex.y);
        tex.x=floor(tex.x*4.0);//不大于参数的最大整数
        tex.xy=(tex.xy/4);Out.Tex2.xy=tex;Out.Blend=blend.xxxx;
        float4 posW=mul(world,In.Position);Out.HPosition=mul(viewProj,posW);
        size=(pointSize+In.Age.y)*proj._m11/Out.HPosition.w*viewPortSize.
y*0.5f;
    return Out;
    }
```

片段着色程序较为简单,主要任务是通过纹理坐标对 sampler2D 指定的两张
纹理图进行采样。由于两张纹理图分别表示的是火与烟雾,因此,在采样成功后需
要进行纹理图像色彩的融合,使得烟火互相渗透,形成融合效果。这主要是通过线
性插值函数 $\mathrm{lerp}(a,b,f)$ 实现的,该函数是 Cg 标准库所提供的数学函数,描述意义
为 $(1-f)*a+b*f$。其中,a 和 b 是相匹配的向量或标量类型;f 可以是一个标

量或与 a 和 b 类型相同的向量。片段着色器代码如下所示：

```
float4 object_fp(v2f In,uniform float4 colorBase):COLOR
{
    float2 tex0=In.Tex1.xy+In.Tex0.xy/4;tex0.y=1-tex0.y;
    float2 tex1=In.Tex2.xy+In.Tex0.xy/4;tex1.y=1-tex1.y;
    float4 color0=tex2D(samDynamicSelfLightMap_begin,tex0).xyzw;
    float4 color1=tex2D(samDynamicSelfLightMap_begin,tex1).xyzw;
    return lerp(color0,color1,In.Blend);//线性插值(1-f)*a+b*f
}
```

将此着色器应用于 Vega Prime 环境后测试画面如图 8.28(a)所示，传统 Vega Prime 特效如图 8.28(b)所示。由此可见，利用合适的 Cg 语言可以增强开发特殊效果过程中的可编程性，并且只要纹理图足够逼真就可以高效渲染特殊效果。在特殊效果的开发过程中，应该致力于不受 Vega Prime 环境的束缚，增加开发过程中的可编程性。

(a) Cg着色效果图　　　　　(b) Vega Prime效果图

图 8.28　爆炸效果

8.6.6　声音效果

在虚拟场景中的三维声音是能使用户准确地判断出声源的位置、速度、状态或者其他属性，符合人们在真实世界中听觉方式的声音系统。它主要有三维定位(3D steering)和三维实时跟踪(3D real-time localization)两个特性。即不仅要在三维虚拟空间中把实际声音信号定位到虚拟声源所处的特定位置，还要实时跟踪虚拟声源相对于听者的位置变化或景象变化。声音效果要与实时变化的视觉相一致，才可能产生视觉和听觉的叠加与同步效应，增强真实感。另外，声音的各种特殊效果(如环境回音、多普勒效应、多声音混响等)对三维场景中的声音表现也有很大作用。

听觉信息是仅次于视觉信息的第二传感通道，是虚拟环境的一个重要组成部分。逼真的听觉信息，可以减弱大脑对视觉的依赖性，且能提供更多的信息，使用户对虚拟环境的体验感更强。

声波在辐射过程中,能量随传播的距离而损耗,首先是高次谐波中振幅较小的先衰减,形成音色变化。人耳听到声音信号后,同大脑存储的声音信号进行比较,从而判断此声音信号的距离。点声源在不考虑介质吸收的情况下,声波是以球面波传递的,因此,声波振幅与距离成反比,声强与距离的平方成反比。在声源距离的模拟中,对绝对距离的模拟是相当困难的,更多的是研究声源和听者的相对距离。因此,可以为声音定义可听范围,设定其最近距离和最远距离。对于一个持续的声源,当听者渐渐走进声源时,听到的声音逐渐变大。但当到达一个具体的点后,听到的响度就不应该再增大,这个点我们一般称为声源的近距离点,此时的距离称为最近距离;同样,声源具有一个远距离点,超过这个点的地方,响度将不再继续减小。可以将这种现象抽象为声音的距离模型,图 8.29 为飞机声音与蜜蜂飞行声音的远、近距离模型示例,表明了它们各自音量随距离的变化。

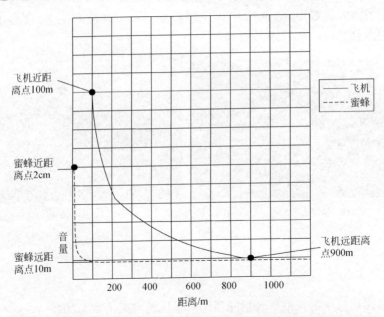

图 8.29 飞机声音与蜜蜂飞行声音的远、近距离模型

对声音效果要求不高的情况下,可以进一步简化为线性的距离模型。但现实生活中,它们的关系并不是如此简单的线性关系。当考虑到气流及空气密度等因素时,这种关系变得更为复杂。采用以下公式来定量计算这种随距离变化的声音衰减结果:

$$g = \frac{L}{L + R(d - L)}$$

式中,L 为声音的近距离点;R 为衰减因子,取值为 0 到任一整数,它是声音衰减快慢的一个因素;d 为声源与听者的相对距离;保留因子 g 表明了声音随距离变化而

衰减后的情况。

在 Vega Prime 中可以采用 vpAudio 模块通过多声道扬声器模拟简单的三维声音,如三维定位效应、多普勒效应等。在声音控制方面,vpAudio 采用了触发机制,使每个声音的发生时间、地点、频率、声压衰减系数等属性都能得到有效的控制。vpAudioSound 包括三个部分:vpAudioSoundAmbient、vpAudioSoundSpatial、vpAudioSoundListener。

其中,vpAudioSoundAmbient 的音量不受观察者位置的影响,经常用来设置成为整个场景的环境音;vpAudioSoundSpatial 的音量受到发声者的位置、速度的影响,同时也与观察者有关,调整相关的参数可以得到逼真的声音效果;vpAudioSoundListener 给观察者提供一个能够听到场景中动态声音的距离。

8.6.7　其他特殊效果可视化

环境效果包括太阳、月亮、天穹、云层、雾和光照等,Vega Prime 实现的环境效果采用了"天历表模型",能模拟时间的流逝,即通过改变太阳、月亮的位置和状态,从而模拟出白天和晚上。图 8.30(a)是雪天状况下的场景效果图,图 8.30(b)是黄昏时的海面效果图。

(a) 雪天场景效果图

(b) 黄昏海面效果图

图 8.30　不同环境下的战场环境效果图

8.7　大数据调度规则

针对大范围的空间数据实时绘制问题,要选择最有效的调度管理机制,一方面要根据视点的变化来实现空间数据的快速查找和调度,另一方面则要高效地实现空间数据的可视化计算。数据调度的效率影响着场景绘制的流畅性和实时交互性,也影响着可视化效果。空间数据的调度涉及多方面内容,包括视景体剔除、三级缓存、多线程机制、内外存数据内容的交换等。本节采用基于视点移动的空间数据调度方法。

8.7.1　Vega Prime 中的视点管理

视点在视景仿真中的角色可以比作电影制作中的摄影机,观看场景就必须定义视点。视点使用 Channels 通道来调整场景可视范围的大小,就像调整摄像机的焦距一样,只是视点的应用更灵活些。Vega Prime 中提供了与视点设置相关的一些模块。

Scene 场景:在视点能够看到任何物体之前,必须在 Scene 文本框中选择一个 Scene,且只能选择一个,默认的名称为 Default。

Channels 通道:一个视点可以控制多个通道。通道就是场景窗口中定义的独立矩形区,可以定义画面描绘区域、投影方式和绘制属性。Vega Prime 中允许一个窗口中定义许多通道,而且通道间可以相互重叠。至少要定义一个通道,系统默认为 Default 通道。

Environment 环境:视点只能在 Environment 文本框中选择一个环境。

Observer 定位方式:视点有 12 种定位方式,Updata Positioning 选项菜单中可以选择所需的视点定位方式,其中,比较典型的有以下六种:

(1)MotionUFO 漫游模式。允许用户通过鼠标控制视点在整个场景中漫游,鼠标的拖动控制视点的方位角,鼠标的左右键控制视点向前或向后,按下左右键的同时按下中键加快视点向前或向后的速度。

(2)MotionGame 游戏模式。允许用户通过一定的设置,在场景中像游戏反恐精英里面对视点的控制一样。

(3)Tether-Follow 绑定跟随方式。使用 FramesBehindBuffer 帧滞后缓存保存 Object 先前的位置,用来给视点定位。缓存的大小可以在 FramesBehind 文本框中设定,用来指定视点落后 Object 几步,也可以使用偏移量(X,Y,Z)设定,以便当视点不在 Object 内部时使用。

(4)Tether-Spin 绑定旋转方式。类似于 Tether-Follow,主要的区别就是视点始终以 Object 所在位置为中心,按环形轨迹运动,而非尾随 Object。半径、速度和水平高度等参数确定视点的旋转轨迹。半径决定 Object 和视点的距离,速度决定视点运动的快慢,而水平高度则决定视点轨迹所在平面高出 Object 的位置。

(5)Tether-Fixed 定点绑定方式。允许用户将视点以一定的偏移量系在 Object 上。例如,这种模型下应用程序可以使视点始终位于 Object 的南面,或右面朝左看。

(6)Path Navigator 路径导航器方式。允许用户从导航器列表中选择一个路径,应用程序将根据该路径不断更新视点的位置。

三至五项的视点定位都与 Object 有关,所以界面中会要求选择一个相关联的 Object。每种情形下,用户都可以选择遮盖 Object,这就意味着该 Object 不被绘制到此视点的任何通道中。这样可以非常真切地模拟视点在物体内部进行观察的效果。例如,驾驶一架飞机时,视点位于驾驶舱中,这时就没有必要再绘制飞机机身。特定的视点下需要遮盖 Object 以忽略不必要的图像绘制,但同时又不会影响其他视点对该 Object 的观察。对于每一种 Tether 绑定模型,都需要选择使用输入设备或使用 HMD 控制。通常,Tether 方式下视点是跟随着 Object 的,而且使用输入设备视点可以对四周的环境进行观察。最常见的应用就是使用安装在头盔显示器上的三维跟踪器,视点可以模拟观察者头部的运动。如果 HMD 控制的设备选择了鼠标,则用户可以通过移动鼠标使视点向前、向后或左右侧倾斜。

系统主要采用 Tether-Fixed 和 MotionGame 两种方式对视点进行控制。

8.7.2　智能化视点与窗口的控制

舰艇装备对抗过程中,参战实体数量多且运动形式复杂,导弹发射、火炮开火、干扰弹发射、雷达探测等突发事件较多,且时间短暂。仿真人员手工操作视点控制窗口时,显示内容很难及时切换,从而难以对整个作战过程进行观测。针对以上情况,本系统采用四种策略。

(1)对仿真过程中的触发事件添加标志位并设置优先级,视点自动与优先级较高的事件关联起来。

(2)采用 2 个窗口显示,一个主窗口,一个副窗口,副窗口可选择单独或集成在主窗口内部显示。

主窗口视点由用户管理,副窗口视点可选择:①用户管理;②根据事件触发标志位自动管理;③漫游整个场景。

当副窗口选择自动管理时,同时发生的多个事件,系统会根据事件的优先级高低将视点切换到优先级高的事件上。在此后过程中如有其他突发事件,系统会比较突发事件和当前观测事件的优先级高低,如果突发事件优先级低,副窗口视点将不做变化,反之则切换到突发事件上去。

对于副窗口的三种管理方式也有一定的优先级,用户选择自己管理时优先级最高,只有人工改变,副窗口视点才会改变,任何触发事件视点都不会改变。三种管理的优先级高低如图 8.31 所示。

（3）视点在跟随实体运动模式下,采用 Tether-Fixed 视点关联方式,视点相对被观测实体的位置及姿态的变化可由用户通过键盘控制实现,具体实现办法可通过设置变量:R 为视点到所观测实体的距离;V 为视点相对观测实体的高低角;H 为视点相对观测实体的偏向角。

图 8.32 为视点在跟随情况下的示意图。

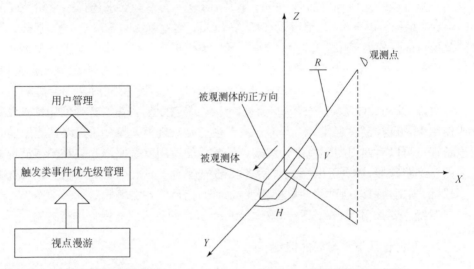

图 8.31　视点管理的优先级　　　　　图 8.32　跟随情况下示意图

以下公式即为在跟随情况下,视点相对观测实体的位置 X、Y、Z。

$$X = R\cos\left(V\,\frac{\pi}{180}\right)\sin\left(H\,\frac{\pi}{180}\right)$$

$$Y = R\cos\left(V\,\frac{\pi}{180}\right)\cos\left(H\,\frac{\pi}{180}\right)$$

$$Z = R\sin\left(V\,\frac{\pi}{180}\right)$$

设置键盘控制:

```
case vrWindow::KEY_PAD_SUBTRACT:
    R*=1.1;
    break;
case vrWindow::KEY_PAD_ADD:
    R/=1.1;
    break;
case vrWindow::KEY_LEFT:
```

```
     V-=1;
     break;
case vrWindow::KEY_RIGHT:
     V+=1;
     break;
case vrWindow::KEY_UP:
     H+=1;
     break;
case vrWindow::KEY_DOWN:
     H-=1;
     break;
```

通过以上方法,利用键盘的上、下、左、右及加减键即可控制视点相对观测实体的位置与姿态。

(4)设置视点 MotionGame 模式下的全景漫游。即通过鼠标和键盘联合控制视点的姿态和位置,具体控制方式和游戏反恐精英中相同,即鼠标控制视点的旋转与俯仰;键盘的上、下、左、右键控制视点的前、后、左、右位置。其中,上、下键控制视点在其方向上的前进与后退;左、右键控制视点在与其观测方向垂直的方向上的左、右位移,可由以下方法实现。

视点在 Vega Prime 坐标系中的位置如图 8.33 所示。

将观测点、观测方向在坐标系中投影,设定 ΔR 为视点在观测方向上的单位位移,α 为视点的观测方向在 Vega Prime 坐标系中与 X 轴的夹角,β 为视点方向与 Y 轴的夹角,γ 为视点方向与 Z 轴的夹角,如图 8.34 所示。

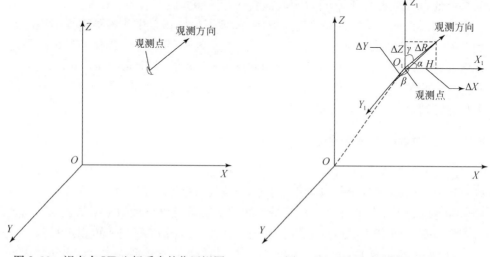

图 8.33　视点在 VP 坐标系中的位置视图　　　图 8.34　观测点与观测方向在坐标
系中投影视图

视点观测方向选择如图 8.34 所示的方向后,如果要实现在该方向上移动 ΔR,则在保持视点方向不变的情况下:

$$\Delta X = \Delta R \cos\left(V\,\frac{\pi}{180}\right)\sin\left(H\,\frac{\pi}{180}\right)$$

$$\Delta Y = \Delta R \cos\left(V\,\frac{\pi}{180}\right)\cos\left(H\,\frac{\pi}{180}\right)$$

$$\Delta Z = \Delta R \sin\left(V\,\frac{\pi}{180}\right)$$

即视点的坐标应更新为:$X = X_0 + \Delta X, Y = Y_0 + \Delta Y, Z = Z_0 + \Delta Z$,类似可通过键盘的上、下、左、右键和鼠标的拖动控制视点在场景中任意漫游。

8.8　场景图元的管理

任何复杂的三维模型都是由基本的几何图元:点、线段和多边形组成的,有了这些图元,就可以建立比较复杂的模型。图元的管理可以通过以下几个方面来实现。

8.8.1　三维实体模型的简化

用 Creator 软件建模时要注意:在保证物体模型的真实性和可塑性的基础上,尽量使模型所含的面数最少。这样可以减少系统的存储负担,提高系统的渲染速度。在实际建模中注意到:单个的多边形有自己一系列属性和顶点,可以把许多属性相同的多边形整合成网格(mesh),如战场岛屿、地貌模型中的道路、小山等不同类的战场地形进行建模时,网格能使多边形共享共同的属性和顶点。在实时运行时系统处理网格效能更高,可以大大提高运行性能和显示效果。在复杂场景中,由于会使用到大量相同的重复出现几何体(如虚拟战场场景中的各种重复出现的军用仓库、营房等建筑物模型、各种武器模型、虚拟的士兵模型等)而使几何体数量迅速增加,这将大大增加存储空间。运用 Creator 的实例引用(instance import)可以解决这个问题,相同的几何体可以共享同一个模型数据,通过矩阵变化安置在不同的地方,这时只需一个几何体数据的存储空间。

8.8.2　实时连续 LOD 场景模型的绘制与显示

对于复杂的大型甚至巨型场景模型,如果对所有的模型在任何时候进行相同的计算,势必影响系统的绘制与渲染的速度,影响实时漫游的流畅性。实际工作中发现 Creator 的 LOD 功能,对于大比例尺战场视景仿真的三维模型的绘制与显示容易产生视觉跳变,影响模型的逼真度与漫游的流畅性。运用 LOD 技术可以解决这一问题。目前,LOD 技术主要可以分为与视点相关和与视点无关两大类。前者主要根据不同的误差标准在尽可能保持模型外形的条件下,预先自动生成不同精细程度的简化网格模型,在系统绘制过程中根据视点的位置选择相应的网格模型进行绘制。后者则是根据视点动态生成简化的网格模型。与视点无关多细节技术要预先生成并存储多个简化模型,需要很大的存储空间,而且随着视点的变化,在不同的精细程度的模型之间切换时容易产生视觉跳变。与视点相关的多细节层次技术,根据视点动态生成简化模型,可以保证模型的连续平滑过渡,可以消除视觉的跳变。

目前,成熟的技术大多是预先为整个场景生成一棵简化操作顶点树,树中要记录大量与简化操作相关的正向或逆向的信息,当系统的场景很大时(如战场视景仿真),这棵树就会耗费庞大的内存。该系统拟选一种折中的方法,首先对输入的仿真物体的原始网格模型进行与视点无关的网格简化预处理,不是预先生成一系列的简化网格模型存储在系统中,仅仅根据指定的误差范围生成一个简化模型,用这个模型取代原始模型。然后调用与视点相关的实时网格简化算法。算法计算模型顶点的权值,考虑到控制模型绘制在屏幕窗口的误差(像素值),然后根据视点、视见体和屏幕分辨率实时生成简化模型。可以实现在不同层次、不同误差标准和不同视觉条件下,采用不同精细程度的模型取代原始模型,提高系统的显示速度和渲染速度,从而实现随着观察者的不断运动,动态、实时地对不同误差模型的绘制,协调了速度与效果不可兼得的矛盾。

8.8.3　碰撞检测

利用 Vega 类函数,在 Lynx 中建立漫游所必需的对象,包括场景、窗口、通道、运动方式、观察者、碰撞方式等,需要定义对象的初始化参数以及建立对象之间的相互联系。Vega 中系统的漫游采用了两个方式的碰撞检测:与地形的碰撞检测,使漫游时始终随着地形的改变而改变视点的高度;与场景实体的碰撞检测,当碰到场景中实体模型时就不能前进。在 Vega 中能够对 Creator 建立的模型文件中各个不同的部分进行分类:地形、军事地物、虚拟人物模型、武器模型等。再根据各个分类中的具体不同(如地形可分为平坦道路、山丘等;静态军事地物有军用仓库、营房、指挥所等;动态的武器模型实体有坦克等装甲车辆;虚拟人物模型有虚拟士兵、假想敌等)设置标记。利用分类标记和所建立的碰撞方式对象,就可以实现实时漫游时的碰撞检测。

8.9　视景仿真系统开发结果

该系统的硬件平台配置为:处理器为 Intel(R) Core(TM) i7CPU/870@ 2.93GHz,内存为 DRRII800/4GB,显卡为 NVIDA GeForce GTX 260/1024MB,硬盘为 500G/7200 16M;软件配置为:Windows 7、OpenGL 2.0、OSG2.8.2、Visual studio 2005、Cg 语言。

根据想定文件,视景系统接收仿真初始化信息,完成各实体模型的配置,按仿真的流程进行实时可视化。图 8.35 为海战场视景显示效果图,其中,图 8.35(a)为鱼雷落水后自导航行过程,为了增加击中目标概率,选择发射三条鱼雷进行组合攻击;图 8.35(b)为鱼雷通过声呐系统探测到敌方潜艇位置;图 8.35(c)为鱼雷击中目标潜艇后爆炸的瞬间;图 8.35(d)为整个水下战视景系统的多窗口显示效果图。

(a) 鱼雷自导　　　　　　　　　　(b) 鱼雷搜索目标

(c) 命中目标　　　　　　　　　　(d) 多窗口显示

图 8.35　海战场视景仿真引擎系统开发效果

本节开发的海战视景系统已成功应用到某虚拟的水下战项目中,并取得了较好的仿真实验效果。视景画面生动逼真,显示速度整体达到 45 帧/s 左右。经测试,根据加入实体的数量,帧速可能会上下浮动,不过这完全可以满足实时交互的要求。

参 考 文 献

[1] 梁承志,高新波,邹华,等. 空间跳跃加速的 GPU 光线投射算法[J]. 中国图象图形学报, 2009,14(8):38-42.

[2] 张怡,张加万,孙济洲,等. 基于可编程图形加速硬件的实时光线投射算法[J]. 系统仿真学报,2007,19(18):1047-1053.

[3] 何晶,陈家新,黎蔚. 基于 GPU 的实时光线投射算法[J]. 计算机工程与应用,2008,44(9):139-143.

[4] 储憬骏,杨新,高艳. 使用 GPU 编程的光线投射体绘制算法[J]. 计算机辅助设计与图形学学报,2007,19(2):69-75.

[5] 郑杰. 基于 GPU 的高质量交互式可视化技术研究[D]. 西安:西安电子科技大学,2007.

[6] 李冠华. 基于 GPU 的三维医学图像处理算法研究[D]. 大连:大连理工大学,2008.

[7] Moreland K,Angel E. The FFT on a GPU[C]//Proceedings of Graphics Hardware,SanDiego,2003:112-119.

[8] Lefohn A E,Whitaker R. A GPU-Based Three-Dimensional Level Set Solver with Curvature Flow[R]. University of Utah Tech Report,Utah,2002:269-272.

[9] Lefohn A E,Kniss J M,Hansen C D,et al. Interactive deformation and visualization of level set surfaces using graphics hardware[C]//IEEE Visualization Proceedings of the 14th IEEE Visualization,Washington DC,2003:258-269.

[10] Govindaraju N K,Lin M C,Manocha D. Quick-CULLIDE:Efficient inter-and intra-object collision culling using graphics hardware[C]//Proceedings of IEEE Virtual Reality,Washington DC,2005:969-978.

[11] Kroger J,Kipfer P,Kondratieva P,et al. A particle system for interactive visualization of 3D flows[J]. IEEE Transaction on Visualization and Computer Graphics,2005,11(6):744-756.

[12] Govindaraju N K,Lloyd B,Wang W,et al. Fast computation of database operations using graphics processors[C]//International Conference on Computer Graphics and Interactive Techniques, Los Angeles,2005:68-78.

[13] He B,Yang K,Fang R,et al. Relational joins on graphics processors[C]//2008 ACM SIGMOD International Conference on Management of Data,Vancouver,2008:511-524.

[14] 李博,刘国峰,刘洪. 地震叠前时间偏移的一种图形处理器提速实现方法[J]. 地球物理学报,2009,52(1):631-636.

[15] 卢俊,张保明,黄薇,等. 基于 GPU 的遥感影像数据融合 IHS 变换算法[J]. 计算机工程,2009,35(7):53-57.

[16] 徐少平,文喜,肖建. 一种基于 CG 语言在图形处理器 GPU 上实现加密的方法[J]. 计算机应用与软件,2008,25(4):217-289.

[17] 顾钦. 基于 GPU 计算的虚拟现实仿真系统设计模型[J]. 微处理机,2005,(2):214-219.

[18] 罗岱,谢茂金,曹卫群. 基于 GPU 编程的地形可视化[J]. 中国图象图形学报,2008,13(11):651-658.

[19] 潘宏伟,李辉,廖昌阁. 一种基于现代 GPU 的大地形可视化算法[J]. 系统仿真学报,2007,19(14):318-326.

[20] 石雄,朱毅. 一种面向现代 GPU 的大规模地形渲染技术[J]. 成都信息工程学院学报,2009,24(3):982-990.

[21] 史胜伟,姜星明,朱新蕾. 基于 GPU 的真实感地形绘制[J]. 电脑开发与应用,2008,21(6):1023-1024.

[22] 达来,曾亮,李思昆. 基于 GPU 的地形遮挡剔除算法[J]. 系统仿真学报,2006,18(11):1723-1729.

[23] 高辉. 基于 GPU 的大规模地形快速渲染技术研究[D]. 长沙:国防科学技术大学,2006.

[24] 高辉,张茂军,熊志辉. 基于 GPU 编程的地形纹理快速渲染方法研究[J]. 小型微型计算机系统,2009,30(4):1611-1619.

[25] 李胜,陈舒毅,汪国平,等. 具有散射效果的室内外光束实时绘制[J]. 计算机辅助设计与图形学学报,2007,19(12):2041-2046.

[26] 刘力,马利庄. 基于 GPU 的水底阴影[J]. 计算机辅助设计与图形学学报,2008,20(4):2481-2486.

[27] 吕伟伟,孟维亮,薛盎超,等. 基于 GPU 的近似软影实时绘制[J]. 计算机辅助设计与图形学学报,2009,21(3):3049-3051.

[28] 王京,王莉莉,李帅. 一种基于 GPU 的预计算辐射度传递全频阴影算法[J]. 计算机研究与发展,2006,43(9):1026-1031.

[29] Whitted T. An improved illumination model for shaded display[J]. Communications of the ACM,1980,23(6):343-349.

[30] Reshetov A,Soupikov A,Hurley J. Multi-level ray tracing algorithm[J]. ACM Transactions on Graphics,2005,24(3):1176-1185.

[31] Purcell T J,Buck I,Mark W R. Ray tracing on programmable graphics hardware[J]. ACM Transactions on Graphics,2002,21(3):513-517.

[32] Carr N A,Hall J D,Hart J C. The ray engine[C]//SIGGRAPH /EUROGRAPHICS Conference on Graphics Hardware,Saarbruchen,2002:37-46.

[33] Woop S,Schmittler J,Slusallek P. RPU:A programmable ray processing unit for realtime ray tracing[J]. ACM Transactions on Graphics(TOG),2005,24(3):434-444.

[34] NVIDIA Corporation Developer. CUDA Toolkit 3.1[OL]. http://developer. nvidia. com/cuda-toolkit-31-down/oads[2013-3].

[35] Goldstein R A,Nagel R. 3D visual simulation[J]. Simulation Transactions of the Society for Modeling & Simulation International,1971,16(1):25-31.

[36] Appel A. Some Techniques for Shading Machine Tendering of Solids[M]. Washington DC:Thompson Books,1968:37-45.

[37] Kay D S. Transparency, Refraction and Ray Tracing for Computer Synthesized Images[D]. New York:Cornell University,1979.

[38] Kay D S, Greenberg D. Transparency for computer synthesized images[J]. Computer Graphics,1979,13(2):158-164.

[39] Whitted J T. An improved illumination model for shaded display[J]. CACM,1979,23(6):343-349.

[40] Goral C,Torrance K E,Greenberg D P,et al. Modeling the interaction of light between diffuse surfaces[J]. Computer Graphics,1984,18(3):213-222.

[41] Nishita T,Okamura I,Nakamae E. Shading models for point and linear sources[J]. ACM Transactions on Graphics,1985,4(2):124-146.

[42] Cohen M F,Greenberg D P. The hemi-cubea radiosity solution for complex environments [J]. Computer Graphics,1985,19(3):31-40.

[43] Wallace J R,Kells A,Elmquist K A,et al. A ray tracing algorithm for progressive radiosity [J]. Computer Graphics,1989,23(3):315-324.

[44] Abramowitz M,Stegun I A. Handbook of Mathematical Functions with Formulas,Graphs, and Mathematical Table[M]. New York:Dover Publications,1965:586-592.

[45] Arvo J. Graphics Gems [M]. New York:Academic Press,1991:12-21.

[46] Cohen J D,Olano M,Manocha D. Appearance-preserving simplifications[C]//Proceedings of the 25th Annual Conference on Computer Graphics and Interactive Techniques, New York, 1987:8-16.

[47] Frisvad J R,Frisvad R R,Christensen N J,et al. Scene independent real-time indirect illumination[C]//Proceedings of the Computer Graphics International Conference, Washington DC,2005:185-190.

[48] Phong B T. Illumination for Computer Generated Images[D]. Salt Lake City:University of Utah,1973.

[49] Duff T. Smoothly shaded renderings of polyhedral objects on raster displays[J]. Computer Graphics,1979,13(2):270-275.

[50] Schlick C. A Fast Alternative to Phong's Specular Model in Graphic Gems IV[M]. San Diego:Academic Press,1994:385-387.

[51] Catmull E. Computer display of curved surfaces[C]//Proceeding of IEEE Conference Computer Graphics Pattern Recognition Data Structure,New York,1975:11-17.

[52] Greene N,Kass M,Miller G. Hierarchical z-buffer visibility[J]. Computer Graphics,1993, 27:231-238.

[53] Blinn J F,Newell M E. Texture and reflection in computer generated images[J]. Communications of the ACM,1976,19(10):542-547.

[54] Blinn J F. Simulation of wrinkled surfaces[J]. Siggraph,1978,12(3):286-292.

[55] Schlag J. Fast embossing effect on raster image data[M]//Heckbert P S. Graphics Gems IV. Amsterdam:Academic Press,1994:433-437.

[56] 张淮生. 大尺度地形/植被的实时绘制技术[D]. 杭州:浙江大学,2006.

[57] Hoppe H. View-dependent refinement of progressive meshes[C]//Proceedings of the 24th Annual Conference on Computer Graphics and Interactive Techniques,New York,1997:189-198.

[58] Hoppe H. Smooth view-dependent level-of-detail control and its application to terrain rendering[C]//Proceedings of the Conference on Visualization,Los Alamitos,1998:35-42.

[59] Toledo R,Gattass M,Velho L. QLOD:A Data Structure for Interactive Terrain Visualization[R]. Technical Report,VISGRAF Laboratory,2001.

[60] Herzen B V,Barr A H. Accurate triangulations of deformed[J]. Intersecting Surfaces Computer Graphics,1987,21(4):103-110.

[61] Lindstrom P,Koller D,Ribarsky W,et al. Real-time,continuous level of detail rendering of height fields[C]//Proceedings of the 23rd Annual Conference on Computer Graphics and Interactive Techniques,New York,1996:109-118.

[62] Pajarola R B. Large scale terrain visualization using the restricted quadtree triangulation [C]//Proceedings of the Conference on Visualization,Los Alamitos,1998:19-26.

[63] Duchaineau M A,Wolinsky M,Sigetik D E,et al. ROAMing terrain:Real-time optimally adapting meshes[C]//Proceedings of the 8th Conference on Visualization,Los Alamitos,1997:81-88.

[64] Blow J. Terrain rendering at high levels of detail[C]//Proceedings of the 2000 Game Developers Conference,San Jose, 2000:65-71.

[65] Turner B. Real-Time Dynamic Level of Detail Terrain Rendering with ROAM[Z]. http:gamasutra. com/features/20000403/turner_pfv. htm. 2000-4.

[66] Pomeranz A A. ROAM Using Triangle Clusters(RUSTIC)[D]. Davis:University of California,2000.

[67] Levenberg J. Fast view-dependent level-of-detail rendering using cached geometry[C]// Proceedings of the Conference on Visualization, Washington DC,2002:259-266.

[68] Bishop L,Eberly D,Whitted T, et al. Designing a PC game engine[J]. IEEE Computer Graphics and Applications,1998,18(1):46-53.

[69] Rottger S,Ertl T. Hardware accelerated terrain rendering by adaptive slicing[C]//Proceedings of the Vision,Modelling,and Visualization Conference,Stuttgart, 2001:159-168.

[70] Platings M,Day A M. Compression os large-scale terrain data for real-time visualization using a tiled quad tree[J]. Computer Graphics Forum,2004,23(4):741-759.

[71] 皮学贤,杨旭东,李思昆,等. 基于索引模板的 Patch-LOD 地形绘制算法[J].计算机研究与发展,2005,42:183-187.

[72] Boer W H D. Fast Terrain Rendering using Geometrical Mipmapping[Z]. http:// www. connectii. net/emersion. 2000-10.

[73] Wagner D. Terrain geomorphing in the vertex shader[J]. Shader X^2——Shader Programming Tips and Tricks with DirectX9,2004:364-369.

[74] Pouderoux J, Marvie J E. Adaptive streaming and rendering of large terrains using strip masks[C]//Proceedings of the 3rd Internation Conference on Computer Graphics and Interactive Techniques, New York, 2005:299-306.

[75] Losasso F, Hoppe H. Geometry clipmaps: Terrain rendering using nested regular grids[J]. ACM Transactions on Graphics, 2004, 23(3):766-773.

[76] Tanner C C, Migdal C J, Jones M T. The clipmap: A virtual mipmap[C]//Proceedings of the 25th Annual Conference on Computer Craphics and Interactive Techniques, New York, 1998:151-158.

[77] Dachsbacher C, Stamminger M. Rendering procedural terrain by geometry image warping [C]//Proceedings of the 15th Eurographics Conference on Rendering Techniques, Switzerland, 2004:198-203.

[78] Gu X F, Gortler S J, Hoppe H. Geometry images[C]//Proceedings of the 29th Annual Conference on Computer Graphics and Interactive Techniques, New York, 2002:355-361.

[79] Gotsman C, Rabinovitch B. Visualization of large terrain in resource-limited computing environments[C]//Proceedings of IEEE Visualization Conference, Los Alamitos, 1997:95-102.

[80] Bajaj C L, Pascucci V, Thompson D, et al. Parallel accelerated isocontouring for out-of-core visualization[C]//Proceedings of the 1999 IEEE Parallel Visualization and Graphics Symposium, San Francisco, 1999:97-104.

[81] Pascucci V. Multi-resolutionn indexing for hierarchical out-of-core traversal of rectilinear grids[C]//Proceedings of NSF/DOE Lake Tahoe Workshop Hierarchical Approximation and Geometrical Methods for Scientific Visualization, Tahoe City, 2000:826-831.

[82] Vitter J S. External memory algorithms and data structures: Dealing with massive data[J]. ACM Computing Surveys, 2001, 33(2):209-271.

[83] Gerstner T. Multiresolution compression and visualization of global topographic data[R]. SFB256 Report 29, University of Bonn, 1999.

[84] Lindstrom P, Koller D, Ribarsky W. An integrated global GIS and visual simulation system, real-time optimally adapting meshes[C]//Proceedings of IEEE Visualization Conference London, 1997:81-88.

[85] Lindstrom P, Pascucci V. Visualization of large terrains made easy[C]//Proceedings of IEEE Visualization Conference, San Diego, 2001:363-370.

[86] Lindstrom P, Pascucci V. Terrain simplifization simplified: A general framework for view-dependent out-of-core visualization[J]. IEEE Transaction on Visualization and Computer Graphics, 2002, 8(3):239-254.

[87] Cignoni P, Puppo E, Scopigno R. Representation and visualization of terrain surfaces at variable resolution[J]. The Visual Computer, 1997, 13(5):199-217.

[88] Cignoni P, Ganovelli F, Gobbetti E, et al. BDAM-batched dynamic adaptive meshes of high performance terrain visualization[J]. Computer Graphics Forum. 2003, 22(3):505-514.

[89] Cignoni P, Ganovelli F, Gobbetti E, et al. Planet-sized batched dynamic adaptive meshes(P-

BDAM)[C]//Proceedings of IEEE Visualization Conference,Seattle,2003:19-24.

[90] Rusinkiewiez S,Levoy M. QSPlat:A multi resolution point rendering system for large meshes[C] //Proceedings of the 27th Annual Conference on Computer Graphics and Interactive Techniques,New York,2000:343-352.

[91] Rusinkiewiez. S,Levoy M. Streaming QS plat:a viewer for networked visualization of large dense models[C]//Proceedings of 2001 ACM Symposium on Interactive 3D Graphics. New York,2001:63-68.

[92] Wald I,Dietrich A,Slusallek P. An interactive Out-of-core rendering framework for visualizing massively complex models[C]//Proceedings of the 15th Eurographics Conference on Rendering Techniques,Los Angeles,2005:680-687.

[93] Funkhouser T A,Sequin C H. Adaptive display algorithm for interactive frame rates during visualization of complex virtual environments[C]//Proceedings of the 20th Annual Conference on Computer Graphics and Interactive Techniques,New York,1993:247-254.

[94] Clark J H. Hierarchical geometric models for visible surface algorithms[J]. Communications of the ACM, 1976,19(10):547-554.

[95] Clark J H. Visibility culling algorithms for geometric models [J]. Communications of the ACM,1976,19(10):584-590.

[96] Correa W T,Klosowski J T,Silva C T. Interactive out-of-core rendering of large models [R]. Technical Report TR-653-02,Princeton University,2002.

[97] Assarsson U,Moller T. Optimized view frustum culling algorithms for bounding boxes[J]. Journal of Graphics Tools,2000,5(1):9-22.

[98] Levi O,Zohar R,Klimovitski A. A compact method for backface culling[J]. Computers and Graphics,1995,25(5):483-487.

[99] 房晓溪. 游戏引擎教程[M]. 北京:中国水利水电出版社,2008:15-24,135-152.

[100] 康凤举,杨惠珍,高立娥,等. 现代仿真技术与应用[M]. 北京:国防工业出版社,2008:12-18.

[101] 钱学森,于景元,戴汝为,等. 一个科学的新领域-开放的复杂巨系统及其方法论[J]. 自然杂志,1990,13(1):3-10.

[102] 鲍虎军. 计算机动画的算法基础[M]. 杭州:浙江大学出版社,2000:270-272.

[103] Fernando R. GPU 精粹:实时图形编程的技术、技巧和技艺[M]. 姚勇,王小琴译. 北京:人民邮电出版社,2006:4-20.

[104] 赵乃良,陈艳军,潘志庚. 基于数据修正的实时阴影反走样算法[J]. 计算机辅助设计与图形学学报,2006,18(8):1130-1135.

[105] 凌飞. 图形引擎中大规模草本植被渲染研究与实现[D]. 成都:电子科技大学,2009.

[106] 王锐,钱学雷. OpenSceneGraph 三维渲染引擎设计与实践[M]. 北京:清华大学出版社,2009:4-103.

[107] 吕辉,李进,刘曙,等. 防空指挥自动化系统软件工程[M]. 西安:西北工业大学出版社,2007:90-102.

[108] 吴恩华. 图形处理器用于通用计算的技术、现状及其挑战[J]. 软件学报,2004,15(10):
1493-1504.

[109] Michael M. The GPU enters computing's mainstream [J]. Computer,2003,36(10):
106-108.

[110] Hoppe A H. Terrain rendering using GPU-based geometry clipmaps [M]//Pharr M,Fer-
nando R. Reading,Mass. USA:Addison-Wesley Professional, 2005:204-210.

[111] Moerschell A,Owens J D. Distributed texture memory in a multi-GPU environment[C]//
Proceedings of the 21st ACM SIGGRAPH/EUROGRAPHICS Symposium on Graphics
Hardware,New York,2006:31-38.

[112] Bittner J,Wimmer M,Piringer H,et al. Coherent hierarchical culling:Hardware occlusion
queries made useful[J]. Computer Graphics Forum,2004,23(3):615-624.

[113] 岳永辉,王莉莉,郝爱民,等. 一种可扩展的图形绘制引擎的体系结构[J]. 系统仿真学报,
2006,8(18):1038-1044.

[114] Zhang S,Kang F J,Yao L H,et al. Novel customizable architecture for 3D visual simula-
tion engine platform[C]//Proceedings of the 3rd International Conference on Computer
Design and Applications,Xi'an,2011:213-216.

[115] Ferwerda J A,Pattanaik S N,Shirley P,et al. A model of visual masking for computer
graphics[C]//Proceedings of the 24th Annual Conference on,Computer Graphics and In-
teractive Techniques,New York,1997:143-152.

[116] Greene N,Kass M. Hierarchical Z-buffer visibility[C]//Proceedings of the 20th Annual
Conference on Computer Graphics and Interactive Techniques,New York,1993:231-240.

[117] Mircrosoft Corporation. DirectX Software Development Kit [EB/OL]. https://
www. microsoft. com/en-us/down/oad/confirmation. aspx? id=3035[2010-3-1].

[118] Foley J D,Dam A V,Feiner S,et al. Computer Graphics Principles and Practice [M]. 唐泽
圣等译. 北京:机械工业出版社,2004:166-170.

[119] Hoppe H. Progress meshes[C]//Proceedings of SIGGRAPH'96,New Orleans, 1996:
99-108.

[120] Eck M,DeRose T,Duchamp T,et al. Multi-resolution analysis of arbitrary meshes[C]//
Proceedings of the 22nd Annual Conference on Computer Graphics and Interactive Tech-
niques,New York,1995:173-180.

[121] Schneider P J,Eberly D H. Geometric Tools for Computer Graphics[M]. 周长发译. 北京:
电子工业出版社,2005:196-208.

[122] David H. Eberly 3D Game Engine Design[M]. 2版. 北京:人民邮电出版社,2009:43-58.

[123] 王长波,高岩. 3D计算机图形学[M]. 北京:机械工业出版社,2010:101-112.

[124] 李胜,冀俊峰,刘学慧,等. 超大规模地形场景的高性能漫游[J]. 软件学报,2006,3(17):
535-543.

[125] 历兵. 虚拟现实绘制引擎的设计和实现[D]. 杭州:浙江大学,2006.

[126] Crow F C. Shadow algorithms for computer graphics[C]//International Conference on

Computer Graphics and Interactive Techniques, New York, 1977:242-248.

[127] 史逊,王京. 一种基于状态集的 Shader 渲染框架[J]. 计算机研究与发展,2005,42(增):154-159.

[128] Morel A. Are the empirical relationships describing the bio-optical properties of case 1 waters consistent and internally compatible? [J]. Journal of Geophysical Research, 2009, 114:134-138.

[129] Morel A,Antoine D,Gentili B. Bidirectional reflectance of oceanic waters:Accounting for Raman emission and varying particle scattering phase function[J]. Applied Optics,2002,41(30):6289-6306.

[130] Hieronymi M,Macke A. Spatiotemporal underwater light field fluctuations in the open ocean[J]. JEOS:RP,2010,5(5):1-8.

[131] Gernez P,Antoine D. Field characterization of wave-induced underwater light field fluctuations [J]. Journal of Geophysical Research,2009,114:15-22.

[132] Hieronymi M,Macke A. Monte carlo radiative transfer simulations on the influence of surface waves on underwater light fields[J]. Atmospheric Measurement Techniques, 1989, 3(1):751-780.

[133] Irwin J. Full-spectral rendering of the earth 's atmosphere using a physical model of rayleight scattering[C]//Proceedings of the 1996 Eurographics UK Conference, London, 1996:125-131.

[134] Preetham A J,Shirley P,Smits B. A practical analytic model for daylight[C]//Proceedings of the 26th Annual Conference on Computer Graphics and Interactive Techniques, New York,1999:91-100.

[135] Rogers D F. 计算机图形学的算法基础[M]. 石教英等译. 2 版. 北京:机械工业出版社, 2002:68-124.

[136] Frisvad J R,Frisvad R R,Christensen N J,et al. Scene independent real-time indirect illumination[C]//Proceedings of the Computer Graphics International Conference,Washington DC,2005:185-190.

[137] Watt A,Policarpo F. 实时渲染与软件技术[M]. 沈一帆等译. 北京:机械工业出版社, 2005:127-154.

[138] 李江,彭群生. 一个基于波动光学的光栅衍射光照模型[J]. 自然科学进展,1998,8(3):277-282.

[139] 张森,康凤举,曾艳阳. 基于 Monte-Carlo 辐射模型的水下光场绘制技术研究[J]. 系统仿真学报,2012,24(1):58-61.

[140] Irwin J. Full-spectral rendering of the earth 's atmosphere using a physical model of rayleight scattering[C]//Proceedings of the 1996 Eurographics UK Conference, London, 1996:547-552.

[141] Preetham A J,Shirley P,Smits B. A practical analytic model for daylight[C]//Proceedings of the 26th Annual Conference on Computer Graphics and Interactive Techniques, New

York,1999:91-100.

[142] Whitted T. An improved illumination model for shaded display[J]. CACM, 1980, 23: 69-75.

[143] Kay T L,Kajiya J T. Ray tracing complex scenes[J]. Computer Graphics,1986,20(4): 264-278.

[144] Amanatides J,Woo A. A fast voxel traversal algorithm for ray tracing[C]//Eurographics ' 87,Princeton Plaza,1997:3-10.

[145] Peng Q, Zhu Y, Liang Y. A fast ray tracing algorithm using space indexing techniques [C]//Eurographics '87,Princeton Plaza,1987:365-371.

[146] Simiakakis G,Day A M. Five-dimensional adaptive subdivision for ray tracing[J]. Computer Graphics Forum,1994,13(2):133-140.

[147] Akimoto T,Mase K,Suenaga Y. Pixel-selected ray tracing[J]. IEEE Computer Graphics and Applications,1991,18(11):41-49.

[148] 柯顿 J R,马斯登 A M. 光源与照明[M]. 上海:复旦大学出版社,2000:309-313.

[149] Preetham A J. Modeling skylight and aerial perspective[C]//ATI Research, ACM Siggarph 2003,Amazona,2003:425-430.

[150] Vaneccek P, Kolingerova I. Fast delaunay stratification[C]//Proceedings of the 19th Spring Conference on Computer Graphics,San Diego,2003:348-352.

[151] Kolingerova I, Zal B. Improvements to randomized incremental delaunay insertion[J]. Computers and Graphics,2002,26(3):477-490.

[152] 由延军,康凤举. 基于分形技术的海洋战场分布式虚拟环境研究[J]. 系统仿真学报,2009, 21(22):4190-4194.

[153] 陈国军,徐晓莉,张晶,等. 基于 B 样条小波的动态地形实时绘制[J]. 工程图学学报,2009, (1):59-65.

[154] 宋志明. 海洋战场环境视景仿真技术研究[D]. 西安:西北工业大学,2004:62-73.

[155] 王秀芳,孟令奎,陈飞,等. 一种改进的地形三维建模方法[J]. 武汉大学学报,2009,34(2): 154-157.

[156] Wu H A,Zhang H,Wang C,et al. A high resolution InSAR topographic height reconstruction algorithm in rugged terra in based on SRTM DEM [J]. Journal of Remote Sensing, 2009,13 (1):145-151.

[157] 郭奇胜,董志明. 战场环境仿真[M]. 北京:国防工业出版社,2005:86-124.

[158] Adams R. Seamless data and vertical datums reconciling chart datum with a global reference frame [J]. The Hydro Graphic Journal,2004,113:9214.

[159] Zhou F. Progresses on Coastal Geospatial Data Integration and Visualization [D]. Ohio: The Ohio State University,2007.

[160] Milbert D G,Hess K W. Combination of topography and bathymetry through application of calibrated vertical datum transformations in the tampabay region[C]//Proceedings of the 2nd Biennial Coastal GeotTools Conference, Charleston,2001:485.

[161] 崔铁军,郭黎.多源地理空间矢量数据集成与融合方法探讨[J].测绘科学技术学报,2007,24(1):124.

[162] 韩雪培,廖帮固.海岸带数据集成中的空间坐标转换方法研究[J].武汉大学学报:信息科学版,2004,29(10):933-966.

[163] 陈义兰,周兴华,张卫红,等.建立海洋地理信息系统两个技术问题的探讨[J].测绘工程,2004,13(4):402-408.

[164] 殷晓东,胡家升.海岸带多源数据三维无缝拼接技术[J].大连海事大学学报,2008,32(2):19-23.

[165] 吴宏安,张红.基于 SRTMDEM 的高分辨率山区地表高程重建算法[J].遥感学报,2009,13(1):1628-1634.

[166] 申家双,张晓森,冯伍法,等,海岸带地区陆海图的差异分析[J].测绘科学技术学报,2006,23(6):400-403.

[167] 周政春,缪小亮.一种实现超大规模地形的拼接技术研究[J].计算机工程与应用,2007,43(14):1867-1874.

[168] 焦春林,高满屯.基于立体视觉的 3D 地形拼接[J].计算机工程与应用,2008,44(23):1927-1933.

[169] 张燕燕,黄其涛.基于层次块的大地形实时细节合成及渲染算法[J].吉林大学学报,2009,39(增 2):2856-2862.

[170] 才溪,赵巍.Contourlet 变换低通滤波器对图像融合算法影响的讨论[J].自动化学报,2009,35(3):3213-3221.

[171] 孙伟,郭宝龙.非降采样 Contourlet 域方向区域多聚焦图像融合算法[J].吉林大学学报,2009,39(5):2471-2479.

[172] 王艳阳,马海武.基于 IHS 与 WBCT 变换的彩色图像融合算法[J].通讯技术,2009,42(1):1465-1471.

[173] 赵程章,赵永强.一种基于区域分割和 M 带小波变换的图像融合算法[J].计算机测量与控制,2007,15(4):1934-1938.

[174] Miller G S P. Definition and rendering of terrain maps[C]//Proceedings of the 13th Annual Conference on Computer Graphics and Interactive Techniques,New York,1986:23-34.

[175] 唐丽,吴成柯.基于区域增长的立体像对稠密匹配算法[J].计算机学报,2004,27(7):1924-1929.

附　录　A

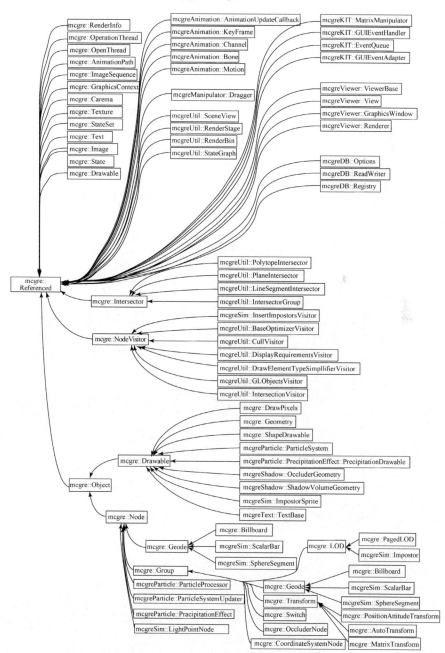

图 A.1　MCGRE 主要类的关系图

表 A.1　AgentConfigureGuide 类（部分）

AgentConfigureGuide().	默认构造函数
void AccumulateTimer(const time ∗ time) void setAccumulateTimer(const time ∗ time) void getAccumulateTimer(const time ∗ time)	时间累加器,用于计算等待时间,用户还可以得到并设定时间累加器等待时间
void ExeOperation() void WaitingOperation() void MessageBox()	Agent 的思维动作,包括执行、等待及报警提示
void Encode(info ∗) void Sort() void CustomizeRegister() void MatchandSearch()	将信息进行编码、排序、定制注册,匹配及搜索仿真组件
void pushMatchMatrix(RefMatrix ∗) void popMatchMatrix() RefMatrix ∗ getMatchMatrix()	将一个匹配矩阵数据压入投影矩阵堆栈/弹出堆栈,或者获取堆栈的顶部值
void ReadXML(xmlInfo ∗) void WriteXML(xmlInfo ∗)	读写 XML 信息列表,用于记录和读入操作信息,方便高级用户查询定制操作

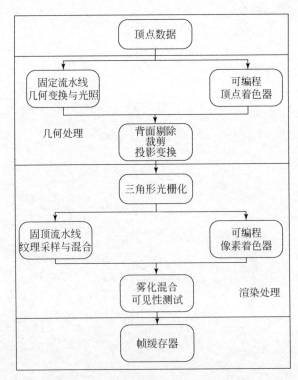

图 A.2　可编程绘制流水线与固定绘制流水线的对比示意图[123]

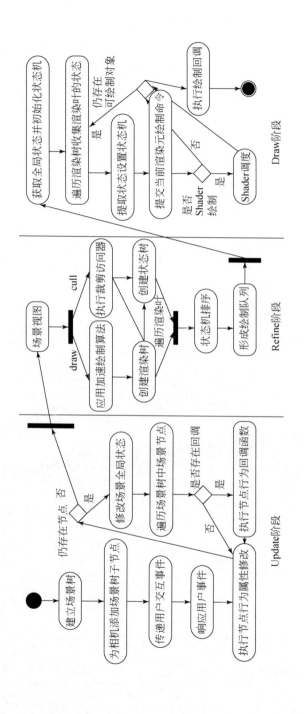

图 A.3　三段式绘制循环模式

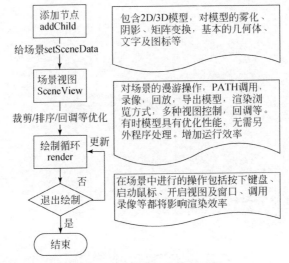

图 A.4 MCGRE 的绘制过程

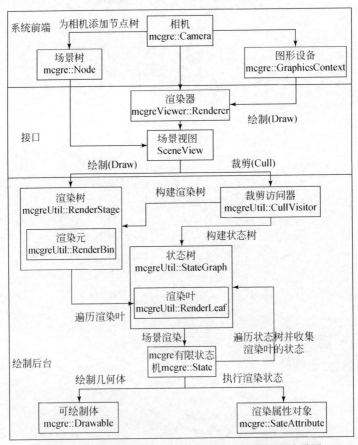

图 A.5 MCGRE 的核心绘制机制的全局数据流关系图

表 A. 2　State 类

void pushStateSet(const StateSet *) void popStateSet()	将渲染状态集压入堆栈/弹出堆栈
void captureCurrentState(StateSet&)const	获取当前所有的 OpenGL 状态
const Viewport * getCurrentViewport()const	获取当前视口
void applyProjectionMatrix(const RefMatrix *) const Matrix& getProjectionMatrix()const	设置/获取当前的 OpenGL 的投影矩阵
void applyModelViewMatrix(const RefMatrix *) const Matrix& getModelViewMatrix()const	设置或获取当前的 OpenGL 模型视点矩阵
bool applyMode(const StateAttribute *) bool apply TextureAttribute（unsigned int unit, const State Attribute * attribute)	将一个渲染属性的设置应用到绘制流水线,其内部执行了 OpenGL 的使能函数指令,改变了状态机的属性内容
void applyUniformMap(UniformMap&)	将场景中 GLSL 一致变量的设置应用到绘制流水线
void apply()	将所有已记录的渲染模式、属性和一致变量应用到绘制流水线
void setDynamicObjectCount(unsigned int count, bool) void decrementDynamicObjectCount()	设置当前未处理的动态变量对象的个数,消减未处理的动态变量对象的个数
void bindVertexBufferObject(const VertexBufferObject *) void unbindVertexBufferObject()	绑定或取消绑定 VBO 对象
void bindPixelBufferObject(const PixelBufferObject *) void unbindPixelBufferObject()	绑定或取消绑定 PBO 对象,主要用于保存像素数据
void bindElementBufferObject(const ElementBufferObject *) void unbindElementBufferObject()	绑定或取消绑定 EBO 对象,主要用于保存索引数据
void setVertexPointer(const Array *) void disableVertexPointer()	设置/取消顶点坐标数组
void setNormalPointer(const Array *) void disableNormalPointer()	设置/取消顶点法线数组
void setColorPointer(const Array *) void disableColorPointer()	设置/取消顶点颜色数组
void setSecondaryColorPointer(const Array *) void disableSecondaryColorPointer()	设置/取消顶点辅助颜色数组
void setFogCoordPointer(const Array *) void disableFogCoordPointer()	设置/取消顶点雾坐标数组
void setTexCoordPointer(unsigned int unit, const Array *) void disableTexCoordPointer()	设置/取消某一纹理单元的顶点纹理坐标数组
void setVertexAttribPointer(unsigned int index, const Array * array, Glboolean normalized) void disableVertexAttribPointer（unsigned int index)	设置/取消某一顶点属性索引的属性数组,以及是否对这些数据进行归一化

表 A. 3　RenderBin 类（部分）

static RenderBin * createRenderBin(const std: :string&)	创建一个具有类型名称的渲染元
int getBinNum()const	获取渲染元的顺序号码
RenderBinList&getRenderBinList()	获取子节点渲染元的列表
RenderBin * getParent()	获取父节点渲染元
RenderStage * getStage()	获取根节点渲染台
RenderBin * find _ or _ insert (int binNum, const std: : string&binName)	在当前节点中添加一个子节点渲染元。若该子节点的序号已经存在,则合并返回已存在的子节点渲染元
Void addStateGraph(StateGraph *)	在渲染元中添加一个状态节点
Void copyLeavesFromStateGraphListToRenderLeafList()	从当前渲染元保存的所有状态节点中取出全部渲染叶
void sort() void sortImplementation() void setSortCallback(SortCallback *)	排序取出的渲染叶,设置自定义的排序回调
void draw(RenderInfo&,RenderLeaf * &) void drawImplementation(RenderInfo&,RenderLeaf * &) void setDrawCallback(DrawCallback *)	绘制取出的渲染叶,设置自定义的绘制回调
Unsigned int computeNumberOfDynamicRenderLeaves()const	对渲染叶中所有动态对象的个数进行计算

表 A. 4　RenderStage 类（部分）

void addPreRenderStage(RenderStage * rs,int order) void addPostRenderStage(RenderStage * rs,int order)	添加一个新的前/后顺序渲染台,并设置其顺序号
void drawInner(RenderInfo& renderInfo&RenderLeaf * &, bool&)	遍历该渲染台的渲染树,执行所有渲染叶的绘制工作
void drawPreRenderStages(RenderInfo&,RenderLeaf * &) void drawPostRenderStages(RenderInfo&,RenderLeaf * &)	绘制所有前/后顺序渲染台数据
void runCameraSetUp(RenderInfo&)	设置相机参数

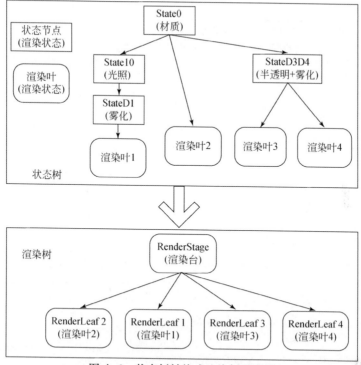

图 A.6　状态树转换成渲染树示意图

表 A.5　SceneView 类（部分）

SceneView(DisplaySettings *)//由渲染器执行场景裁剪工作

void setCarema(Carema * carema,bool)//由渲染器执行场景绘制工作

Carema * getCarema()//由渲染器先后执行场景裁剪和绘制工作

void setDisplaySettings(DisplaySettings *)//设置是否在线程中完成场景裁剪

DisplaySettings * get DisplaySettings * ()//获取是否在线程中完成场景的裁剪

void setLightingMode(LightingMode)//获取渲染器对应的场景视图

LightingMode getLightingMode()const//更新场景视图信息

void setLight(Light *)//设置场景视图的默认光照对象

Light * getLight()//获得场景视图的默认光照对象

void setState(State *)//设置场景视图的默认有限状态机对象

State * getState()//获得场景视图的默认有限状态机对象

void setRenderInfo(RenderInfo&)//设置场景视图的渲染信息

RenderInfo& get RenderInfo()//获得场景视图的渲染信息

void setCullVisitor(CullVisitor *)//设置场景视图的默认裁剪访问器

CullVisitor * getCullVisitor()//获得场景视图的默认裁剪访问器

void setStateGraph(StateGraph *)//设置场景视图的状态树根节点

StateGraph * getStateGraph()//获得场景视图的状态树根节点

void setRenderStage(RenderStage *)//设置场景视图的渲染台

RenderStage * getRenderStage()//获取场景视图的渲染台

void setDefaults(unsigned int)//设置默认的行为模式

void setFrameStamp(FrameStamp＊)//设置当前帧频	
const FrameStamp＊getFrameStamp()const//得到当前的统计帧频	
void init()//初始化场景视图	
void cull()//执行场景裁剪	
void draw()//执行场景绘制	
unsigned int getDynamicObjectCount()const//获取当前动态对象的数目	

表 A.6　Program 类

Program()	默认构造函数
bool addShader(Shader＊)	追加/删除一个着色器对象
bool removeShader(Shader＊)	
Shader＊getShader(unsigned int)	获取指定索引位置的着色器对象
Void setParameter(GLenum pname,GLint value) GLint getParameter(GLenum pname)const	设置/获取着色器设置参数。这些设置值将被传递到 glProgramParameter(),并为几何着色器所用
VoidaddBindAttribLocation(conststd∷string&name, GLuint index) void removeBindAttribLocation(const std∷string&name)	将顶点属性数据绑定到顶点着色器的属性变量,或者取消绑定,封装了 glBindAttribLocation()的内容
VoidaddBindFragDataLocation（conststd∷ string&name, GLuint index) voidremoveBindFragDataLocation(conststd∷string&name)	将片元着色器输出数据绑定到某个颜色通道,或者取消绑定;之后可以使用 FBO 将反馈数据读出,封装了 glBindFragDataLocationEXT()的内容

表 A.7　Shader 类

Shader（Type)	默认构造函数
Shader（Type type,const std∷string&source)	可以直接设置着色器对象的类型(VERTEX、FRAGMENT 或 GEOMETRY)以及着色器源代码的文本内容
bool setType(Type) Type getType()const	设置/获取着色器的类型(VERTEX、FRAGMENT 或 GEOMETRY)
void setShaderSource(const std∷string&) const std∷string&getShaderSource()const	直接设置/获取着色器源代码的文本内容
Bool load Shader Source FromFile (const std∷string&fileName)	从文件中读取着色器源代码的文本
Shader＊readShaderFile（Type type,const std∷string&fileName)	静态函数。用于读入指定类型的着色器代码文件

表 A.8　Uniform 类

Uniform(const char＊name,const mcgre∷Vec2&) Uniform(const char＊name,const mcgre∷Vec3&)	构造函数。可以直接设置 GLSL 中定义的大部分类型的一致变量值,包括 float、int、vec2、vec3 等,而 name 字段需要与着色器代码中的变量名定义一致
Void setUpdateCallback(Callback＊) Callback＊getUpdateCallback()	设置/获取一致变量的更新回调
Void setEventCallback(Callback＊) Callback＊getEventCallback()	设置/获取一致变量的交互事件回调

续表

bool set(const mcgre∷Vec2&)	重新设置一致变量的值
bool set(const mcgre∷Vec3&)	
bool get(mcgre∷Vec2&)const	获取当前一致变量的值
bool get(mcgre∷Vec3&)const	
void dirty()	刷新这个一致变量。它由 set()函数自动负责调用
bool setArray(FloatArray *)	设置/获取一个浮点数组类型的一致变量。操作一
FloatArray * getFloatArray()	致变量数组时,需要使用这个函数来实现
bool setArray(IntArray *)	设置/获取一个整数数组类型的一致变量
IntArray * getIntArray()	
bool setArray(UIntArray *)	设置/获取一个无符号整数数组类型的一致变量
UIntArray * getUIntArray()	

表 A.9　StateSet 类

Void add Uniform (Uniform * uniform, StateAttribute∷Override Value)	追加/删除一个一致变量对象,并可以设置该对象是否立即生效
void removeUniform(Uniform * uniform)	
Uniform * getUniform(const std∷string& name)	获取一个指定名称的一致变量对象
UniformList& getUniformList()	获取该渲染状态集中的所有一致变量对象

表 A.10　ReadFileCallback 类

ReadResult readImage (const std∷string& filename, const Options * options)	虚函数,用户自定义读取图像文件的方式
ReadResult readNode (const std∷string& filename, const Options * options)	虚函数,用户自定义读取模型节点文件的方式
ReadResult readObject (const std∷string& filename, const Options * options)	虚函数,用户自定义读取对象文件的方式
ReadResult readShader (const std∷string& filename, const Options * options)	虚函数,用户自定义读取着色器代码文件的方式

表 A.11　CustomizeAlgorithmTemplate 类(部分)

CustomizeAlgorithmTemplate()	构造函数
void AlgorithmType(Type * type)	算法的类型及名称,用于用户定义自己的算法特点
void AlgorithmName(Name * name)	
void bindAlgorithmLibType(Type * type)	绑定或取消绑定算法库类型,主要用于集成新算法或卸载某一算法
void unbindAlgorithmLibType(Type * type)	
void setAlgorithmInParameterInfo(ParameterInfo *)	设置/获得算法输入参数信息,包括参数个数就类型信息
void getAlgorithmInParameterInfo(ParameterInfo *)	
void setAlgorithmOutParameterInfo(ParameterInfo *)	设置/获得算法输出参数信息,包括参数个数就类型信息
void getAlgorithmOutParameterInfo(ParameterInfo *)	
void AlgorithmRegisterSort()	对算法注册后排序
voidget AlgorithmRegisterSortNumber()	获得算法序列码
void setParameterCallback(ParameterCallback *)	设置参数回调,用于监视参数,便于浏览
void setAlgorithmCallback(AlgorithmCallback *)	设置算法回调,用于查看算法的内容

void setAlgorithm()	设定算法函数体,为用户扩展
void addAlgorithmToAlgorithmLib()	追加/删除一个算法到算法库中
void removeAlgorithmToAlgorithmLib()	
void setAlgorithmReset()	设置算法复位,避免程序死循环

```
Class XML_PARSER
{
public:
        XML_PARSER::XML_PARSER();//构造函数,初始化成员
        virutal~XML_PARSER();//构造函数,释放内存
  //-- *** 导入及保存 XML 文档 *** --
        bool Load_XML_Document(LPCTSTR strFileName);// 导入 XML 文档
        bool Save_XML_Document(LPCTSTR strFileName);// 保存当前的 XML 文档到一个指定文件
  //-- *** XML 标识符 *** --
        void Get_XML(CString & buffer);//获得当前节点的 XML 表示符
        void Get_XML——Document(CString & buffer); // 获得全部文档的 XML 表示符
  //-- *** XML 头的管理 ** --
        bool Set_Header(LPCTRTR header,LPCTSTR name, LPCTSTR value);// 设置头属性
        bool Set_Header(LPCTRTR header,LPCTSTR name, CString & res);// 返回头属性
  //-- *** 解析方法 ** --
        virtual bool Parse_XML_Document();// 解析 XML 文档
  //-- *** 当前节点类型控制 ** --
        bool Is_Tag(LPCTSTR aTag); // 如果是当前标签就回真
        bool Is_Child_of(LPCTSTR parent_chain); //测试一个链标签是否为当前标签的父亲
        bool Is_Root(); // 检测一个标签是否为根节点
        bool Is_TextNode(); // 如果为文本节点返回真
  //-- *** 当前节点类型的访问特性 ** --
        CString & Get_CurrentTag();//获得当前标签值
        CString & Get_CurrentName()//获得当前名字的值
        CString & Get_TextAttribute(); // 当时一个文本标签时则获得文本的内容
        bool Set_TextValue(LPCTSTR TextValue); //为当前标签设置文本值
  //-- *** 属性访问 ** --
        bool Is_Having_Attribute(LPCTSTR Name); //若当前节点有一个具体属性就返回真
        CString & Get_Attribute_Value(); // 如果有属性值就获得该值
        int Get_Attribute_Count();// 返回当前节点属性的个数
        CString & Get_Attribute_Name(int index); //获得属性名
        CString & Get_Attribute_Value(int index); //获得属性值 e
        bool Set_Attribute(LPCTSTR AttribName, LPCTSTR AttribValue); //为当前节点设置属性
        bool Remove_Attribute(LPCTSTR AttribName); //删除当前节点属性
  //-- *** CDATA 部分创建 ** --
        bool ADD_LastChildCData(LPCTSTR data); // 为当前节点加一个结尾
        bool ADD_FirstChildCDataLPCTSTR data); // 为当前节点结束时添加新的枝接点
        bool ADD_CDataBefore(LPCTSTR data); // 同级层前添加新的枝节点
        bool ADD_CDataAfter(LPCTSTR data); // 同级层后添加新的枝节点
  //-- *** 节点删除 ** --
        bool Remove(); //删除当前节点
        bool RemoveChild(LPCTSTR NodeName); // 删除子节点
  //-- *** 节点移动 ** --
        bool Go_to_Root(); // 移至根节点
        bool Go_to_Child(); // 移至当前节点的第一个节点
        bool Go_to_Parent(); // 移至当前节点的父节点
        bool Go_Forward(); // 移至下一个节点
        bool Go_tBackward(); // 移至上一个节点
Private:
        bool Init_MSXML(); //初始化 MSXML
        MSXML::IXMLDOMDocumentPtr m_plDocument;
        MSXML::IXMLDOMElementPtr m_pDocRoot;
        MSXML::IXMLDOMNodePtr CurrentNode;
}
```

图 A.7　XML 解析类设计伪代码

附　录　B

```
class mcgre::TerrainDataConvert //地形数据转换类设计
{
    public:
    voidsetModifier (Modifier*modifier);//设置坐标修改器
    Modifier*getModifier (void)const;//获得坐标修改器
    voidsetModifierGeoRefLLE (double lon,double lat,double ele);//设置修
改器的地理参考经纬高信息
    voidsetModifierGeoRefHPR (double heading,double pitch,double roll);//设
置修改器的地理参考 HPR 信息(朝向,倾斜,旋转)
    voidsetModifierLinearUnits (LinearUnits * lu);//设置修改器的线性刻度
单位
    voidsetModifierAngularUnits (AngularUnits*au);//设置修改器的角度单位
    voidsetLinearUnits (LinearUnits*lu);//设置线性刻度单位
    voidsetAngularUnits (AngularUnits*au);//设置角度单位
    voidsetCoordSysType (CoordSysType*type);//设置坐标系类型
    voidsetEllipsoidType (EllipsoidType*ellType);//设置地球椭球体类型
    voidsetProjectionType (ProjectionType*projType);//设置地图投射类型
    voidsetCustomEllipsoidAxes (double semimajor,double semiminor);//设
置定制的椭球体轴线
    voidsetCustomEllipsoidDatumShift (double shiftX,double shiftY,doub-
le shiftZ);//设置定制的椭球体大地基准面
    voidsetProjectionFalseOrigin (double x0,double y0,double z0=0.0);//
设置投影假定起始点
    voidgetProjectionFalseOrigin (double*x0,double*y0,double*z0);//得
到投影假定起始点
    voidsetProjectionOrigin (double originLon,double originLat);//设置投
影起始点
    voidgetProjectionOrigin (double*originLon,double*originLat);//获得
投影起始点
    voidsetProjectionUpperLat (double upperLat);//设置投影最高纬度
    voidgetProjectionUpperLat (double*upperLat)const;//获得投影最高纬度
    voidsetProjectionLowerLat (double lowerLat);//设置投影最低纬度
    voidgetProjectionLowerLat (double*lowerLat)const;//获得投影最低纬度
```

```
        voidsetProjectionScaleLat (double scaleLat);//设置投影比例纬度系数
        voidgetProjectionScaleLat (double* scaleLat)const;//获得投影比例唯独
系数
         voidsetProjectionScaleCentral (double scaleCentral);//设置投影缩放
中心
        voidgetProjectionScaleCentral (double* scaleCentral);//获得投影缩放
中心
        voidsetProjectionZone (int zone);//设置投影区域
        voidgetProjectionZone (int* zone)const;//获得投影区域
        voidsetProjectionHemisphere (int hemi);//设置投影半球
        voidgetProjectionHemisphere (int* hemi)const;//获得投影半球
    }
    class mcgre::GeoRefMatrix //坐标转换中的地理参考矩阵
    {
        Public:
        GeoRefMatrix (const vuVec3 &lle,const vuVec3&hpr,const CoordSys::El-
lipsoid
        *ell);//地理参考坐标矩阵
        GeoRefMatrix (const vuMatrix< double > &mat,const vpCoordSys::Pro-
jection
        *proj=NULL)//地理参考坐标矩阵
        GeoRefMatrix (const vuVec3< double > &lle,const vuVec3< double >
&hpr,const
        CoordSys::Projection*proj=NULL)//地理参考坐标矩阵
        voidlocalToGeodetic (Vec3* pos,Vec3* hpr)const;//局部坐标到大地测量数
据的转换
        voidgeodeticToLocal (Vec3* pos,Vec3* hpr)const=0;//大地测量数据到局部
坐标转换
        voidlocalToCartesian (Vec3* xyz,Vec3* hpr)const=0;//局部坐标转换到笛卡
儿坐标
        voidcartesianToLocal (Vec3* xyz,Vec3* hpr)const=0;//笛卡儿坐标转换到局
部坐标
        voidsetEllipsoid (const CoordSys::Ellipsoid* ell);//设置地球椭球体
        CoordSys::Ellipsoid* getEllipsoid ()const;//获得地球椭球体
         voidsetProjection (const vpCoordSys::Projection* proj); //设置地图
投影
        constCoordSys::Projection*getProjection ()const;//获得地图投影
        voidsetLLE (const vuVec3< double > &lle);//设置经纬高信息
```

```
        voidsetHPR (const vuVec3< double > &hpr);//设置 HPR 信息
        voidsetMatrix (const vuMatrix< double > &mat);//设置坐标转换矩阵
        constvuMatrix< double > & getMatrix ()const ;//获得坐标转换矩阵
        virtualGeoRef*makeCopy (const vsgu::Options &options)const ;//备份地
理参考信息
    }
    class mcgreDB::GeometryDatabasePager
    {
        Public:
        GeometryDatabasePager();//构造函数
        void requestNodeFile();//请求加载数据,需要提供加载的数据文件名、父节点及
设置参数,它的实际工作由 DatabaseThread 负责
        voidsetGeometryDatabasePagerThreadPause(bool);//设置启动数据调度线程
        bool getGeometryDatabasePagerThreadPause()const;//暂停数据调度线程
        voidsetAcceptNewDatabaseRequests(bool);//设置是否允许实时加载新的数据
        bool getAcceptNewDatabaseRequests()const;//查询是否实时加载了新的数据
        void signalBeginFrame();//命令新一帧开始,帮助数据线程与系统主线程同步
        void signalEndFrame();//命令当前帧结束,帮助数据线程与系统主线程同步
        voidsetDoPreCompile(bool);//设置数据线程是否代为执行数据预编译工作
        bool getDoPreCompile()const;//获取数据线程是否代为执行数据预编译工作
        voidsetTargetFrameRate(double);//设置数据线程运行的理想帧频
        double getTargetFrameRate()const;//获取数据线程运行的理想帧频
        voidsetTargetMaximumNumberOfPageLOD(unsigned int);//设置数据线程可以
同时调度的分页 LOD 节点数目
        unsigned int getTargetMaximumNumberOfPageLOD()const;//获取数据线程可
以同时调度的分页 LOD 节点数目
    }
    class mcgreDB::LADBMGeometryGridDataset
    {
        Public:
        LADBMGeometryGridDataset ();//构造函数
        HierarchyType getHierarchyType (void)const;//获得层级类型
        voidaddToSceneGraph(SceneGraph* scenegraph);//追加到场景树中
        voidremoveFromSceneGraph(SceneGraph* scenegraph);//从场景树中删除
        virtualLADBMTile* getTile (int level,int col,int row);//获得片式微元
数据
         virtual voidcalculateOffset (int level, int col, int row, vuVec3 *
ret);//计算位移
```

```
    voidsetPageDistanceMultiplier (double mult);//设置分页距离乘法器
    doublegetPageDistanceMultiplier (void) const;//获得分页调度距离的乘
法器
    doublegetPageInDistance (int level)const;//获得分页调度的入口距离阈值
    doublegetPageOutDistance (int level)const;//获得分页调度的出口距离
阈值
    voidsetPagingPriority (vuThread::Priority prio);//设置分页调度优先级
    vuThread::Priority getPagingPriority (void)const;//获得分页调度的优先
级
    TileType getTileType (int level)const;//获得片式微元类型
     LocalizedType getTileLocalizedType (int level)const;//获得微元局部
类型
    const char*getMasterPalette (void)const;//获得主控地形
    intsetIsectMask (uint mask,bool propDown=false);//设置碰撞检测标志位
    uintgetIsectMask (void)const;//获得碰撞检测标志位
    voidsetMfGeometryGridDataset (mfGeometryGridDataset*mfds);//设置网
格数据集
    virtual voidsetLayer (int layer);//设置层数
    intgetLayer (void)const ;//获得层数
    }
```